线性代数

主　编　铁　军　崔艳英　沈利英
副主编　孙立群　刘亚轻　马吉臣
　　　　张红宁　李繁荣　王舒蛟
主　审　计慕然　傅丽华　郭　颖

国防工業出版社
·北京·

内 容 简 介

本书根据教育部最新制定的“本科数学基础课程(线性代数)教学基本要求”,并参考最新的全国硕士研究生入学统一考试数学考试大纲编写而成,全书贯穿我国著名教育家林炎志先生提出的“四线四点”即“哲学线、历史线、逻辑线、价值线和记忆点、理解点、实用点、工艺点”的教育思想。主要内容有行列式、矩阵、向量组的线性相关性、线性方程组、相似矩阵与二次型、线性空间与线性变换等6章。各章后均附有适量的习题。本书难易适度,结构严谨,重点突出,理论联系实际,有利于提高本科生解题能力;特别注重学生对基础理论的掌握和思想方法的学习,以及对他们的抽象思维能力、逻辑推理能力、空间想象能力和自学能力的培养;同时每一章均为学生从“四线四点”的角度撰写课程论文预留了空间,有利于培养学生初步的科学研究的能力。

本书可作为高等院校理工类、经管类专业本科生的线性代数教材,也可作为学生参加全国硕士研究生入学统一考试的数学复习参考用书。

图书在版编目(CIP)数据

线性代数/铁军,崔艳英,沈利英主编. —北京:国防工业出版社,2012.8

ISBN 978-7-118-08306-4

Ⅰ. ①线… Ⅱ. ①铁… ②崔… ③沈… Ⅲ. ①线性代数 Ⅳ. ①O151.2

中国版本图书馆CIP数据核字(2012)第179894号

※

国防工业出版社出版发行

(北京市海淀区紫竹院南路23号 邮政编码100048)

北京奥鑫印刷厂印刷

新华书店经售

*

开本 787×1092 1/16 **印张** 11¼ **字数** 253千字

2012年8月第1版第1次印刷 **印数** 1—4000册 **定价** 28.00元

国防书店:(010)88540777 发行邮购:(010)88540776

发行传真:(010)88540755 发行业务:(010)88540717

前　言

线性代数是高等院校大多数专业必修的一门重要基础理论课,有着悠久的历史和丰富的内容,是自然科学和工程技术各领域中应用广泛的数学工具，在大学数学中占有重要地位。

本书是遵循教育部颁发本科“线性代数课程教学基本要求”并参考最新的“全国硕士研究生入学统一考试数学考试大纲”,结合编者多年教学的经验编写而成的大学本科应用型教材。全书贯穿我国著名教育家林炎志先生提出的“四线四点”即“哲学线、历史线、逻辑线、价值线和记忆点、理解点、实用点、工艺点”的教育思想。

本书“四线”如下:

(1) 历史线:线性代数理论的形成早于微积分。

(2) 价值线:通过本课程的教学,要使学生掌握线性代数的基本概念、基本理论、基本方法和具有比较熟练的代数运算技能和初步的想象能力。尤其是通过线性方程组、向量、矩阵的理论和方法的学习,培养学生具有初步的抽象思维能力、逻辑推理能力、一定的计算和表述能力以及综合运用所学知识分析、解决问题的能力,为后继课程(如离散数学、微分方程等)和数学实验课程(如数学建模等)以及解决实际问题提供代数基础,为培养高层次的应用性人才服务。

(3) 哲学线:哲学是一种方法论,也是对具体内容的符合规律的指导。该门课程自始至终充分体现了马克思主义辩证唯物主义等哲学观点。

(4) 逻辑线: 本课程分别以线性方程组和矩阵的秩为主线贯穿始终。

本书“四点”如下:

(1) 记忆点和理解点:作为一门课程有其特殊的需要记忆与理解的知识点和理论知识,如行列式、逆矩阵、伴随矩阵、线性相关和相性无关、最大线性无关组、基础解系、特征值特征向量、相似矩阵、正定矩阵的概念、公式等都属于需要记忆和理解的知识点。

(2) 实用点:以矩阵为工具刻画和解决专业中的问题,会求解大型线性方程组。

(3) 工艺点:学生在学习的过程中可培养分析、综合、演绎、归纳、类比、联想、试探等科学研究方法，培养如何发现和提出问题、建立概念、利用已有的知识提出正确可行的解决方案，培养创新意识和创新能力，培养辩证唯物主义世界观，培养学生独立分析和解决问题的能力。

本书内容的选择与安排既注意保持线性代数本身的完整性和结构的合理性，又考虑到应用型本科学生学习的实际情况，在编写过程中力求引进概念自然浅显、定理证明简明易懂、例题选取典型适当、应用实例背景广泛，充分体现具体—抽象—具体的辩证思维过程。

本书可作为高等院校理工类、经管类专业本科生的线性代数教材，也可作为学生参加全国硕士研究生入学统一考试的数学复习参考用书。

本书由计慕然、傅丽华和郭颖主审，铁军定稿，参加本书编写工作的有铁军、崔艳英、沈利英、孙立群、刘亚轻、马吉臣、张红宁、李繁荣、王舒蛟、纵封磊、袁瑛、程旭华、扎世君、丁津等，郑艳兵、陈龙缤、高明平、戴金滨、杨祥鹏、项永明、王文雅、隋晏等也参与了本书的部分编写和校对工作。

国防工业出版社、北京工业大学和我国著名教育家林炎志和王晓文先生对本书的编写和出版给予了热忱的关心和支持，谨在此表示由衷的感谢！

限于编者学识和阅历水平所限，书中不当和疏漏之处在所难免，敬请有关专家与读者随时批评指正。

编　者

2012 年 6 月

目 录

第1章　行列式

行列式实质上是由一些数值排列成的数表按一定的法则计算得到一个数。早在1683年与1693年,日本数学家关孝和与德国数学家莱布尼茨就分别独立地提出了行列式的概念。以后很长一段时间内,行列式主要应用于对线性方程组的研究。大约一个半世纪后,行列式逐步发展成为线性代数一个独立的理论分支。1750年,瑞士数学家克莱姆在他的论文中提出了利用行列式求解线性方程组的著名法则——克莱姆法则。随后,1812年,法国数学家柯西发现了行列式在解析几何中的应用,这一发现激起了人们对行列式应用进行探索的浓厚兴趣,前后持续了近100年。

在柯西所处的时代,人们讨论的行列式的阶数通常很小,行列式在解析几何以及数学的其他分支中都扮演着很重要的角色。如今,由于计算机和计算软件的发展,在常见的高阶行列式计算中,行列式的数值意义已经不大。但是,行列式公式依然可以给出构成行列式数表的重要信息。而在线性代数的某些应用中,行列式的知识依然很有用。特别是在本课程中,它是研究后面线性代数方程组、矩阵及向量的线性相关性的一种重要工具。

1.1　二阶与三阶行列式

1.1.1　二元线性方程组与二阶行列式

用消元法解二元线性方程组:

$$\begin{cases} a_{11}x_1 + a_{12}x_2 = b_1 \\ a_{21}x_1 + a_{22}x_2 = b_2 \end{cases} \tag{1-1}$$

式中:$a_{ij}(i=1,2,j=1,2)$是未知数$x_j(j=1,2)$的系数;$b_i(i=1,2)$是常数项。

为消去未知数x_2,以a_{22}与a_{12}分别乘上列方程的两端,然后两个方程相减,得

$$(a_{11}a_{22} - a_{12}a_{21})x_1 = b_1a_{22} - b_2a_{12}$$

类似地,消去x_1,得

$$(a_{11}a_{22} - a_{12}a_{21})x_2 = b_2a_{11} - b_1a_{21}$$

当$a_{11}a_{22} - a_{12}a_{21} \neq 0$时,方程组有唯一解:

$$x_1 = \frac{b_1a_{22} - b_2a_{12}}{a_{11}a_{22} - a_{12}a_{21}}, x_2 = \frac{b_2a_{11} - b_2a_{21}}{a_{11}a_{22} - a_{12}a_{21}} \tag{1-2}$$

注意:上式中的分子、分母都是4个数分两对相乘再相减而得。其中分母$a_{11}a_{22} - a_{12}a_{21}$是方程组(1-1)的四个系数确定的,把这四个数按它们在方程组(1-1)中的位置,排成二行二列(横排称行、竖排称列)的数表:

$$\begin{matrix} a_{11} & a_{12} \\ a_{21} & a_{22} \end{matrix} \tag{1-3}$$

表达式 $a_{11}a_{22}-a_{12}a_{21}$ 称为数表(1-3)所确定的二阶行列式,并记作

$$\begin{vmatrix} a_{11} & a_{12} \\ a_{21} & a_{22} \end{vmatrix}$$

数 $a_{ij}(i=1,2,j=1,2)$ 称为这个行列式的元素,简称"元";第一个下标 i 称为行标,表示该元素位于行列式的第 i 行。第二个下标 j 成为列表,表示该元素位于行列式的第 j 列。位于第 i 行第 j 列的元素称为行列式的(i,j)元。

上述二阶行列式的定义,可用对角线法则来记忆,把 a_{11} 到 a_{22} 的实联线称为主对角线,a_{12} 到 a_{21} 的虚联线称为副对角线,于是二阶行列式便是主对角线上的两元素之积减去副对角线上两元素之积所得的差,即

$$\begin{vmatrix} a_{11} & a_{12} \\ a_{21} & a_{22} \end{vmatrix}$$

$-$ $+$

利用二阶行列式的概念,式(1-2)中 x_1、x_2 的分子也可写成二阶行列式,即

$$D_1=\begin{vmatrix} b_1 & a_{12} \\ b_2 & a_{22} \end{vmatrix},D_2=\begin{vmatrix} a_{11} & b_1 \\ a_{21} & b_2 \end{vmatrix}$$

因此,当方程组的系数行列式 $D=\begin{vmatrix} a_{11} & a_{12} \\ a_{21} & a_{22} \end{vmatrix}\neq 0$ 时,方程组的解可用行列式表示为

$$x_1=\frac{\begin{vmatrix} b_1 & a_{12} \\ b_2 & a_{22} \end{vmatrix}}{\begin{vmatrix} a_{11} & a_{12} \\ a_{21} & a_{22} \end{vmatrix}}=\frac{D_1}{D},x_2=\frac{\begin{vmatrix} a_{11} & b_1 \\ a_{21} & b_2 \end{vmatrix}}{\begin{vmatrix} a_{11} & a_{12} \\ a_{21} & a_{22} \end{vmatrix}}=\frac{D_2}{D}$$

注意:这里的分母 D 是由方程组(1-1)的系数所确定的二阶行列式(称系数行列式),x_1 的分子 D_1 是用常数项 b_1、b_2 替换 D 中 x_1 的系数 a_{11}、a_{21} 所得的二阶行列式,x_2 的系数 D_2 是用常数项 b_1、b_2 替换 D 中 x_2 的系数 a_{12}、a_{22} 所得的二阶行列式。

1.1.2 三元线性方程组与三阶行列式

类似地,在利用加减消元法求解含有未知量 x_1、x_2、x_3 的三元线性方程组

$$\begin{cases} a_{11}x_1+a_{12}x_2+a_{13}x_3=b_1 \\ a_{21}x_1+a_{22}x_2+a_{23}x_3=b_2 \\ a_{31}x_1+a_{32}x_2+a_{33}x_3=b_3 \end{cases}$$

的过程中,引进记号

$$\begin{vmatrix} a_{11} & a_{12} & a_{13} \\ a_{21} & a_{22} & a_{23} \\ a_{31} & a_{32} & a_{33} \end{vmatrix} = a_{11}a_{22}a_{33} + a_{12}a_{23}a_{31} + a_{13}a_{21}a_{32}$$

$$- a_{13}a_{22}a_{31} - a_{12}a_{21}a_{33} - a_{11}a_{23}a_{32}$$

称为三阶行列式。当方程组的系数行列式 $D = \begin{vmatrix} a_{11} & a_{12} & a_{13} \\ a_{21} & a_{22} & a_{23} \\ a_{31} & a_{32} & a_{33} \end{vmatrix} \neq 0$ 时,方程组有唯一解:

$$x_1 = \frac{D_1}{D}, x_2 = \frac{D_2}{D}, x_3 = \frac{D_3}{D}$$

式中:$D_j(j=1,2,3)$是将系数行列式 D 的第 j 列换为右端常数项得到的行列式,即

$$D_1 = \begin{vmatrix} b_1 & a_{12} & a_{13} \\ b_2 & a_{22} & a_{23} \\ b_3 & a_{32} & a_{33} \end{vmatrix}, D_2 = \begin{vmatrix} a_{11} & b_1 & a_{13} \\ a_{21} & b_2 & a_{23} \\ a_{31} & b_3 & a_{33} \end{vmatrix}, D_3 = \begin{vmatrix} a_{11} & a_{12} & b_1 \\ a_{21} & a_{22} & b_2 \\ a_{31} & a_{32} & b_3 \end{vmatrix}$$

三元线性方程组所确定的三阶行列式可由对角线法则得到,即

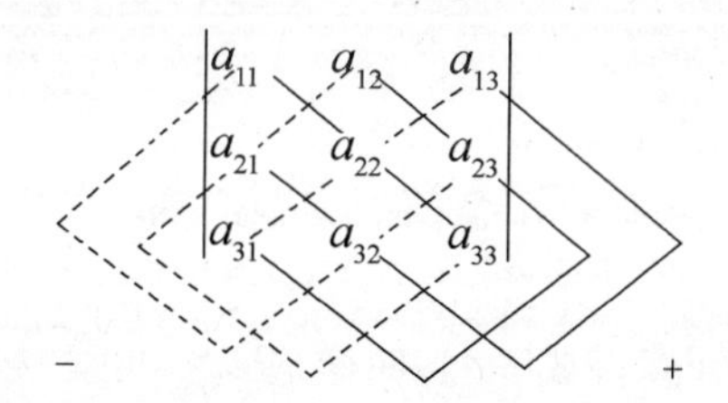

例 1-1 计算三阶行列式:

$$D = \begin{vmatrix} 2 & 4 & 6 \\ 4 & 5 & 3 \\ 0 & 1 & 9 \end{vmatrix}$$

解 按对角线法则有

$$D = \begin{vmatrix} 2 & 4 & 6 \\ 4 & 5 & 3 \\ 0 & 1 & 9 \end{vmatrix} = 2\times5\times9 + 4\times1\times6 + 4\times3\times0 - 0\times5\times6 - 4\times4\times9 - 2\times3\times1$$

$$= 90 + 24 + 0 - 0 - 144 - 6 = 36$$

例 1-2 求解方程:

$$\begin{vmatrix} 1 & 1 & 1 \\ 2 & 3 & x \\ 4 & 9 & x^2 \end{vmatrix} = 0$$

解 方程左端的行列式:

$$D=3x^2+4x+18-9x-2x^2-12=x^2-5x+6$$

由 $x^2-5x+6=0$，解得 $x=2$ 或 $x=3$。

为了得到更为一般的线性方程组的求解公式，需要把二阶与三阶行列式推广到 n 阶行列式，然后利用这一工具来解含有 n 个未知量 n 个方程的线性方程组。为此，首先要弄清楚二阶与三阶行列式的结构规律，然后根据所得到的规律来推广行列式的概念。

1.2 排 列

引例 用1、2、3三个数，可以组成多少没有重复数字的三位数？

注：这个问题相当于说，把三个数字分别放在百位、十位与个位上，有几种不同的放法？

显然，百位上可以从1、2、3三个数字中任选一个，所以有三种放法；十位上只能从剩下的两个数字中选一个，所以有两种放法；而个位上只能放最后剩下的一个数字，所以只有一种放法。因此，共有 $3\times2\times1=6$ 种放法。

这6个不同的三维数字为

$$123,231,312,132,213,321$$

在数学中把考察的对象，例如上例中的数字1、2、3叫做元素。上述问题就是：把3个不同的元素排成一列，共有几种不同的排法？

对于 n 个不同的元素，也可以提出类似的问题：把 n 个不同的元素排成一列，共有几种不同的排法？

定义1 把 n 个不同的元素排成一列，叫做这 n 个元素的全排列（也简称排列）。

n 个不同的元素的所有排列的种数，通常用 P_n 表示，由引例的结果可知 $P_3=3\times2\times1=6$。

为了得出计算 P_n 的公式，可以仿照引例进行讨论：

从 n 个元素中任取一个放在第一个位置上，有 n 种取法；

又从剩下的 $n-1$ 个元素中任取一个放在第二个位置上，有 $n-1$ 种取法；

这样继续取下去，知道最后只剩下一个元素放在第 n 个位置上，只有一种取法。于是

$$P_n=n\cdot(n-1)\cdot\cdots\cdot3\cdot2\cdot1=n!$$

显然 $12\cdots n$ 也是一个种排列，这个排列具有自然顺序，就是按递增的顺序排起来的；其他的排列或多或少地破坏了自然排列。

定义2 在一个排列中，如果有一对数的前后位置与大小顺序相反，即前面的数大于后面的数，那么它们就称为一个逆序，一个排列中逆序的总数就称为这个排列的逆序数。

逆序数为奇数的排列叫做奇排列，逆序数为偶数的排列叫做偶排列。

计算排列的逆序数的方法如下：

不失一般性，不妨设 n 个元素为 $1\sim n$ 这 n 个自然数，并规定由小到大为标准次序。设

$$P_1P_2\cdots P_n$$

为这 n 个自然数的一个排列，考虑元素 $P_i(i=1,2,\cdots,n)$，如果比 P_i 大的且排列在 P_i 前面

的元素有 t_i个，就说 P_i这个元素的逆序数是 t_i。全体元素的逆序数之总和为

$$t = t_1 + t_2 + \cdots + t_n = \sum_{i=1}^{n} t_i$$

即是这个排列的逆序数。

例 1－3 排列 2431 中，2 在首位，逆序数为 0，4 是最大数，逆序数为 0，3 的前面比 3 大的数有(4)，故逆序数为 1，1 的前面比 1 大的数有(2，4，3)，故逆序数为 3，于是这个排列的逆序数为 0＋0＋1＋3＝4；因为 4 是偶数，所以排列 2431 为偶排列。

类似地，排列 45321 的逆序数为 9，为奇排列。

把一个排列中两个数的位置互换，而其余的数不动，就得到另一个排列，这样一种变换称为一个对换。相邻两个元素对换，叫做相邻对换。

定理 1 一个排列中的任意两个元素对换，排列改变奇偶性。

证 先证相邻两元素对换的情形。

设排列为 $a_1 \cdots a_l a b b_1 \cdots b_m$，对换 a 与 b，变为 $a_1 \cdots a_l b a b_1 \cdots b_m$。显然 $a_1 \cdots a_l$、$b_1 \cdots b_m$这些元素的逆序数经过对换并不改变，而 a、b 两元素的逆序数改变为：当 $a < b$ 时，经对换后 a 的逆序数增加 1 而 b 的逆序数不变；当 $a > b$ 时，经对换后 a 的逆序数不变而 b 的逆序数减少 1。所以排列 $a_1 \cdots a_l a b b_1 \cdots b_m$与排列 $a_1 \cdots a_l b a b_1 \cdots b_m$的奇偶性不同。

再证一般对换的情形。

设排列为 $a_1 \cdots a_l a b_1 \cdots b_m b c_1 \cdots c_n$，把它做 m 次相邻对换，变成 $a_1 \cdots a_l a b b_1 \cdots b_m c_1 \cdots c_n$，再做 $m+1$ 次相邻对换，变成 $a_1 \cdots a_l b b_1 \cdots b_m a c_1 \cdots c_n$。总之，经 $2m+1$ 次相邻对换，排列 $a_1 \cdots a_l a b_1 \cdots b_m b c_1 \cdots c_n$变成排列 $a_1 \cdots a_l b b_1 \cdots b_m a c_1 \cdots c_n$，所以这两个排列的奇偶性相反。

推论 奇排列变成标准排列的对换次数为奇数，偶排列变成标准排列的对换次数为偶数。

证 由定理 1 知对换的次数就是排列奇偶性的变化次数，而标准排列是偶排列(逆序数为 0)，因此知推论成立。 证毕

1.3 n 阶行列式的定义

1.3.1 n 阶行列式的定义

有了 1.2 节的准备工作，对三阶行列式做进一步的研究。三阶行列式定义为

$$\begin{vmatrix} a_{11} & a_{12} & a_{13} \\ a_{21} & a_{22} & a_{23} \\ a_{31} & a_{32} & a_{33} \end{vmatrix} = a_{11}a_{22}a_{33} + a_{12}a_{23}a_{31} + a_{13}a_{21}a_{32} - a_{11}a_{23}a_{32} - a_{12}a_{21}a_{33} - a_{13}a_{22}a_{31} \qquad (1-4)$$

从式(1－4)中可以看出：

(1) 式(1－4)右边的每一项都恰是三个元素的乘积，这三个元素位于不同的行、不同的列。因此，式(1－4)右端的任一项除正负号外可以写成 $a_{1p_1}a_{2p_2}a_{3p_3}$。这里第一个下标(行标)排成标准排列 123，而第二个下标(列标)排成 $p_1p_2p_3$，它是 1、2、3 三个数的某个

排列。这样的排列共有 6 种,对应式(1-4)右端共含 6 项。

(2) 各项的正负号与列标的排列对照。

带正号的三项列标排列是 123、231、312。

带负号的三项列标排列是 132、213、321。

经计算可知前三个排列都是偶排列,而后三个排列都是奇排列。因此各项所带的正负号可以表示为$(-1)^t$,其中 t 为列标排列的逆序数。

总之,三阶行列式可以写成为

$$\begin{vmatrix} a_{11} & a_{12} & a_{13} \\ a_{21} & a_{22} & a_{23} \\ a_{31} & a_{32} & a_{33} \end{vmatrix} = \sum (-1)^t a_{1p_1} a_{2p_2} a_{3p_3}$$

式中:t 为排列 $p_1p_2p_3$ 的逆序数,$\sum$ 表示对 1、2、3 三个数的所有排列 $p_1p_2p_3$ 取和。

类似地,可以把行列式推广到一般情况。

定义 设有 n^2 个数,排成 n 行 n 列的数表:

$$\begin{matrix} a_{11} & a_{12} & \cdots & a_{1n} \\ a_{21} & a_{22} & \cdots & a_{2n} \\ \vdots & \vdots & & \vdots \\ a_{n1} & a_{n2} & \cdots & a_{nn} \end{matrix}$$

作出表中位于不同行不同列的 n 个数的乘积,并冠以符号$(-1)^t$,得到形如

$$\sum (-1)^t a_{1p_1} a_{2p_2} \cdots a_{np_n} \tag{1-5}$$

的项,其中 $p_1p_2\cdots p_n$ 为自然数 $1,2,\cdots,n$ 的一个排列,t 为这个排列的逆序数。由于这样的排列共有 $n!$ 个,因而形如式(1-3)的项共有 $n!$ 项。所有这 $n!$ 项的代数和为

$$\sum (-1)^t a_{1p_1} a_{2p_2} \cdots a_{np_n} \tag{1-6}$$

称为 n 阶行列式,记作

$$D = \begin{vmatrix} a_{11} & a_{12} & \cdots & a_{1n} \\ a_{21} & a_{22} & \cdots & a_{2n} \\ \vdots & \vdots & & \vdots \\ a_{n1} & a_{n2} & \cdots & a_{nn} \end{vmatrix}$$

简记作 $\det(a_{ij})$,其中 a_{ij} 为行列式 D 的(i,j)元。

定义表明,为了计算 n 阶行列式,首先作所有可能由位于不同行、不同列元素构成的乘积。把构成这些乘积的元素按行指标排成自然顺序,然后由列指标所成的排列的奇偶性来确定这一项的符号。

按此定义的二阶、三阶行列式,与 1.1 节中用对角线法则定义的二阶、三阶行列式,显然是一致的。当 $n=1$ 时,一阶行列式$|a|=a$,注意不要与绝对值记号相混淆。

1.3.2 几类特殊的行列式

例 1-4 对角形行列式,其中未写出的元素都是 0。

证明 n 阶行列式 $\begin{vmatrix} \lambda_1 & & & \\ & \lambda_2 & & \\ & & \ddots & \\ & & & \lambda_n \end{vmatrix} = \lambda_1\lambda_2\cdots\lambda_n$

$$\begin{vmatrix} & & & \lambda_1 \\ & & \lambda_2 & \\ & ⋰ & & \\ \lambda_n & & & \end{vmatrix} = (-1)^{\frac{n(n-1)}{2}}\lambda_1\lambda_2\cdots\lambda_n$$

证 第一式左端称为对角行列式,其结果是显然的,下面只证第二式。

在第二式左端中,λ_i为行列式的$(i,n-i+1)$元,故记 $\lambda_i = a_{j,n-i+1}$,则依行列式定义

$$\begin{vmatrix} & & & \lambda_1 \\ & & \lambda_2 & \\ & ⋰ & & \\ \lambda_n & & & \end{vmatrix} = \begin{vmatrix} & & & a_{1n} \\ & & a_{2,n-1} & \\ & ⋰ & & \\ a_{n1} & & & \end{vmatrix} = (-1)^t a_{1n}a_{2,n-1}\cdots a_{n1} = (-1)^t\lambda_1\lambda_2\cdots\lambda_n$$

式中:t 为排列 $n(n-1)\cdots21$ 的逆序数,故

$$t = 0+1+2+\cdots+(n-1) = \frac{n(n-1)}{2}$$

类似地,有

$$\begin{vmatrix} 0 & 0 & 0 & 1 \\ 0 & 0 & 2 & 0 \\ 0 & 3 & 0 & 0 \\ 4 & 0 & 0 & 0 \end{vmatrix} = (-1)^{t(4321)}1\cdot2\cdot3\cdot4 = 24$$

主对角线以下(上)的元素都为 0 的行列式叫做上(下)三角形行列式,它的值与对角行列式一样。

例 1-5 计算上(或下)三角形行列式(当 $i>j$ 时,$a_{ij}=0$,或当 $i<j$ 时,$a_{ij}=0$):

$$D = \begin{vmatrix} a_{11} & a_{12} & \cdots & a_{1n} \\ 0 & a_{22} & \cdots & a_{2n} \\ \vdots & \vdots & & \vdots \\ 0 & 0 & \cdots & a_{nn} \end{vmatrix} = a_{11}a_{22}\cdots a_{nn}$$

$$D=\begin{vmatrix} a_{11} & & & 0 \\ a_{21} & a_{22} & & \\ \vdots & \vdots & \ddots & \\ a_{n1} & a_{n2} & \cdots & a_{nn} \end{vmatrix} = a_{11}a_{22}\cdots a_{nn}$$

证 由于当 $j>i$ 时,$a_{ij}=0$,故 D 中可能不为 0 的元素 a_{ip_i},其下标应为 $p_i \leqslant i$,即 $p_1 \leqslant 1, p_2 \leqslant 2, \cdots, p_n \leqslant n$。在所有排列 $p_1 p_2 \cdots p_n$ 中,能满足上述关系的排列只有一个自然排列 $12\cdots n$,所以 D 中可能不为 0 的项只有一项 $(-1)^t a_{11}a_{22}\cdots a_{nn}$,此项的符号 $(-1)^t=(-1)^0=1$,所以有

$$D=a_{11}a_{22}\cdots a_{nn}$$

类似地,有

$$D=\begin{vmatrix} 1 & 2 & 3 & 4 \\ 0 & 4 & 2 & 1 \\ 0 & 0 & 5 & 6 \\ 0 & 0 & 0 & 8 \end{vmatrix} = a_{11}a_{22}a_{33}a_{44} = 1\cdot 4\cdot 5\cdot 8 = 160$$

1.4 行列式的性质

将行列式 D 的行与列互换后得到的行列式,称为 D 的转置行列式,记为 D^{T} 或 D',即若

$$D=\begin{vmatrix} a_{11} & a_{12} & \cdots & a_{1n} \\ a_{21} & a_{22} & \cdots & a_{2n} \\ \vdots & \vdots & & \vdots \\ a_{n1} & a_{n2} & \cdots & a_{nn} \end{vmatrix}$$

则

$$D^{\mathrm{T}}=\begin{vmatrix} a_{11} & a_{21} & \cdots & a_{n1} \\ a_{12} & a_{22} & \cdots & a_{n2} \\ \vdots & \vdots & & \vdots \\ a_{1n} & a_{2n} & \cdots & a_{nn} \end{vmatrix}$$

性质 1 行列式与它的转置行列式相等, 即 $D=D^{\mathrm{T}}$。

证 记 $D=\det(a_{ij})$ 的转置行列式

$$D^{\mathrm{T}}=\begin{vmatrix} b_{11} & b_{12} & \cdots & b_{1n} \\ b_{21} & b_{22} & \cdots & b_{2n} \\ \vdots & \vdots & & \vdots \\ b_{n1} & b_{n2} & \cdots & b_{nn} \end{vmatrix}$$

即 D^{T}的(i,j)元为 b_{ij},则 $b_{ij}=a_{ji}(i,j=1,2,\cdots,n)$,按定义

$$D^{\mathrm{T}} = \sum(-1)^t b_{1p_1}b_{2p_2}\cdots b_{np_n} = \sum(-1)^t a_{p_1 1}a_{p_2 2}\cdots a_{p_n n}$$

$a_{p_1 1}a_{p_2 2}\cdots a_{p_n n}$这一项是 D^{T}中的任一项,这一项位于 D^{T}中不同的行与不同的列,所以位于 D 中不同的行和不同的列,因而也是 D 中的项。对于行列式的任一项$(-1)^t a_{1p_1}a_{2p_2}\cdots a_{ip_i}\cdots a_{jp_j}\cdots a_{np_n}$,其中 $12\cdots i\cdots j\cdots n$ 为自然排列,其列逆序数0,t 为列下标排列 $p_1p_2\cdots p_i\cdots p_j\cdots p_n$ 的逆序,$(-1)^t a_{1p_1}a_{2p_2}\cdots a_{jp_j}\cdots a_{ip_i}\cdots a_{np_n}$,此时,行标排列 $12\cdots j\cdots i\cdots n$ 的逆序为奇数,而列标排列 $p_1p_2\cdots p_j\cdots p_i\cdots p_n$ 的逆序也改变了一次奇偶性。因此,对换后行标排列逆序与列标排列逆序之和的奇偶性不变,即 $t(1\cdots j\cdots i\cdots n)+t(p_1\cdots p_j\cdots p_i\cdots p_n)$与 $t(p_1\cdots p_i\cdots p_j\cdots p_n)$具有相同的奇偶性,故$(-1)^t a_{1p_1}a_{2p_2}\cdots a_{ip_i}\cdots a_{jp_j}\cdots a_{np_n}=(-1)^t a_{1p_1}a_{2p_2}\cdots a_{jp_j}\cdots a_{ip_i}\cdots a_{np_n}$,即 $D=D^{\mathrm{T}}$。

由性质 1 可知,行列式中的行与列具有相同的地位,行列式的行具有的性质,它的列也同样具有。

性质 2 交换行列式的两行(列),行列式变号。

证 设行列式

$$D_1 = \begin{vmatrix} b_{11} & b_{12} & \cdots & b_{1n} \\ b_{21} & b_{22} & \cdots & b_{2n} \\ \vdots & \vdots & & \vdots \\ b_{n1} & b_{n2} & \cdots & b_{nn} \end{vmatrix}$$

是由行列式 $D=\det(a_{ij})$对换 i,j 两行得到的,即当 $i\neq j$ 时,$b_{kp}=a_{kp}$;当 $k=i,j$ 时,$b_{ip}=a_{jp}$,$b_{jp}=a_{ip}$,于是有

$$\begin{aligned} D_1 &= \sum(-1)^t b_{1p_1}\cdots b_{ip_i}\cdots b_{jp_j}\cdots b_{np_n} = \sum(-1)^t a_{1p_1}\cdots a_{jp_i}\cdots a_{ip_j}\cdots a_{np_n} \\ &= \sum(-1)^t a_{1p_1}\cdots a_{ip_j}\cdots a_{jp_i}\cdots a_{np_n} \end{aligned}$$

式中:$1\cdots i\cdots j\cdots n$ 为自然排列,t 为排列 $p_1\cdots p_i\cdots p_j\cdots p_n$ 的逆序数。设排列 $p_1\cdots p_i\cdots p_j\cdots p_n$ 的逆序数为 t_1,则$(-1)^t=-(-1)^{t_1}$,故

$$D_1 = -\sum(-1)^{t_1} a_{1p_1}\cdots a_{ip_j}\cdots a_{jp_i}\cdots a_{np_n} = -D$$

证毕

以 r_i表示行列式的第 i 行,以 c_i表示第 i 列,交换 i,j 两行记作 $r_i\leftrightarrow r_j$,交换 i,j 两列记作 $c_i\leftrightarrow c_j$。

推论 如果行列式中有两行(列)完全相同,则此行列式等于零。

证 把这两行互换,有 $D=-D$,故 $D=0$。

性质 3 行列式的某一行(列)中所有的元素都乘以同一个数 k,等于用数 k 乘此行列式,即

$$D_1 = \begin{vmatrix} a_{11} & a_{12} & \cdots & a_{1n} \\ \vdots & \vdots & & \vdots \\ ka_{i1} & ka_{i2} & \cdots & ka_{in} \\ \vdots & \vdots & & \vdots \\ a_{n1} & a_{n2} & \cdots & a_{nn} \end{vmatrix} = k\begin{vmatrix} a_{11} & a_{12} & \cdots & a_{1n} \\ \vdots & \vdots & & \vdots \\ a_{i1} & a_{i2} & \cdots & a_{in} \\ \vdots & \vdots & & \vdots \\ a_{n1} & a_{n2} & \cdots & a_{nn} \end{vmatrix} = kD$$

第 i 行(列)乘以 k,记为 $r_i \times k$(或 $C_i \times k$)。

推论 行列式的某一行(列)中所有元素的公因子可以提到行列式记号的外面。

第 i 行(列)提出公因子 k,记为 $r_i \div k$(或 $C_i \div k$)。

性质 4 行列式中如果有两行(列)元素成比例,则此行列式为零。

性质 5 若行列式的某一列(行)的元素都是两数之和, 例如第 i 列的元素都是两数之和:

$$D = \begin{vmatrix} a_{11} & a_{12} & \cdots & (a_{1i} + a'_{1i}) & \cdots & a_{1n} \\ a_{21} & a_{22} & \cdots & (a_{2i} + a'_{2i}) & \cdots & a_{2n} \\ \vdots & \vdots & & \vdots & & \vdots \\ a_{n1} & a_{n2} & \cdots & (a_{ni} + a'_{ni}) & \cdots & a_{nn} \end{vmatrix}$$

则 D 等于下列两个行列式之和:

$$D = \begin{vmatrix} a_{11} & a_{12} & \cdots & a_{1i} & \cdots & a_{1n} \\ a_{21} & a_{22} & \cdots & a_{2i} & \cdots & a_{2n} \\ \vdots & \vdots & & \vdots & & \vdots \\ a_{n1} & a_{n2} & \cdots & a_{ni} & \cdots & a_{nn} \end{vmatrix} + \begin{vmatrix} a_{11} & a_{12} & \cdots & a'_{1i} & \cdots & a_{1n} \\ a_{21} & a_{22} & \cdots & a'_{2i} & \cdots & a_{2n} \\ \vdots & \vdots & & \vdots & & \vdots \\ a_{n1} & a_{n2} & \cdots & a'_{ni} & \cdots & a_{nn} \end{vmatrix}$$

性质 6 把行列式的某一列(行)的各元素乘以同一个数,然后加到另一列(行)对应的元素上去, 行列式不变。

例如以数 k 乘第 j 列加到第 i 列上(记作 $c_i + kc_j$),有

$$\begin{vmatrix} a_{11} & \cdots & a_{1i} & \cdots & a_{1j} & \cdots & a_{1n} \\ a_{21} & \cdots & a_{2i} & \cdots & a_{2j} & \cdots & a_{2n} \\ \vdots & & \vdots & & \vdots & & \vdots \\ a_{n1} & \cdots & a_{ni} & \cdots & a_{nj} & \cdots & a_{nn} \end{vmatrix}$$

$$\overset{c_i + kc_j}{=} \begin{vmatrix} a_{11} & \cdots & (a_{1i} + ka_{1j}) & \cdots & a_{1j} & \cdots & a_{1n} \\ a_{21} & \cdots & (a_{2i} + ka_{2j}) & \cdots & a_{2j} & \cdots & a_{2n} \\ \vdots & & \vdots & & \vdots & & \vdots \\ a_{n1} & \cdots & (a_{ni} + ka_{nj}) & \cdots & a_{nj} & \cdots & a_{nn} \end{vmatrix} \quad (i \neq j)$$

(以数 k 乘第 j 行加到第 i 行上,记作 $r_i + kr_j$)

性质 5 表明:某一行(或列)的元素为两数之和时,行列式关于该行(或列)可分解为两个行列式。若 n 阶行列式每个元素都表示成两数之和,则它可分解成 2^n 个行列式。例如二阶行列式:

$$\begin{vmatrix} a+x & b+y \\ c+z & d+w \end{vmatrix} = \begin{vmatrix} a & b+y \\ c & d+w \end{vmatrix} + \begin{vmatrix} x & b+y \\ z & d+w \end{vmatrix} = \begin{vmatrix} a & b \\ c & d \end{vmatrix} + \begin{vmatrix} a & y \\ c & w \end{vmatrix} + \begin{vmatrix} x & b \\ z & d \end{vmatrix} + \begin{vmatrix} x & y \\ z & w \end{vmatrix}$$

性质 2、3、6 介绍了行列式关于行和关于列的三种运算,即 $r_i \leftrightarrow r_j$, $r_i \times k$, $r_i + kr_j$ 和 $c_i \leftrightarrow$

$c_j, C_i \times k, c_i + kc_j$,利用这些运算可以简化行列式的计算,特别是利用运算 $r_i + kr_j$(或 $c_i + kc_j$)可以把行列式中许多元素化为0。

计算行列式时,常用行列式的性质,把它化为三角形行列式来计算。例如化为上三角形行列式的步骤是:如果第一列第一个元素为0,先将第一行与其他行交换使得第一列第一个元素不为0;然后把第一行分别乘以适当的数加到其他各行,使得第一列除第一个元素外其余元素全为0;再用同样的方法处理除去第一行和第一列后余下的低一阶行列式,如此继续下去,直至使它成为上三角形行列式,这时主对角线上元素的乘积就是所求行列式的值。

例1-6 计算

$$D=\begin{vmatrix} 3 & 1 & -1 & 2 \\ -5 & 1 & 3 & -4 \\ 2 & 0 & 1 & -1 \\ 1 & -5 & 3 & -3 \end{vmatrix}$$

解

$$D \overset{c_1\leftrightarrow c_2}{=} \begin{vmatrix} 1 & 3 & -1 & 2 \\ 1 & -5 & 3 & -4 \\ 0 & 2 & 1 & -1 \\ -5 & 1 & 3 & -3 \end{vmatrix} \underset{r_4+5r_1}{\overset{r_2-r_1}{=}} \begin{vmatrix} 1 & 3 & -1 & 2 \\ 0 & -8 & 4 & -6 \\ 0 & 2 & 1 & -1 \\ 0 & 16 & -2 & 7 \end{vmatrix} \overset{r_2\leftrightarrow r_3}{=} \begin{vmatrix} 1 & 3 & -1 & 2 \\ 0 & 2 & 1 & -1 \\ 0 & -8 & 4 & -6 \\ 0 & 16 & -2 & 7 \end{vmatrix}$$

$$\underset{r_4-8r_2}{\overset{r_3+4r_2}{=}} \begin{vmatrix} 1 & 3 & -1 & 2 \\ 0 & 2 & 1 & -1 \\ 0 & 0 & 8 & -10 \\ 0 & 0 & -10 & 15 \end{vmatrix} \overset{r_4+\frac{5}{4}r_3}{=} \begin{vmatrix} 1 & 3 & -1 & 2 \\ 0 & 2 & 1 & -1 \\ 0 & 0 & 8 & -10 \\ 0 & 0 & 0 & \frac{5}{2} \end{vmatrix} = 40$$

上述解法中,先用了运算 $c_1 \leftrightarrow c_2$,其目的是把 a_{11} 换成1,从而利用 $r_i - a_{i1}r_1$,即可把 $a_{i1}(i=2,3,4)$ 变为0。如果不先做 $c_1 \leftrightarrow c_2$,则由于原式中 $a_{11}=3$,需用运算 $r_i - \frac{a_{i1}}{3}r_1$ 把 a_{i1} 变为0,这样计算时就比较麻烦。第二步把 $r_2 - r_1$ 和 $r_4 + 5r_1$ 写在一起,这是两次运算,并把第一次运算结果的书写省略了。

例1-7 计算

$$D=\begin{vmatrix} 1 & 2 & 3 & 4 \\ 2 & 3 & 4 & 3 \\ 3 & 4 & 1 & 2 \\ 4 & 1 & 2 & 1 \end{vmatrix}$$

解 这个行列式的特点是各列4个数之和为10。今把第2、3、4行同时加到第1行,提出公因子10,然后各行减去第一行:

$$D \xlongequal{r_1+r_2+r_3+r_4} \begin{vmatrix} 10 & 10 & 10 & 10 \\ 2 & 3 & 4 & 1 \\ 3 & 4 & 1 & 2 \\ 4 & 1 & 2 & 3 \end{vmatrix} \xlongequal{r_1 \div 10} 10 \begin{vmatrix} 1 & 1 & 1 & 1 \\ 2 & 3 & 4 & 1 \\ 3 & 4 & 1 & 2 \\ 4 & 1 & 2 & 3 \end{vmatrix} \xlongequal[r_4-4r_1]{r_2-2r_1,\ r_3-3r_1} 10 \begin{vmatrix} 1 & 1 & 1 & 1 \\ 0 & 1 & 2 & -1 \\ 0 & 1 & -2 & -1 \\ 0 & -3 & -2 & -1 \end{vmatrix}$$

$$= 10 \begin{vmatrix} 1 & 2 & -1 \\ 1 & -2 & -1 \\ -3 & -2 & -1 \end{vmatrix} \xlongequal{c_3+c_1} 10 \begin{vmatrix} 1 & 2 & 0 \\ 1 & -2 & 0 \\ -3 & -2 & -4 \end{vmatrix} = -40 \times (-4) = 160$$

例 1－8 计算

$$D = \begin{vmatrix} a & b & c & d \\ a & a+b & a+b+c & a+b+c+d \\ a & 2a+b & 3a+2b+c & 4a+3b+2c+d \\ a & 3a+b & 6a+3b+c & 10a+6b+3c+d \end{vmatrix}$$

解 从第 4 行开始,后行减前行,得

$$D \xlongequal[r_2-r_1]{r_4-r_3,\ r_3-r_2} \begin{vmatrix} a & b & c & d \\ 0 & a & a+b & a+b+c \\ 0 & a & 2a+b & 3a+2b+c \\ 0 & a & 3a+b & 6a+3b+c \end{vmatrix} \xlongequal[r_3-r_2]{r_4-r_3} \begin{vmatrix} a & b & c & d \\ 0 & a & a+b & a+b+c \\ 0 & 0 & a & 2a+b \\ 0 & 0 & a & 3a+b \end{vmatrix}$$

$$\xlongequal{r_4-r_3} \begin{vmatrix} a & b & c & d \\ 0 & a & a+b & a+b+c \\ 0 & 0 & a & 2a+b \\ 0 & 0 & 0 & a \end{vmatrix} = a^4$$

上述诸例中都用到把这几个运算写在一起的省略写法,这里要注意各个运算的次序一般不能颠倒,这是由于后一次运算作用在前一次运算结果上的缘故。

例如

$$\begin{vmatrix} a & b \\ c & d \end{vmatrix} \xlongequal{r_1+r_2} \begin{vmatrix} a+c & b+d \\ c & d \end{vmatrix} \xlongequal{r_2-r_1} \begin{vmatrix} a+c & b+d \\ -a & -b \end{vmatrix}$$

$$\begin{vmatrix} a & b \\ c & d \end{vmatrix} \xlongequal{r_2-r_1} \begin{vmatrix} a & b \\ c-a & d-b \end{vmatrix} \xlongequal{r_1+r_2} \begin{vmatrix} c & d \\ c-a & d-b \end{vmatrix}$$

可见两次运算当次序不同时所得结果不同。忽视后一次运算是作用在前一次运算的结果上,就会出错,例如

$$\begin{vmatrix} a & b \\ c & d \end{vmatrix} \xlongequal[r_2-r_1]{r_1+r_2} \begin{vmatrix} a+c & b+d \\ c-a & d-b \end{vmatrix}$$

这样的运算是错误的,出错的原因在于第二次运算找错了对象。

此外还要注意运算 r_i+r_j 和 r_j+r_i 的区别,记号 r_i+kr_j 不能写成 kr_j+r_i(这里不能套用加法的交换律)。

上述诸例都是利用运算 r_i+kr_j 把行列式化为上三角形行列式,用归纳法不难证明(这里不证)任何 n 阶行列式总能利用运算 r_i+kr_j 化为上三角形行列式,或化为下三角形行列式(这时要把 $a_{1n},\cdots,a_{n-1,n}$ 化为0)。类似地,利用列运算 c_i+kc_j,也可把行列式化为上三角形行列式或下三角形行列式。

例1-9 计算 n 阶行列式:

$$D=\begin{vmatrix} a & b & b & \cdots & b \\ b & a & b & \cdots & b \\ b & b & a & \cdots & b \\ \vdots & \vdots & \vdots & & \vdots \\ b & b & b & \cdots & a \end{vmatrix}$$

解 将第2,3,$\cdots$,n 列都加到第1列得

$$D=\begin{vmatrix} a+(n-1)b & b & b & \cdots & b \\ a+(n-1)b & a & b & \cdots & b \\ a+(n-1)b & b & a & \cdots & b \\ \vdots & \vdots & \vdots & & \vdots \\ a+(n-1)b & b & b & \cdots & a \end{vmatrix}=[a+(n-1)b]\begin{vmatrix} 1 & b & b & \cdots & b \\ 1 & a & b & \cdots & b \\ 1 & b & a & \cdots & b \\ \vdots & \vdots & \vdots & & \vdots \\ 1 & b & b & \cdots & a \end{vmatrix}$$

$$=[a+(n-1)b]\begin{vmatrix} 1 & b & b & \cdots & b \\ & a-b & & & \\ & & a-b & & \\ & & & \ddots & \\ & & & & a-b \end{vmatrix}=[a+(n-1)b](a-b)^{n-1}$$

例1-10 设

$$D=\begin{vmatrix} a_{11} & \cdots & a_{1k} & & & \\ \vdots & & \vdots & & 0 & \\ a_{k1} & \cdots & a_{kk} & & & \\ c_{11} & \cdots & c_{1k} & b_{11} & \cdots & b_{1n} \\ \vdots & & \vdots & \vdots & & \vdots \\ c_{n1} & \cdots & c_{nk} & b_{n1} & \cdots & b_{nn} \end{vmatrix}$$

$$D_1=\det(a_{ij})=\begin{vmatrix} a_{11} & \cdots & a_{1k} \\ \vdots & & \vdots \\ a_{k1} & \cdots & a_{kk} \end{vmatrix}$$

$$D_2=\det(b_{ij})=\begin{vmatrix} b_{11} & \cdots & b_{1n} \\ \vdots & & \vdots \\ b_{n1} & \cdots & b_{nn} \end{vmatrix}$$

证明　$D=D_1D_2$。

证　对 D_1 做运算 $r_i+\lambda r_j$，把 D_1 化为下三角形行列式，设为

$$D_1=\begin{vmatrix} p_{11} & & 0 \\ \vdots & \ddots & \\ p_{k1} & \cdots & p_{kk} \end{vmatrix}=p_{11}\cdots p_{kk}$$

对 D_2 做运算 $c_i+\lambda c_j$，把 D_2 化为下三角形行列式，设为

$$D_2=\begin{vmatrix} q_{11} & & 0 \\ \vdots & \ddots & \\ q_{n1} & \cdots & q_{nn} \end{vmatrix}=q_{11}\cdots q_{nn}$$

于是，对 D 的前 k 行作运算 $r_i+\lambda r_j$，再对后 n 列作运算 $c_i+\lambda c_j$，把 D 化为下三角形行列式，得

$$D=\begin{vmatrix} p_{11} & & & & & \\ \vdots & \ddots & & & 0 & \\ p_{k1} & \cdots & p_{kk} & & & \\ c_{11} & \cdots & c_{1k} & q_{11} & & \\ \vdots & & \vdots & \vdots & \ddots & \\ c_{n1} & \cdots & c_{nk} & q_{n1} & \cdots & q_{nn} \end{vmatrix}$$

故

$$D=p_{11}\cdots p_{kk}\cdot q_{11}\cdots q_{nn}=D_1D_2$$

1.5　行列式按行(列)展开

一般来说，低阶行列式的计算比高阶行列式的计算更简便，于是，自然地考虑用低阶行列式来表示高阶行列式的问题。为此，先引进余子式和代数余子式的概念。

在 n 阶行列式中，把 (i,j) 元 a_{ij} 所在的第 i 行和第 j 列划去后，留下来的 $n-1$ 阶行列式叫做 (i,j) 元 a_{ij} 的余子式，记作 M_{ij}；记

$$A_{ij}=(-1)^{i+j}M_{ij}$$

A_{ij} 叫做 (i,j) 元 a_{ij} 的代数余子式。

例如四阶行列式

$$D=\begin{vmatrix} a_{11} & a_{12} & a_{13} & a_{14} \\ a_{21} & a_{22} & a_{23} & a_{24} \\ a_{31} & a_{32} & a_{33} & a_{34} \\ a_{41} & a_{42} & a_{43} & a_{44} \end{vmatrix}$$

中(3,2)元 a_{32} 的余子式和代数余子式分别为

$$M_{32}=\begin{vmatrix} a_{11} & a_{13} & a_{14} \\ a_{21} & a_{23} & a_{24} \\ a_{41} & a_{43} & a_{44} \end{vmatrix}$$

$$A_{32}=(-1)^{3+2}M_{32}=-M_{32}$$

$$M_{12}=\begin{vmatrix} a_{21} & a_{23} & a_{24} \\ a_{31} & a_{33} & a_{34} \\ a_{41} & a_{43} & a_{44} \end{vmatrix}$$

$$A_{12}=(-1)^{1+2}M_{12}=-M_{12}$$

注:行列式的每个元素分别对应着一个余子式和一个代数余子式。

定理2 一个 n 阶行列式 D,若其中第 i 行所有元素除(i,j)元 a_{ij}外都为零,那么该行列式等于 a_{ij}与它的代数余子式的乘积,即

$$D=a_{ij}A_{ij}$$

证 先证$(i,j)=(1,1)$的情形,此时

$$D=\begin{vmatrix} a_{11} & 0 & \cdots & 0 \\ a_{21} & a_{22} & \cdots & a_{2n} \\ \vdots & \vdots & & \vdots \\ a_{n1} & a_{n2} & \cdots & a_{nn} \end{vmatrix}$$

这是例1-4中 $k=1$ 时的情形,按例1-4的结论,即有

$$D=a_{11}M_{11}$$

又

$$A_{11}=(-1)^2M_{11}=M_{11}$$

从而

$$D=a_{11}M_{11}$$

再证一般情形,此时

$$D=\begin{vmatrix} a_{11} & \cdots & a_{1j} & \cdots & a_{1n} \\ \vdots & & \vdots & & \vdots \\ 0 & \cdots & a_{ij} & \cdots & 0 \\ \vdots & & \vdots & & \vdots \\ a_{n1} & \cdots & a_{nj} & \cdots & a_{nn} \end{vmatrix}$$

把 D 第 i 行依次与第 $i-1$ 行,第 $i-2$ 行,…,第 1 行进行相邻对调,这样数 a_{ij}就调成$(1,j)$元,调换次数为 $i-1$,得

$$D=(-1)^{i-1}\begin{vmatrix} 0 & \cdots & a_{ij} & \cdots & 0 \\ a_{11} & \cdots & a_{1j} & \cdots & a_{1n} \\ a_{21} & \cdots & a_{2j} & \cdots & a_{2n} \\ \vdots & & \vdots & & \vdots \\ a_{n1} & \cdots & a_{nj} & \cdots & a_{nn} \end{vmatrix}$$

再把 D 第 j 列依次与第 $j-1$ 列,第 $j-2$ 列,…,第 1 列进行相邻对调,这样数 a_{ij}就调成(1,1)元,调换次数为 $j-1$,得

$$D=(-1)^{i-1}\cdot(-1)^{j-1}\begin{vmatrix} a_{ij} & 0 & 0 & \cdots & 0 \\ a_{1j} & a_{11} & a_{12} & \cdots & a_{1n} \\ a_{2j} & a_{21} & a_{22} & \cdots & a_{2n} \\ \vdots & & \vdots & & \vdots \\ a_{nj} & a_{n1} & a_{n2} & \cdots & a_{nn} \end{vmatrix}$$

$$=a_{ij}\cdot(-1)^{i+j}\begin{vmatrix} a_{11} & \cdots & a_{1,j-1} & a_{1,j+1} & \cdots & a_{1n} \\ \vdots & & \vdots & \vdots & & \vdots \\ a_{i-1,1} & \cdots & a_{i-1,j-1} & a_{i-1,j+1} & \cdots & a_{i-1,j-1} \\ a_{i+1,1} & \cdots & a_{i+1,j-1} & a_{i+1,j+1} & \cdots & a_{i+1,j-1} \\ \vdots & & \vdots & \vdots & & \vdots \\ a_{n1} & \cdots & a_{n,j-1} & a_{n,j+1} & \cdots & a_{nn} \end{vmatrix}$$

$$=a_{ij}\cdot(-1)^{i+j}M_{ij}=a_{ij}A_{ij}$$

定理 3 行列式等于它的任一行(列)的各元素与其对应的代数余子式乘积之和,即

$$D=a_{i1}A_{i1}+a_{i2}A_{i2}+\cdots+a_{in}A_{in}\quad(i=1,2,\cdots,n)$$

或

$$D=a_{1j}A_{1j}+a_{2j}A_{2j}+\cdots+a_{nj}A_{nj}\quad(j=1,2,\cdots,n)$$

证

$$D=\begin{vmatrix} a_{11} & a_{12} & \cdots & a_{1n} \\ \vdots & \vdots & & \vdots \\ a_{i1}+0+\cdots+0 & 0+a_{i2}+\cdots+0 & \cdots & 0+\cdots+0+a_{in} \\ \vdots & \vdots & & \vdots \\ a_{n1} & a_{n2} & \cdots & a_{nn} \end{vmatrix}$$

$$
= \begin{vmatrix} a_{11} & a_{12} & \cdots & a_{1n} \\ \vdots & \vdots & & \vdots \\ a_{i1} & 0 & \cdots & 0 \\ \vdots & \vdots & & \vdots \\ a_{n1} & a_{n2} & \cdots & a_{nn} \end{vmatrix} + \begin{vmatrix} a_{11} & a_{12} & \cdots & a_{1n} \\ \vdots & \vdots & & \vdots \\ 0 & a_{i2} & \cdots & 0 \\ \vdots & \vdots & & \vdots \\ a_{n1} & a_{n2} & \cdots & a_{nn} \end{vmatrix} + \cdots + \begin{vmatrix} a_{11} & a_{12} & \cdots & a_{1n} \\ \vdots & \vdots & & \vdots \\ 0 & 0 & \cdots & a_{in} \\ \vdots & \vdots & & \vdots \\ a_{n1} & a_{n2} & \cdots & a_{nn} \end{vmatrix}
$$

即

$$
D = a_{i1}A_{i1} + a_{i2}A_{i2} + \cdots + a_{in}A_{in} \quad (i = 1, 2, \cdots, n)
$$

类似地,若按列证明,可得

$$
D = a_{1j}A_{1j} + a_{2j}A_{2j} + \cdots + a_{nj}A_{nj} \quad (j = 1, 2, \cdots, n)
$$

这个定理叫做行列式按行(列)展开法则。利用这一法则并结合行列式的性质,可以简化行列式的计算。

例 1-11 行列式

$$
\begin{vmatrix} 5 & 3 & -1 & 2 & 0 \\ 1 & 7 & 2 & 5 & 2 \\ 0 & -2 & 3 & 1 & 0 \\ 0 & -4 & -1 & 4 & 0 \\ 0 & 2 & 3 & 5 & 0 \end{vmatrix} = (-1)^{2+5} 2 \begin{vmatrix} 5 & 3 & -1 & 2 \\ 0 & -2 & 3 & 1 \\ 0 & -4 & -1 & 4 \\ 0 & 2 & 3 & 5 \end{vmatrix}.
$$

$$
= -2 \cdot 5 \begin{vmatrix} -2 & 3 & 1 \\ -4 & -1 & 4 \\ 2 & 3 & 5 \end{vmatrix} = -1080
$$

例 1-12 证明 范德蒙(Vandermonde)行列式:

$$
D_n = \begin{vmatrix} 1 & 1 & 1 & \cdots & 1 \\ x_1 & x_2 & x_3 & \cdots & x_n \\ x_1^2 & x_2^2 & x_3^2 & \cdots & x_n^2 \\ \vdots & \vdots & \vdots & & \vdots \\ x_1^{n-1} & x_2^{n-1} & x_3^{n-1} & \cdots & x_n^{n-1} \end{vmatrix} = \prod_{1 \leqslant j < i \leqslant n} (x_i - x_j), (n \geqslant 2)
$$

其中记号“$\prod$”表示全体同类因子的乘积。

证明 利用数学归纳法。因为

$$
D_2 = \begin{vmatrix} 1 & 1 \\ x_1 & x_2 \end{vmatrix} = x_2 - x_1 = \prod_{1 \leqslant j < i \leqslant 2} (x_i - x_j)
$$

,即当 $n = 2$ 时结论成立。

假设结论对 $n-1$ 阶范德蒙行列式成立,为此将 D_n 降阶

$$D_n = \begin{vmatrix} 1 & 1 & 1 & \cdots & 1 \\ x_1 & x_2 & x_3 & \cdots & x_n \\ x_1^2 & x_2^2 & x_3^2 & \cdots & x_n^2 \\ \vdots & \vdots & \vdots & & \vdots \\ x_1^{n-1} & x_2^{n-1} & x_3^{n-1} & \cdots & x_n^{n-1} \end{vmatrix} \text{(从第 } n \text{ 行开始,后行减去前行的 } x_1 \text{ 倍)}$$

$$\overset{\substack{r_n - x_1 r_{n-1} \\ r_{n-1} - x_1 r_{n-2} \\ \vdots \\ r_2 - x_1 r_1}}{=\!=\!=} \begin{vmatrix} 1 & 1 & 1 & \cdots & 1 \\ 0 & x_2 - x_1 & x_3 - x_1 & \cdots & x_n - x_1 \\ 0 & x_2(x_2 - x_1) & x_3(x_3 - x_1) & \cdots & x_n(x_n - x_1) \\ \vdots & \vdots & \vdots & & \vdots \\ 0 & x_2^{n-2}(x_2 - x_1) & x_3^{n-2}(x_3 - x_1) & \cdots & x_n^{n-2}(x_n - x_1) \end{vmatrix}_n$$

按第 1 列展开,并把每列的公因子$(x_i - x_1)$提出来,就有

$$\overset{\text{展开}C_1}{=\!=} (x_2 - x_1)(x_3 - x_1)\cdots(x_n - x_1) \begin{vmatrix} 1 & 1 & \cdots & 1 \\ x_2 & x_3 & \cdots & x_n \\ \vdots & \vdots & & \vdots \\ x_2^{n-2} & x_3^{n-2} & \cdots & x_n^{n-2} \end{vmatrix}_{n-1}$$

上式右端的行列式是 $n-1$ 阶范德蒙行列式,按归纳法假设,它等于所有$(x_i - x_j)$因子的乘积,其中$2 \leqslant j < i \leqslant n$,故

$$= (x_2 - x_1)(x_3 - x_1)\cdots(x_n - x_1) \prod_{2 \leqslant j < i \leqslant n} (x_i - x_j) = \prod_{1 \leqslant j < i \leqslant n} (x_i - x_j)$$

例 1-11 和例 1-12 都是计算 n 阶行列式。计算 n 阶行列式,常要使用数学归纳法,不过在比较简单的情形(如例 1-11),可省略归纳法的叙述格式,但归纳法的主要步骤是不能省略的。这主要步骤是:导出递推公式(例 1-11 中导出 $D_{2n} = (ad - bc)D_{2(n-1)}$)及检验 $n=1$ 时结论成立(例 1-11 中最后用到 $D_2 = ad - bc$)。

由定理 3,还可得下述重要推论。

推论　行列式某一行(列)的元素与另一行(列)的对应元素的代数余子式乘积之和等于零,即

$$a_{i1}A_{j1} + a_{i2}A_{j2} + \cdots + a_{in}A_{jn} = 0, i \neq j$$

或

$$a_{1i}A_{1j} + a_{2i}A_{2j} + \cdots + a_{ni}A_{nj} = 0, i \neq j$$

证明　把行列式 $D = \det(a_{ij})$ 按第 j 行展开,有

$$a_{j1}A_{j1} + \cdots + a_{jn}A_{jn} = \begin{vmatrix} a_{11} & \cdots & a_{1n} \\ \vdots & & \vdots \\ a_{i1} & \cdots & a_{in} \\ \vdots & & \vdots \\ a_{j1} & \cdots & a_{jn} \\ \vdots & & \vdots \\ a_{n1} & \cdots & a_{nn} \end{vmatrix}$$

在上式中把 a_{jk} 换成 $a_{ik}(k=1,\cdots,n)$，可得

$$
\text{于是 } a_{i1}A_{j1}+\cdots+a_{in}A_{jn}=\begin{vmatrix} a_{11} & \cdots & a_{1n} \\ \vdots & & \vdots \\ a_{i1} & \cdots & a_{in} \\ \vdots & & \vdots \\ a_{i1} & \cdots & a_{in} \\ \vdots & & \vdots \\ a_{n1} & \cdots & a_{nn} \end{vmatrix}=0, i\neq j
$$

当 $i\neq j$ 时，上式右端行列式中有两行对应元素相同，故行列式等于零，即得

$$
a_{i1}A_{j1}+a_{i2}A_{j2}+\cdots+a_{in}A_{jn}=0, i\neq j
$$

上述证法如按列进行，即可得

$$
a_{1i}A_{1j}+a_{2i}A_{2j}+\cdots+a_{ni}A_{nj}=0, i\neq j
$$

证毕

综合定理 3 及其推论，有关于代数余子式的重要性质：

$$
\sum_{k=1}^{n} a_{ki}A_{kj} = D\delta_{ij} = \begin{cases} D, i = j \\ 0, i \neq j \end{cases}, \text{或} \sum_{k=1}^{n} a_{ik}A_{jk} = D\delta_{ij} = \begin{cases} D, i = j \\ 0, i \neq j \end{cases}
$$

前者是按 i 列展开，后者是按第 i 行展开。其中

$$
\delta_{ij}=\begin{cases} 1, & i=j \\ 0, & i\neq j \end{cases}
$$

仿照上述推论证明中所用的方法，在行列式 $\det(a_{ij})$ 按第 i 行展开的展开式

$$
\det(a_{ij})=a_{i1}A_{i1}+a_{i2}A_{i2}+\cdots+a_{in}A_{in}
$$

中，用 $b_1,b_2,\cdots,b_n$ 依此代替 $a_{i1},a_{i2},\cdots,a_{in}$，可得

$$
\begin{vmatrix} a_{11} & \cdots & a_{1n} \\ \vdots & & \vdots \\ a_{i-1,1} & \cdots & a_{i-1,n} \\ b_1 & \cdots & b_n \\ a_{i+1,1} & \cdots & a_{i+1,n} \\ \vdots & & \vdots \\ a_{n1} & \cdots & a_{nn} \end{vmatrix}=b_1A_{i1}+b_2A_{i2}+\cdots+b_nA_{in} \tag{1-7}
$$

其实，把式(1-7)左端行列式按第 i 行展开，注意到它的 (i,j) 元的代数余子式等于 $\det(a_{ij})$ 中 (i,j) 元的代数余子式 $A_{ij}(j=1,2,\cdots,n)$，也可知式(1-7)成立。

类似地，用 $b_1,b_2,\cdots,b_n$ 依此代替 $\det(a_{ij})$ 中的第 j 列，可得

$$
\begin{vmatrix} a_{11} & \cdots & a_{1,j-1} & b_1 & a_{1,j+1} & \cdots & a_{1n} \\ \vdots & & \vdots & \vdots & \vdots & & \vdots \\ a_{n1} & \cdots & a_{n,j-1} & b_n & a_{n,j+1} & \cdots & a_{nn} \end{vmatrix}=b_1A_{1j}+b_2A_{2j}+\cdots+b_nA_{nj} \tag{1-8}
$$

例 1-13 设

$$D=\begin{vmatrix}1&1&7&-1\\3&1&8&0\\-2&1&4&3\\5&1&2&5\end{vmatrix}$$

D 的(i,j)元的余子式和代数余子式依此记作 M_{ij}和 A_{ij},求

$$A_{14}+A_{24}+A_{34}+A_{44}\text{及}M_{41}+M_{42}+M_{43}+M_{44}$$

解 按式(1-7)可知 $A_{14}+A_{24}+A_{34}+A_{44}$ 等于用 1,1,1,1 代替 D 的第 4 列所得的行列式,即

$$A_{14}+A_{24}+A_{34}+A_{44}=\begin{vmatrix}1&1&7&1\\3&1&8&1\\-2&1&4&1\\5&1&2&1\end{vmatrix}=0$$

按式(1-8)可知

$$M_{41}+M_{42}+M_{43}+M_{44}=-A_{41}+A_{42}-A_{43}+A_{44}$$

$$=\begin{vmatrix}1&1&7&-1\\3&1&8&0\\-2&1&4&3\\-1&1&-1&1\end{vmatrix}\overset{\substack{r_2-r_1\\r_3-r_1\\r_4-r_1}}{=}\begin{vmatrix}1&1&7&-1\\2&0&1&1\\-3&0&-3&4\\-2&0&-8&2\end{vmatrix}$$

$$=-\begin{vmatrix}2&1&1\\-3&-3&4\\-2&-8&2\end{vmatrix}\overset{\substack{c_1-2c_3\\c_2-c_3}}{=}-\begin{vmatrix}0&0&1\\-11&-7&4\\-6&-10&2\end{vmatrix}=-68$$

1.6 克莱姆法则

1.6.1 非齐次线性方程组

含有 n 个未知数 $x_1,x_2,\cdots,x_n$ 的 n 个线性方程的方程组

$$\begin{cases}a_{11}x_1+a_{12}x_2+\cdots+a_{1n}x_n=b_1\\a_{21}x_1+a_{22}x_2+\cdots+a_{2n}x_n=b_2\\\qquad\vdots\\a_{n1}x_1+a_{n2}x_2+\cdots+a_{nn}x_n=b_n\end{cases}\tag{1-9}$$

与二元、三元线性方程组相类似,它的解可以用 n 阶行列式表示。

克莱姆法则 如果线性方程组(1-9)的系数行列式不等于零,即

$$D=\begin{vmatrix} a_{11} & \cdots & a_{1n} \\ \vdots & & \vdots \\ a_{n1} & \cdots & a_{nn} \end{vmatrix} \neq 0,$$

那么,方程组(1-9)有唯一解,即

$$x_1=\frac{D_1}{D}, x_2=\frac{D_2}{D}, \cdots, x_n=\frac{D_n}{D} \tag{1-10}$$

式中:$D_j(j=1,2,\cdots,n)$是把系数行列式 D 中第 j 列的元素用方程组右端的常数项代替后所得的 n 阶行列式,即

$$D_j=\begin{vmatrix} a_{11} & \cdots & a_{1j-1} & b_1 & a_{1j+1} & \cdots & a_{1n} \\ \vdots & & \vdots & \vdots & \vdots & & \vdots \\ a_{n1} & \cdots & a_{nj-1} & b_n & a_{nj+1} & \cdots & a_{nn} \end{vmatrix}$$

这个法则的证明在第2章中给出。注意这里的 D_j 有展开式(1-8)。

例1-14 解线性方程组:

$$\begin{cases} 2x_1-x_2-2x_3-3x_4=8 \\ x_1+2x_2+3x_3-2x_4=6 \\ 3x_1+2x_2-x_3+2x_4=4 \\ 2x_1-3x_2+2x_3+x_4=-8 \end{cases}$$

解

$$D=\begin{vmatrix} 2 & -1 & -2 & -3 \\ 1 & 2 & 3 & -2 \\ 3 & 2 & -1 & 2 \\ 2 & -3 & 2 & 1 \end{vmatrix} \overset{r_1\leftrightarrow r_2}{=} \begin{vmatrix} 1 & 2 & 3 & -2 \\ 2 & -1 & -2 & -3 \\ 3 & 2 & -1 & 2 \\ 2 & -3 & 2 & 1 \end{vmatrix} \overset{\substack{r_2-2r_1 \\ r_3-3r_1 \\ r_4-2r_1}}{=} \begin{vmatrix} 1 & 2 & 3 & -2 \\ 0 & -5 & -8 & 1 \\ 0 & -4 & -10 & 8 \\ 0 & -7 & -4 & 5 \end{vmatrix}$$

$$=(-2)\begin{vmatrix} -5 & 4 & 1 \\ -4 & 5 & 8 \\ -7 & 2 & 5 \end{vmatrix} \overset{\substack{r_3-r_1 \\ r_2-r_1}}{=} (-4)\begin{vmatrix} -5 & 4 & 1 \\ 1 & 1 & 7 \\ 1 & -1 & 2 \end{vmatrix} \overset{r_3-r_2}{=} (-4)\begin{vmatrix} -5 & 4 & 1 \\ 1 & 1 & 7 \\ 0 & -2 & -5 \end{vmatrix}$$

$$=(-4)(-27)=108$$

$$D_1=\begin{vmatrix} 8 & -1 & -2 & -3 \\ 6 & 2 & 3 & -2 \\ 4 & 2 & -1 & 2 \\ -8 & -3 & 2 & 1 \end{vmatrix}=-324 \qquad D_2=\begin{vmatrix} 2 & 8 & -2 & -3 \\ 1 & 6 & 3 & -2 \\ 3 & 4 & -1 & 2 \\ 2 & -8 & 2 & 1 \end{vmatrix}=-648$$

$$D_3=\begin{vmatrix} 2 & -1 & 8 & -3 \\ 1 & 2 & 6 & -2 \\ 3 & 2 & 4 & 2 \\ 2 & -3 & -8 & 1 \end{vmatrix}=324 \qquad D_4=\begin{vmatrix} 2 & -1 & -2 & 8 \\ 1 & 2 & 3 & 6 \\ 3 & 2 & -1 & 4 \\ 2 & -3 & 2 & -8 \end{vmatrix}=648$$

$$x_1=\frac{D_1}{D}=-3, x_2=\frac{D_2}{D}=-6, x_3=\frac{D_3}{D}=3, x_4=\frac{D_4}{D}=6$$

例 1-15 求一个二次多项式 $f(x)$ 使得 $f(1)=0, f(2)=3, f(-3)=28$。

解 设所求的多项式为 $f(x)=ax^2+bx+c$，由题意知

$$\begin{cases} f(1)=a+b+c=0 \\ f(2)=4a+2b+c=3 \\ f(-3)=9a-3b+c=28 \end{cases}$$

这是一个关于三个未知数 a、b、c 的线性方程组。

$$D=-20\neq 0, D_1=-40, D_2=60, D_3=-20$$

由克莱姆法则，得

$$a=\frac{D_1}{D}=2, b=\frac{D_2}{D}=-3, c=\frac{D_3}{D}=1$$

于是所求的多项式为 $f(x)=2x^2-3x+1$。

克莱姆法则有重大的理论价值，撇开求解公式(1-10)，克莱姆法则可叙述为下面的重要定理。

定理 4 如果线性方程组(1-9)的系数行列式 $D\neq 0$，则式(1-9)一定有解，且解是唯一的。

定理 4 的逆否定理如下：

定理 4′ 如果线性方程组(1-9)无解或有两个不同的解，则它的系数行列式必为零(详见第 4 章)。

1.6.2 齐次线性方程组

线性方程组(1-9)右端的常数项 $b_1, b_2, \cdots, b_n$ 不全为零时，线性方程组(1-9)叫做非齐次线性方程组；当 $b_1, b_2, \cdots, b_n$ 全为零时，线性方程组(1-9)叫做齐次线性方程组。

对于齐次线性方程组：

$$\begin{cases} a_{11}x_1+a_{12}x_2+\cdots+a_{1n}x_n=0 \\ a_{21}x_1+a_{22}x_2+\cdots+a_{2n}x_n=0 \\ \qquad\vdots \\ a_{n1}x_1+a_{n2}x_2+\cdots+a_{nn}x_n=0 \end{cases} \tag{1-11}$$

$x_1=x_2=\cdots=x_n=0$ 一定是它的解，这个解叫做齐次线性方程组(1-11)的零解。如果一组不全为零的数是式(1-11)的解，则它叫做齐次线性方程组(1-11)的非零解。齐次线性方程组(1-11)一定有零解，但不一定有非零解。

定理 5 如果齐次线性方程组(1-11)的系数行列式 $D\neq 0$，则齐次线性方程组(1-11)没有非零解。

定理 5′ 如果齐次线性方程组(1-11)有非零解，则它的系数行列式必为零。

定理 5(或定理 5′)说明系数行列式 $D=0$ 是齐次线性方程组有非零解的必要条件。在第 3 章中还将证明这个条件也是充分的。

例 1-16 已知 $\begin{cases} kx_1-x_2+x_3=0 \\ x_1+kx_2+x_3=0 \\ 3x_1-x_2+x_3=0 \end{cases}$ 有非零解，求 k。

解 齐次方程组,有非零解,则 $D=0$,即

$$D=\begin{vmatrix} k & -1 & 1 \\ 1 & k & 1 \\ 3 & -1 & 1 \end{vmatrix}=k^2-2k-3=(k+1)(k-3)=0$$

得 $k=-1$ 或 $k=3$。

注意:克莱姆法则只能用来求解系数矩阵是方阵(即方程的个数与未知量个数相等),而且系数行列式不等于零的线性方程组。一般线性方程组在什么条件下有解及解的求法将在第 4 章解决。

1.7 行列式的几何应用

1.7.1 二阶行列式的几何解释

设二阶行列式 $D=\begin{vmatrix} a_{11} & a_{12} \\ a_{21} & a_{22} \end{vmatrix}=a_{11}a_{22}-a_{12}a_{21}$。令向量 $\boldsymbol{a}=(a_{11},a_{21})$,$\boldsymbol{b}=(a_{12},a_{22})$,则二阶行列式 D 的绝对值 $|D|$ 为向量 $\boldsymbol{a}$、$\boldsymbol{b}$ 为边构成的平行四边形的面积,如图 1－1 所示。

事实上,由初等数学平面向量知识,平行四边形的面积为

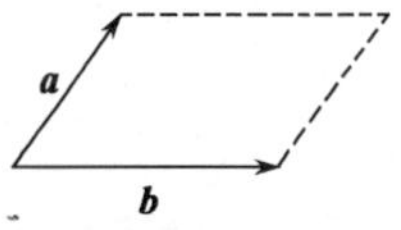

$$\begin{aligned} S &= |\boldsymbol{a}||\boldsymbol{b}|\sin(\boldsymbol{a},\boldsymbol{b})=|\boldsymbol{a}||\boldsymbol{b}|\sqrt{1-\cos^2(\boldsymbol{a},\boldsymbol{b})} \\ &= |\boldsymbol{a}||\boldsymbol{b}|\sqrt{1-\frac{(\boldsymbol{a},\boldsymbol{b})^2}{(|\boldsymbol{a}||\boldsymbol{b}|)^2}}=\sqrt{|\boldsymbol{a}|^2|\boldsymbol{b}|^2-(\boldsymbol{a},\boldsymbol{b})^2} \\ &= \sqrt{(a_{11}^2+a_{21}^2)(a_{12}^2+a_{22}^2)-(a_{11}a_{12}+a_{21}a_{22})}=\sqrt{(a_{11}a_{22}-a_{11}a_{21})^2} \\ &= |a_{11}a_{22}-a_{11}a_{21}|=|D| \end{aligned}$$

图 1－1

1.7.2 三阶行列式的几何解释

设三阶行列式 $D=\begin{vmatrix} x_1 & y_1 & z_1 \\ x_2 & y_2 & z_2 \\ x_3 & y_3 & z_3 \end{vmatrix}$,令向量 $\boldsymbol{a}=(x_1,y_1,z_1)$,$\boldsymbol{b}=(x_2,y_2,z_2)$,$\boldsymbol{c}=(x_3,y_3,z_3)$,则三阶行列式 D 的绝对值为以 $\boldsymbol{a}$、$\boldsymbol{b}$、$\boldsymbol{c}$ 为棱的平行六面体的体积。一个平行六面体由它的过同一顶点的三条边完全确定,这三条边可以用这个顶点为起点的三个向量来表示,因而,这三个向量就完全确定了平行六面体的形状的大小。下面计算以向量 $\boldsymbol{a}$、$\boldsymbol{b}$、$\boldsymbol{c}$ 为邻边的平行六面体的体积,如图 1－2 所示。

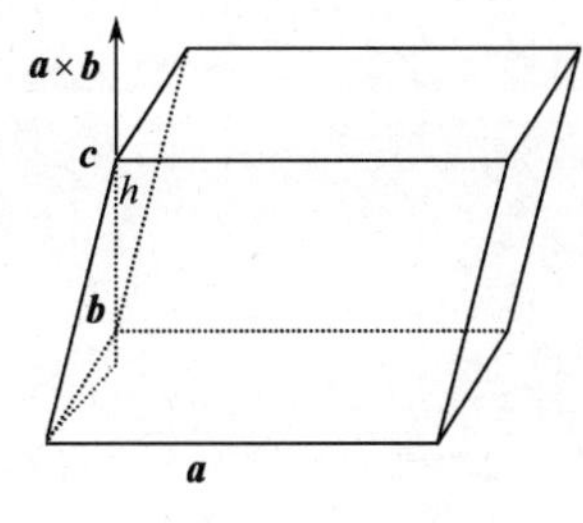

图 1－2

以向量 $\boldsymbol{a}$、$\boldsymbol{b}$ 为邻边的平行四边形作为底面,那么底面积为 $S=|\boldsymbol{a}\times\boldsymbol{b}|$,而这个底面上的高是 $h=|\boldsymbol{c}|\cos\angle(\boldsymbol{a}\times\boldsymbol{b},\boldsymbol{c})$。于是平行六面体的体积为

$$V=|\boldsymbol{a}\times\boldsymbol{b}||\boldsymbol{c}|\cos\angle(\boldsymbol{a}\times\boldsymbol{b},\boldsymbol{c})=|(\boldsymbol{a}\times\boldsymbol{b})\cdot\boldsymbol{c}|$$

这就是用向量计算平行六面体的体积的公式。因为体积只能取正值,故上式要取绝对值。$(\boldsymbol{a}\times\boldsymbol{b})\cdot\boldsymbol{c}$ 称为三向量 $\boldsymbol{a}$、$\boldsymbol{b}$、$\boldsymbol{c}$ 的混合积,记作$(\boldsymbol{a},\boldsymbol{b},\boldsymbol{c})$,所以平行六面体体积为

$$V=|D|=\left\|\begin{matrix} x_1 & y_1 & z_1 \\ x_2 & y_2 & z_2 \\ x_3 & y_3 & z_3 \end{matrix}\right\|$$

1.7.3 行列式的若干几何应用

(1) 平面上三点 $A=(x_1,y_1)$, $B=(x_2,y_2)$, $C=(x_3,y_3)$ 所确定的三角形面积:

$$S_{\triangle ABC}=\frac{1}{2}\left\|\begin{matrix} x_1-x_3 & y_1-y_3 \\ x_2-x_3 & y_2-y_3 \end{matrix}\right\|=\frac{1}{2}\left\|\begin{matrix} x_1 & y_1 & 1 \\ x_2 & y_2 & 1 \\ x_3 & y_3 & 1 \end{matrix}\right\|$$

(2) 设空间中有四点 $A=(x_1,y_1,z_1)$, $B=(x_2,y_2,z_2)$, $C=(x_3,y_3,z_3)$, $D=(x_4,y_4,z_4)$,则

① 若 AB、CD 不共面,则以 A、B、C、D 为顶点的四面体体积为

$$V=\frac{1}{6}\left\|\begin{matrix} x_1-x_4 & y_1-y_4 & z_1-z_4 \\ x_2-x_4 & y_2-y_4 & z_2-z_4 \\ x_3-x_4 & y_3-y_4 & z_3-z_4 \end{matrix}\right\|=\frac{1}{6}\left\|\begin{matrix} x_1 & y_1 & z_1 & 1 \\ x_2 & y_2 & z_2 & 1 \\ x_3 & y_3 & z_3 & 1 \\ x_4 & y_4 & z_4 & 1 \end{matrix}\right\|$$

② A、B、C、D 共面的充要条件为

$$\left\|\begin{matrix} x_1-x_4 & y_1-y_4 & z_1-z_4 \\ x_2-x_4 & y_2-y_4 & z_2-z_4 \\ x_3-x_4 & y_3-y_4 & z_3-z_4 \end{matrix}\right\|=\left\|\begin{matrix} x_1 & y_1 & z_1 & 1 \\ x_2 & y_2 & z_2 & 1 \\ x_3 & y_3 & z_3 & 1 \\ x_4 & y_4 & z_4 & 1 \end{matrix}\right\|=0$$

(3) 空间中不在同一直线上的三点 $A_i=(x_i,y_i,z_i)$, $i=1,2,3$ 所确定平面的方程为

$$\left\|\begin{matrix} x_1-x_4 & y_1-y_4 & z_1-z_4 \\ x_2-x_4 & y_2-y_4 & z_2-z_4 \\ x_3-x_4 & y_3-y_4 & z_3-z_4 \end{matrix}\right\|=0$$

或

$$\left\|\begin{matrix} x_1 & y_1 & z_1 & 1 \\ x_2 & y_2 & z_2 & 1 \\ x_3 & y_3 & z_3 & 1 \\ x_4 & y_4 & z_4 & 1 \end{matrix}\right\|=0$$

例1-17 已知四点$A=(1,0,0)$,$B=(4,4,2)$,$C=(4,5,-1)$,$D=(3,3,5)$,求四面体$ABCD$的体积。

解 由立体几何知道,四面体的体积V等于以向量$\boldsymbol{AB}$, $\boldsymbol{AC}$, $\boldsymbol{AD}$为棱的平行六面体的体积的1/5,即

$$V=\frac{1}{6}(\boldsymbol{AB},\boldsymbol{AC},\boldsymbol{AD})$$

由于$\boldsymbol{AB}=(3,2,4)$,$\boldsymbol{AC}=(3,5,-1)$,$\boldsymbol{AD}=(2,3,5)$,所以有

$$(\boldsymbol{AB},\boldsymbol{AC},\boldsymbol{AD})=\begin{vmatrix}3&4&2\\3&5&-1\\2&3&5\end{vmatrix}=14$$

从而

$$V=\frac{1}{6}\times14=\frac{7}{3}$$

例1-18 导出四点$A_i=(x_i,y_i,z_i)$,$i=1,2,3,4$在同一平面上的条件。

解 所求的条件就是向量$\boldsymbol{A_1A_2}$,$\boldsymbol{A_1A_3}$,$\boldsymbol{A_1A_4}$共面的充分必要条件,因此$A_i(i=1,2,3,4)$在同一平面上的充分必要条件为

$$\left\|\begin{matrix}x_1-x_4&y_1-y_4&z_1-z_4\\x_2-x_4&y_2-y_4&z_2-z_4\\x_3-x_4&y_3-y_4&z_3-z_4\end{matrix}\right\|=0$$

例1-19 一平面经过三点$M_1=(1,1,1)$,$M_2=(-2,1,2)$,$M_3=(-3,3,1)$,求这平面的方程。

解 设$M=(x,y,z)$为空间中任意多一点,那么M在该平面上得充分必要条件为向量$\boldsymbol{M_1M}$,$\boldsymbol{M_1M_2}$,$\boldsymbol{M_1M_3}$共面,即$\begin{vmatrix}x-1&y-1&z-1\\-2-1&1-1&2-1\\-3-1&3-1&1-1\end{vmatrix}=0$。化简的所求的平面方程为

$$x+2y+3z-6=0$$

习 题

1. 利用对角线法则求下列行列式:

(1) $\begin{vmatrix}1&0&2\\3&-1&0\\1&2&-1\end{vmatrix}$　　(2) $\begin{vmatrix}a&b&c\\b&c&a\\c&a&b\end{vmatrix}$

(3) $\begin{vmatrix}246&427&327\\1014&543&443\\-342&721&621\end{vmatrix}$　　(4) $\begin{vmatrix}x&y&x+y\\y&x+y&x\\x+y&x&y\end{vmatrix}$

2. 求下列各排列的逆序数：

（1）523146879

（2）134782695

（3）$n,n-1,\cdots,2,1$

（4）$2k,1,2k-1,2,\cdots,k+1,k$

3. 写出四阶行列式中带 $a_{12}a_{34}$ 的项。

4. 计算下列行列式：

（1）$\begin{vmatrix} 3 & 1 & 1 & 1 \\ 1 & 3 & 1 & 1 \\ 1 & 1 & 3 & 1 \\ 1 & 1 & 1 & 3 \end{vmatrix}$　（2）$\begin{vmatrix} 1 & 0 & -1 & -1 \\ 1 & -1 & -1 & 1 \\ a & b & c & d \\ -1 & -1 & 1 & 0 \end{vmatrix}$　（3）$\begin{vmatrix} 1 & 4 & 9 & 16 \\ 4 & 9 & 16 & 25 \\ 9 & 16 & 25 & 36 \\ 16 & 25 & 36 & 49 \end{vmatrix}$

5. 已知 $f(x)=\begin{vmatrix} x & 1 & 1 & 2 \\ 1 & x & 1 & -1 \\ 3 & 2 & x & 1 \\ 1 & 1 & 2x & 1 \end{vmatrix}$，求 x^3 的系数。

6. 证明行列式：

（1）$\begin{vmatrix} b+c & c+a & a+b \\ b_1+c_1 & c_1+a_1 & a_1+b_1 \\ b_2+c_2 & c_2+a_2 & a_2+b_2 \end{vmatrix}=2\begin{vmatrix} a & b & c \\ a_1 & b_1 & c_1 \\ a_2 & b_2 & c_2 \end{vmatrix}$

（2）$\begin{vmatrix} a^2 & (a+1)^2 & (a+2)^2 & (a+3)^2 \\ b^2 & (b+1)^2 & (b+2)^2 & (b+3)^2 \\ c^2 & (c+1)^2 & (c+2)^2 & (c+3)^2 \\ d^2 & (d+1)^2 & (d+2)^2 & (d+3)^2 \end{vmatrix}=0$

（3）$D_n=\begin{vmatrix} x & -1 & 0 & \cdots & 0 & 0 \\ 0 & x & -1 & \cdots & 0 & 0 \\ \vdots & \vdots & \vdots & & \vdots & \vdots \\ 0 & 0 & 0 & \cdots & x & -1 \\ a_n & a_{n-1} & a_{n-2} & \cdots & a_2 & x+a_1 \end{vmatrix}$

$=x^n+a_1x^{n-1}+\cdots+a_{n-1}x+a_n$

（4）$D_n=\begin{vmatrix} \cos\alpha & 1 & 0 & \cdots & 0 & 0 \\ 1 & 2\cos\alpha & 1 & \cdots & 0 & 0 \\ 0 & 1 & 2\cos\alpha & \cdots & 0 & 0 \\ \vdots & \vdots & \vdots & & \vdots & \vdots \\ 0 & 0 & 0 & \cdots & 2\cos\alpha & 1 \\ 0 & 0 & 0 & \cdots & 1 & 2\cos\alpha \end{vmatrix}$

$=\cos n\alpha$

7. 设 n 阶行列式 $D=\det(a_{ij})$，把 D 上下翻转、或逆时针旋转 90°、或依副对角线翻转，依次得

$$D_1=\begin{vmatrix} a_{11} & \cdots & a_{1n} \\ \vdots & & \vdots \\ a_{n1} & \cdots & a_{nn} \end{vmatrix},D_2=\begin{vmatrix} a_{1n} & \cdots & a_{nn} \\ \vdots & & \vdots \\ a_{11} & \cdots & a_{n1} \end{vmatrix},D_3=\begin{vmatrix} a_{nn} & \cdots & a_{1n} \\ \vdots & & \vdots \\ a_{n1} & \cdots & a_{11} \end{vmatrix}$$

证明:$D_1=D_2=(-1)^{\frac{n(n-1)}{2}}D,D_3=D$。

8. 计算下列行列式:

(1) $\begin{vmatrix} x-a & a & a & \cdots & a \\ a & x-a & a & \cdots & a \\ a & a & x-a & \cdots & a \\ \vdots & \vdots & \vdots & & \vdots \\ a & a & a & \cdots & x-a \end{vmatrix}$

(2) $D_{2n}=\underbrace{\begin{vmatrix} a & & & & & b \\ & \ddots & & & \iddots & \\ & & a & b & & \\ & & c & d & & \\ & \iddots & & & \ddots & \\ c & & & & & d \end{vmatrix}}_{2n}$

(3) $D_n=\begin{vmatrix} 2\cos\theta & 1 & & & & \\ 1 & 2\cos\theta & 1 & & & \\ & 1 & \ddots & \ddots & & \\ & & \ddots & \ddots & 1 & \\ & & & 1 & 2\cos\theta & 1 \\ & & & & 1 & 2\cos\theta \end{vmatrix}$

(4) $D_n=\begin{vmatrix} a_1 & 0 & 0 & \cdots & t_1 \\ t_2 & a_2 & 0 & \cdots & 0 \\ 0 & t_3 & a_3 & \cdots & 0 \\ \vdots & \vdots & \vdots & & \vdots \\ 0 & 0 & \cdots & t_n & a_n \end{vmatrix}$

(5) $D_{n+1}=\begin{vmatrix} 1 & x_1 & x_2 & \cdots & x_n \\ y_1 & z_1 & 0 & \cdots & 0 \\ y_2 & 0 & z_2 & \cdots & \vdots \\ \vdots & \vdots & \vdots & & \vdots \\ y_n & 0 & 0 & \cdots & z_n \end{vmatrix},z_i\neq 0$

9. 设$f(x)=\begin{vmatrix} 1 & 1 & 1 & 1 \\ -1 & 3 & 0 & x \\ 1 & 9 & 0 & x^2 \\ -1 & 27 & 0 & x^3 \end{vmatrix}$,则方程$f(x)=0$的根为多少?

10. 设曲线 $y=a_0+a_1x+a_2x^2+a_3x^3$ 通过四点(1,3),(2,4),(3,3),(4,-3),求系数 a_0,a_1,a_2,a_3。

11. 用克莱姆法则解下列线性方程组:

(1) $\begin{cases} x_1+x_2+2x_3+3x_4=1 \\ 3x_1-x_2-x_3-2x_4=-4 \\ 2x_1+3x_2-x_3-x_4=-6 \\ x_1+2x_2+3x_3-x_4=-4 \end{cases}$

(2) $\begin{cases} 2x_1-x_2+3x_3+2x_4=6 \\ 3x_1-3x_2+3x_3+2x_4=5 \\ 3x_1-x_2-x_3+2x_4=3 \\ 3x_1-x_2+3x_3-x_4=4 \end{cases}$

(3) $\begin{cases} x_1+x_2+x_3+x_4=0 \\ x_2+x_3+x_4+x_5=0 \\ x_1+2x_2+3x_3=2 \\ x_2+2x_3+3x_4=-2 \\ x_3+2x_4+3x_5=2 \end{cases}$

12. 问 λ,μ 取何值时,齐次线性方程组

$$\begin{cases} \lambda x_1+x_2+x_3=0 \\ x_1+\mu x_2+x_3=0 \\ x_1+2\mu x_2+(4-\lambda)x_3=0 \end{cases}$$

有非零解?

13. 问 λ 取何值时,齐次线性方程组

$$\begin{cases} (\lambda+3)x_1+x_2+2x_3=0 \\ \lambda x_1+x_3=0 \\ 2\lambda x_1+(3+\lambda)x_3=0 \end{cases}$$

有非零解? 证明点 $A(2,-1,-2)$、$B(1,2,1)$、$C(2,3,0)$ 与 $D(5,0,-6)$ 在同一平面上。

第2章　矩　阵

矩阵是高等代数课程的一个基本概念,是研究高等代数的基本工具。线性空间、线性变换等,都是以矩阵作为手段,由此演绎出丰富多彩的理论画卷。在高等代数中,运用矩阵理论作出系统分析和整理,用数学哲学的观点,审视矩阵理论,可以更深刻地理解矩阵理论的哲学内涵,进而发掘数学领域中的哲学思想。

矩阵中包含着丰富的特殊化与一般化的数学思想。数学是客观现实的模拟与反映,客观事物的固有联系与规律性也必然反映到数学中来。客观世界中的种种辩证关系:抽象与具体、一般化与特殊化、对立性与统一性、矛盾与发展等,在数学中处处有生动的说明。矩阵的等价就是利用初等变换把矩阵作一种特殊化的化简成其阶梯形、标准形、合同标准形、相似对角形等的过程。其中蕴含着"变"与"不变"、"动"与"静"、"偶然性"与"必然性"的辩证思想。

矩阵是现代科学技术不可缺少的数学工具,它在应用数学、自然科学、现代经济管理和工程技术中有着广泛的应用。矩阵管理在一些知名企业如春兰集团、微软公司、IBM 等管理运作中起到了重要的促进发展的作用。因此,它是解决实际问题的有力工具。

在本章中,主要介绍矩阵的概念及其运算方法、逆矩阵的概念及其求法、矩阵的初等变换与矩阵的秩、分块矩阵的概念及其运算。

2.1　矩阵的概念

引例　我国现存的最古老的数学书《九章算术》中,就有一个线性方程组的例子,矩阵的概念就是从中产生的。

$$\begin{cases} 3x+2y+z=39 \\ 2x+3y+z=34 \\ x+2y+3z=26 \end{cases}$$

为了使用加减消去法解方程,古人把系数排成图 2-1 所示的方形。

古代称这种矩阵的数表为"方程"或"方阵",其意思与矩阵相仿。在西方,矩阵这个词是 1850 年由西尔维特(James Jpseph Sylvester,1814—1897,英国人)提出的。用矩阵来称呼由线性方程的系数所排列起来的长方形表,与我国"方阵"一词的意思是一致的。

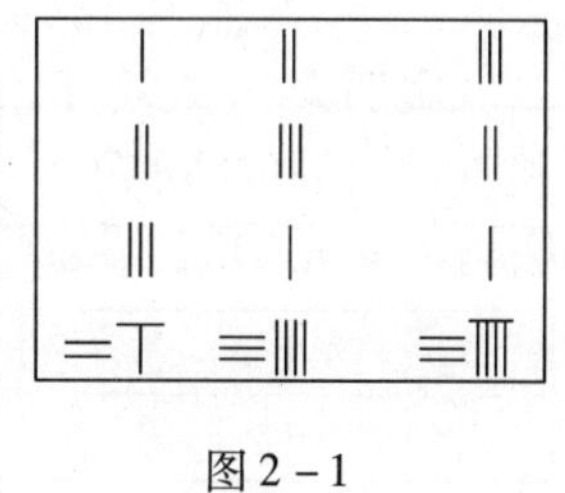

图 2-1

2.1.1　矩阵的概念

案例 1　[商品销售]某连锁超市的某一品牌的衣服在不同分店的销售情况,在连续三个月份的销售量列表如下：

销售量	单位(件)			
	第一分店	第二分店	第三分店	第四分店
一月份	213	350	458	236
二月份	156	189	203	112
三月份	118	125	165	98

如果月份和店别，销售量就是一个3行3列的表格，把这种表格在概念上加以拓展，就得出一般的矩阵的概念。定义1 由 $m \times n$ 个数 $a_{ij}(i=1,2,\cdots,m;j=1,2,\cdots,n)$ 排队的 m 行 n 列的数表：

$$\begin{matrix} a_{11} & a_{12} & \cdots & a_{1n} \\ a_{21} & a_{22} & \cdots & a_{2n} \\ \vdots & \vdots & & \vdots \\ a_{m1} & a_{m2} & \cdots & a_{mn} \end{matrix}$$

称为 m 行 n 列(或 $m \times n$)矩阵。为表示它是一个整体，总是加一个括号可以是圆括弧，也可以是中括弧，或用大写字母简记它。记作

$$\boldsymbol{A} = \begin{pmatrix} a_{11} & a_{12} & \cdots & a_{1n} \\ a_{21} & a_{22} & \cdots & a_{2n} \\ \vdots & \vdots & & \vdots \\ a_{m1} & a_{m2} & \cdots & a_{mn} \end{pmatrix}$$

或简写为 $\boldsymbol{A}=(a_{ij})_{m\times n}$ 或 (a_{ij}) 或 $\boldsymbol{A}_{m\times n}$。其中 a_{ij} 称为矩阵 $\boldsymbol{A}$ 的第 i 行第 j 列的元素(元)。

元素是实数的矩阵称为实矩阵，元素是复数的矩阵称为复矩阵，本书中的矩阵除特别说明外，都指实矩阵。

为了研究方便，在引例和案例中的数据分别可用矩阵表示：

$$\boldsymbol{A} = \begin{pmatrix} 3 & 2 & 1 \\ 2 & 3 & 1 \\ 1 & 2 & 3 \end{pmatrix}, \qquad \boldsymbol{B} = \begin{pmatrix} 213 & 350 & 458 & 236 \\ 156 & 189 & 203 & 112 \\ 118 & 125 & 165 & 98 \end{pmatrix}$$

引例　　　　　　　　案例

案例2 ［成绩统计］某高校甲、乙两学生，第一学期的高等数学、大学英语、大学计算机基础课的成绩如下：

	高等数学	大学英语	大学计算机基础
学生甲	78	93	95
学生乙	81	88	86

为了简便，可以把它写成二行三列的矩形数表：

$$\begin{pmatrix} 78 & 63 & 95 \\ 81 & 88 & 86 \end{pmatrix}$$

案例 3 ［电路分析］在中学物理中学过电路计算，下面看看矩阵在电路分析中的应用。任何复杂的电路总是由一些基本元件或基本电路组合而成的。只含基本元件的简单电路称为单元网络，它们的参数矩阵就容易写出了。

（1）欧姆定律中串联电阻 R 的单元网络：

$$\begin{cases} U_1 = U_2 + RI_2 \\ I_1 = I_2 \end{cases}$$

即得单元网络的矩阵 $\boldsymbol{A}$ 为

$$\boldsymbol{A} = \begin{pmatrix} 1 & R \\ 0 & 1 \end{pmatrix}$$

（2）欧姆定律中并联电阻 R 的单元网络：

$$\begin{cases} U_1 = U_2 \\ I_1 = \dfrac{1}{R}U_2 + I_2 \end{cases}$$

即得单元网络的矩阵 $\boldsymbol{A}$ 为

$$\boldsymbol{A} = \begin{pmatrix} 1 & 0 \\ \dfrac{1}{R} & 1 \end{pmatrix}$$

案例 4 ［对策模型——田忌赛马］

问题提出 战国时期，齐国的国王与大将军田忌进行赛马，双方约定，各自出三匹马，分别为三个等级，即一等马、二等马、三等马各一匹，比赛时，每次双方各从自己的三匹马中任选一匹来比赛，输者要付给胜者一千两黄金，一轮赛三次，每匹马都参加。当时在同等级的马中，齐王的马比田忌的马要强，这样，如果齐王和田忌是一、二、三等马依次参赛的话，田忌就可能输三千两黄金。田忌有获胜的可能吗？

模型分析 对于像齐王赛马这种双方竞争的对策称为二人对策，在二人对策中，一个局中人的赢得等于另一个局中人的输掉，称这类二人对策为二人零和对策，赢得的数字称为对策的值：每当齐王赢得一千两黄金，就可以看成他的赢得为 $+1$，这时田忌的赢得看成是 -1；如果齐王输掉一千两黄金，就看成他的赢得为 -1，这时田忌的赢得为 $+1$。于是，在对策的结局，双方的赢得之和为零，这就是“零和”对策称呼的来由。

模型建立 以 $\alpha_1(1,2,3)$ 表示齐王先用一等马，再用二等马，最后用三等马，于是齐王共有如下六个策略：

$$\alpha_1(1,2,3),\alpha_2(1,3,2),\alpha_3(2,1,3),$$
$$\alpha_4(2,3,1),\alpha_5(3,2,1),\alpha_6(3,1,2)$$

同理，田忌也有六个策略：

$$\beta_1(1,2,3),\beta_2(1,3,2),\beta_3(2,1,3),$$
$$\beta_4(2,3,1),\beta_5(3,2,1),\beta_6(3,1,2)$$

列一个表,表示齐王的赢得(单位为千两黄金):

	β_1	β_2	β_3	β_4	β_5	β_6
α_1	3	1	1	1	1	-1
α_2	1	3	1	1	-1	1
α_3	1	-1	3	1	1	1
α_4	-1	1	1	3	1	1
α_5	1	1	-1	1	3	1
α_6	1	1	1	-1	1	3

如果只考虑表中数字,可写成如下矩阵形式:

$$\begin{pmatrix} 3 & 1 & 1 & 1 & 1 & -1 \\ 1 & 3 & 1 & 1 & -1 & 1 \\ 1 & -1 & 3 & 1 & 1 & 1 \\ -1 & 1 & 1 & 3 & 1 & 1 \\ 1 & 1 & -1 & 1 & 3 & 1 \\ 1 & 1 & 1 & -1 & 1 & 3 \end{pmatrix}$$

由于它是齐王赢得表中的数字依次抽象出来的,所以这个矩阵 $\boldsymbol{A}$ 称为齐王的赢得矩阵。

模型求解　根据谋士孙膑给他出的主意,田忌用三等马先参赛,一等马次之,二等马最后,用以对付齐王的一、二、三等马的次序参赛。这样,结局是齐王非但没有赢,反而输掉一千两黄金。

模型应用　2005 年 8 月 1 日东亚女子足球四强赛中,韩国队采用“田忌赛马”战术重点制定防守策略,以 2:0 战胜中国女足,结束了延续 15 年“逢中必败”的历史。

2.1.2　特殊矩阵

1. 行矩阵

只有一行的矩阵,即当 $m=1$ 时,有

$$\boldsymbol{A}=(a_1\ a_2\ \cdots\ a_n)$$

称为行矩阵,又称为行向量。

2. 列矩阵

只有一列的矩阵,即当 $n=1$ 时,有

$$\boldsymbol{B}=\begin{pmatrix} b_1 \\ b_2 \\ \vdots \\ b_m \end{pmatrix}$$

称为列矩阵,又称列向量。

3. n 阶方阵

行数与列数都等于 n 的矩阵,即当 $m=n$ 时,有

$$\boldsymbol{A}=\begin{pmatrix} a_{11} & a_{12} & \cdots & a_{1n} \\ a_{21} & a_{22} & \cdots & a_{2n} \\ \vdots & \vdots & & \vdots \\ a_{n1} & a_{n2} & \cdots & a_{nn} \end{pmatrix}$$

称为 n 阶矩阵或 n 阶方阵。n 阶矩阵 $\boldsymbol{A}$,也记作 $\boldsymbol{A}_n$。

4. 零矩阵

第一个元素都是零的矩阵称为零矩阵,记作 $\mathbf{0}$。例如

$$\mathbf{0}_{m\times n}=\begin{pmatrix} 0 & 0 & \cdots & 0 \\ 0 & 0 & \cdots & 0 \\ \vdots & \vdots & & \vdots \\ 0 & 0 & \cdots & 0 \end{pmatrix}$$

5. 对角方阵

一个方阵如果除主对角线上元素外,其他元素均为0,那个这个方阵称为 n 阶对角方阵。

$$\boldsymbol{A}=\begin{pmatrix} a_{11} & 0 & \cdots & 0 \\ 0 & a_{22} & \cdots & 0 \\ \vdots & \vdots & & \vdots \\ 0 & 0 & \cdots & a_{nn} \end{pmatrix}$$

n 个变量 $x_1,x_2,\cdots,x_n$ 与 m 个变量 $y_1,y_2,\cdots,y_m$ 之间的关系式:

$$\begin{cases} y_1=a_{11}x_1+a_{12}x_2+\cdots+a_{1n}x_n \\ y_2=a_{21}x_1+a_{22}x_2+\cdots+a_{2n}x_n \\ \quad\vdots \\ y_n=a_{m1}x_1+a_{m2}x_2+\cdots+a_{mn}x_n \end{cases}$$

表示一个从变量 $x_1,x_2,\cdots,x_n$ 到变量 $y_1,y_2,\cdots,y_m$ 的线性变换,其中 a_{ij} 为常数。线性变换的系数 a_{ij} 构成矩阵 $\boldsymbol{A}=(a_{ij})_{m\times n}$。

给定了线性变换,它的系数所构成的矩阵(称为系数矩阵)也就确定。反之,如果给出一个矩阵作为线性变换的系数矩阵,则线性变换也就确定。在这个意义上,线性变换和矩阵之间存在着一一对应的关系。

在对角阵中,若 $a_{ij}=k(i=1,2,\cdots,n)$,则称为数量矩阵(又称标量阵)。简记为

$$k\boldsymbol{E}_n=\begin{pmatrix} k & 0 & \cdots & 0 \\ 0 & k & \cdots & 0 \\ \vdots & \vdots & & \vdots \\ 0 & 0 & \cdots & k \end{pmatrix}$$

例如线性变换

$$\begin{cases} y_1 = \lambda_1 x_1 \\ y_2 = \lambda_2 x_2 \\ \quad \vdots \\ y_n = \lambda_n x_n \end{cases}$$

对应 n 阶方阵

$$\boldsymbol{A} = \begin{pmatrix} \lambda_1 & 0 & \cdots & 0 \\ 0 & \lambda_2 & \cdots & 0 \\ \vdots & \vdots & & \vdots \\ 0 & 0 & \cdots & \lambda_n \end{pmatrix}$$

这个方阵的特点是:不在对角线上的元素都是0。这种方阵称为对角矩阵,简称对角阵。对角阵也记作

$$\boldsymbol{A} = \mathrm{diag}(\lambda_1, \lambda_2, \cdots, \lambda_n)$$

6. 单位矩阵

主对角线上元素均为1的数量矩阵称为 n 阶单位阵,记做 $\boldsymbol{I}$ 或 $\boldsymbol{E}_n$,即

$$\boldsymbol{E}_n = (\delta_{ij})_{n \times n} = \begin{pmatrix} 1 & 0 & \cdots & 0 \\ 0 & 1 & \cdots & 0 \\ \vdots & \vdots & & \vdots \\ 0 & 0 & \cdots & 1 \end{pmatrix}$$

其中

$$\delta_{ij} = \begin{cases} 1, & i = j \\ 0, & i \neq j \end{cases} \quad (i, j = 1, 2, \cdots, n)$$

例如:线性变换中

$$\begin{cases} y_1 = x_1 \\ y_2 = x_2 \\ \quad \vdots \\ y_n = x_n \end{cases}$$

叫做恒等变换,它对应的一个 n 阶方阵 $\boldsymbol{E}_n$:

$$\boldsymbol{E} = \begin{pmatrix} 1 & 0 & \cdots & 0 \\ 0 & 1 & \cdots & 0 \\ \vdots & \vdots & & \vdots \\ 0 & 0 & \cdots & 1 \end{pmatrix}$$

又如$\begin{pmatrix}1&0&0\\0&2&0\\0&0&3\end{pmatrix}$为三阶对角阵，$\begin{pmatrix}2&0&0\\0&2&0\\0&0&2\end{pmatrix}$为三阶数量矩阵（三阶标量阵），$\begin{pmatrix}1&0&0\\0&1&0\\0&0&1\end{pmatrix}$为三阶单位阵。

7. 上三角阵

$$A=\begin{pmatrix}a_{11}&a_{12}&\cdots&a_{1n}\\0&a_{22}&\cdots&a_{2n}\\\vdots&\vdots&&\vdots\\0&0&\cdots&a_{nn}\end{pmatrix}$$

若记$A=(a_{ij})$，其元素a_{ij}当$i>j$时为零。

8. 下三角阵

$$A=\begin{pmatrix}a_{11}&0&\cdots&0\\a_{21}&a_{22}&\cdots&0\\\vdots&\vdots&&\vdots\\a_{n1}&a_{n2}&\cdots&a_{nn}\end{pmatrix}$$

若记$A=(a_{ij})$，其元素a_{ij}当$i<j$时为零。

9. 对称矩阵

满足条件$a_{ij}=a_{ji}(i,j=1,2,\cdots,n)$的方阵$A=(a_{ij})_{m\times n}$称为对称矩阵，简称对称阵。其特点是：它的元素以对角线为对称轴对应相等。

10. 反对称矩阵

满足条件$a_{ij}=-a_{ji}(i,j=1,2,\cdots,n)$的方阵$A=(a_{ij})_{m\times n}$称为反对称矩阵，简称反对称阵。其特点是：它的元素以对角线为对称轴对应相反。

例如，$\begin{pmatrix}1&2&3\\2&-1&4\\3&4&5\end{pmatrix}$为对称阵，$\begin{pmatrix}1&-2&3\\2&-1&-4\\-3&4&5\end{pmatrix}$为反对称阵。

2.2 矩阵的运算

2.2.1 矩阵的加法

同型矩阵 两个矩阵的行数相等、列数也相等时，称它们为同型矩阵。

例如，$\begin{pmatrix}1&2&-1\\2&1&3\end{pmatrix}$、$\begin{pmatrix}0&1&2\\4&-1&5\end{pmatrix}$是同型矩阵。

相等矩阵　如果两个同型矩阵 $\boldsymbol{A}=(a_{ij})_{m\times n}$ 与 $\boldsymbol{B}=(b_i)_{m\times n}$ 的一切对应元素都相等：$a_{ij}=b_{ij}(i=1,2,\cdots,m;\ j=1,2,\cdots,n)$，那么称这两矩阵相等，记为 $\boldsymbol{A}=\boldsymbol{B}$。

例 2-1　已知

$$\boldsymbol{A}=\begin{pmatrix}10 & a+b\\ a-b & 0\end{pmatrix},\quad \boldsymbol{B}=\begin{pmatrix}2c+d & 4\\ 2 & c-2d\end{pmatrix}$$

而且 $\boldsymbol{A}=\boldsymbol{B}$。求 a,b,c,d。

解　根据矩阵相等的定义，可得方程组

$$\begin{cases}10=2c+d\\ a+b=4\\ a-b=2\\ 0=c-2d\end{cases}$$

解得

$$a=3,b=1,c=4,d=2,$$

即当 $a=3,b=1,c=4,d=2$ 时，有 $\boldsymbol{A}=\boldsymbol{B}$。

引例　若某工厂有三个车间，两天生产甲、乙两种产品的数量（件）报表分别用矩阵 $\boldsymbol{A}$、$\boldsymbol{B}$ 表示为

$$\begin{matrix} & \text{甲} & \text{乙} & \\ \boldsymbol{A}= & \left(\begin{matrix}120 & 150\\ 210 & 130\\ 110 & 180\end{matrix}\right. & \left.\begin{matrix}\\ \\ \\ \end{matrix}\right) & \begin{matrix}\text{一车间}\\ \text{二车间},\\ \text{三车间}\end{matrix}\end{matrix}\quad \begin{matrix} & \text{甲} & \text{乙} & \\ \boldsymbol{B}= & \left(\begin{matrix}230 & 150\\ 270 & 280\\ 240 & 160\end{matrix}\right. & \left.\begin{matrix}\\ \\ \\ \end{matrix}\right) & \begin{matrix}\text{一车间}\\ \text{二车间}\\ \text{三车间}\end{matrix}\end{matrix}$$

则两天生产数量的汇总报表用矩阵 $\boldsymbol{C}$ 表示，显然为

$$\boldsymbol{C}=\begin{pmatrix}120+230 & 150+150\\ 210+270 & 130+280\\ 110+240 & 180+160\end{pmatrix}=\begin{pmatrix}350 & 300\\ 480 & 410\\ 350 & 340\end{pmatrix}$$

也就是说矩阵 $\boldsymbol{A}$、$\boldsymbol{B}$ 的对应元素相加，就得到矩阵 $\boldsymbol{C}$，将这种运算称为矩阵加法。

矩阵的和　设 $\boldsymbol{A}=(a_{ij})_{m\times n}$，$\boldsymbol{B}=(b_{ij})_{m\times n}$，是两个同型矩阵，则矩阵

$$\boldsymbol{C}=(C_{ij})_{m\times n}=(a_{ij}+b_{ij})_{m\times n}$$

称为 $\boldsymbol{A}$ 和 $\boldsymbol{B}$ 的和，记为

$$\boldsymbol{C}=\boldsymbol{A}+\boldsymbol{B}$$

即

$$\begin{pmatrix}a_{11} & a_{12} & \cdots & a_{1n}\\ a_{21} & a_{22} & \cdots & a_{2n}\\ \vdots & \vdots & & \vdots\\ a_{m1} & a_{m2} & \cdots & a_{mn}\end{pmatrix}+\begin{pmatrix}b_{11} & b_{12} & \cdots & b_{1n}\\ b_{21} & b_{22} & \cdots & b_{2n}\\ \vdots & \vdots & & \vdots\\ b_{m1} & b_{m2} & \cdots & b_{mn}\end{pmatrix}=\begin{pmatrix}a_{11}+b_{11} & a_{12}+b_{12} & \cdots & a_{1n}+b_{1n}\\ a_{21}+b_{21} & a_{22}+b_{22} & \cdots & a_{2n}+b_{2n}\\ \vdots & \vdots & & \vdots\\ a_{m1}+b_{m1} & a_{m2}+b_{m2} & \cdots & a_{mn}+b_{mn}\end{pmatrix}$$

类似地,两个矩阵相减,则它们的差为 $\boldsymbol{A}-\boldsymbol{B}=(a_{ij}-b_{ij})$。

注意,两个矩阵只有当它们是同型矩阵时,才可以进行加减法运算。

例如

$$\begin{pmatrix}1 & 2 & -1\\2 & 1 & 3\end{pmatrix}+\begin{pmatrix}0 & 1 & 2\\4 & -1 & 5\end{pmatrix}=\begin{pmatrix}1 & 3 & 1\\6 & 0 & 8\end{pmatrix}$$

矩阵

$$\begin{pmatrix}-a_{11} & -a_{12} & \cdots & -a_{1n}\\-a_{21} & -a_{22} & \cdots & -a_{2n}\\\vdots & \vdots & & \vdots\\-a_{m1} & -a_{m2} & \cdots & -a_{mn}\end{pmatrix}$$

称为矩阵 $\boldsymbol{A}$ 的负矩阵,记为 $-\boldsymbol{A}=(-a_{ij})_{m\times n}$,显然有 $\boldsymbol{A}+(-\boldsymbol{A})=0$

由此规定矩阵的减法为

$$\boldsymbol{A}-\boldsymbol{B}=\boldsymbol{A}+(-\boldsymbol{B})$$

矩阵的加法满足以下运算规律(设 $\boldsymbol{A}$、$\boldsymbol{B}$、$\boldsymbol{C}$ 都是 $m\times n$ 矩阵):

(1) 交换律:$\boldsymbol{A}+\boldsymbol{B}=\boldsymbol{B}+\boldsymbol{A}$

(2) 结合律:$\boldsymbol{A}+(\boldsymbol{B}+\boldsymbol{C})=(\boldsymbol{A}+\boldsymbol{B})+\boldsymbol{C}$

(3) $\boldsymbol{A}+\boldsymbol{0}=\boldsymbol{A}$

(4) $\boldsymbol{A}+(-\boldsymbol{A})=\boldsymbol{0}$

2.2.2 矩阵的数乘

数乘矩阵

$$\begin{pmatrix}ka_{11} & ka_{12} & \cdots & ka_{1n}\\ka_{21} & ka_{22} & \cdots & ka_{2n}\\\vdots & \vdots & & \vdots\\ka_{m1} & ka_{m2} & \cdots & ka_{mn}\end{pmatrix}$$

称为矩阵 $\boldsymbol{A}=(a_{ij})_{m\times n}$ 与数 k 的数量乘积,记为 $k\boldsymbol{A}$。

数量乘积满足以下规律(设 $\boldsymbol{A}$、$\boldsymbol{B}$ 为 $m\times n$ 矩阵,k、l 为常数):

(1) $(k+l)\boldsymbol{A}=k\boldsymbol{A}+l\boldsymbol{A}$

(2) $k(\boldsymbol{A}+\boldsymbol{B})=k\boldsymbol{A}+k\boldsymbol{B}$

(3) $k(l\boldsymbol{A})=(kl)\boldsymbol{A}$

(4) $1\boldsymbol{A}=\boldsymbol{A}$

矩阵相加与数乘矩阵合起来,统称为矩阵的线性运算。

2.2.3 矩阵的乘法

引例 若用矩阵 $\boldsymbol{A}$ 表示某工厂一天内三个生产车间的产品甲和乙的产量,用矩阵 $\boldsymbol{D}$ 表示产品甲和乙的单位售价和单位利润,即

$$
\begin{array}{c}
\quad\text{甲}\quad\text{乙} \\
A = \begin{pmatrix} 120 & 150 \\ 210 & 130 \\ 110 & 180 \end{pmatrix}
\begin{array}{l}\text{一车间} \\ \text{二车间}, \\ \text{三车间}\end{array}
\end{array}
\quad
D = \begin{array}{c} \text{单价(元)}\quad\text{单位利润(元)} \\ \begin{pmatrix} 5 & 1 \\ 10 & 3 \end{pmatrix}\begin{array}{l}\text{甲} \\ \text{乙}\end{array} \end{array}
$$

若用矩阵 $\boldsymbol{E}$ 表示三个车间一天创造的总产值和总利润,则有

$$
\begin{aligned}
\boldsymbol{E} &= \begin{array}{c}\text{总产值}\quad\text{总利润} \\ \begin{pmatrix} e_{11} & e_{12} \\ e_{21} & e_{22} \\ e_{31} & e_{32} \end{pmatrix}\begin{array}{l}\text{一车间} \\ \text{二车间} \\ \text{三车间}\end{array}\end{array} = \begin{pmatrix} 120\times5+150\times10 & 120\times1+150\times3 \\ 210\times5+130\times10 & 210\times1+130\times3 \\ 110\times5+180\times10 & 110\times1+180\times3 \end{pmatrix} \\
&= \begin{pmatrix} 2100 & 570 \\ 2350 & 600 \\ 2350 & 650 \end{pmatrix}
\end{aligned}
$$

可见,$\boldsymbol{E}$ 的元素 e_{ij}正是矩阵 $\boldsymbol{A}$ 的第 i 行与矩阵 $\boldsymbol{D}$ 的第 j 列所有对应元素的乘积之和。称矩阵 $\boldsymbol{E}$ 为矩阵 $\boldsymbol{A}$ 与矩阵 $\boldsymbol{D}$ 的乘积。

矩阵的乘法　设 $\boldsymbol{A}=(a_{ij})$是一个 $m\times s$ 矩阵,$\boldsymbol{B}=(b_{ij})$是一个 $s\times n$ 矩阵,那么规定矩阵 $\boldsymbol{A}$ 与矩阵 $\boldsymbol{B}$ 的乘积是一个 $m\times n$ 矩阵 $\boldsymbol{C}=(c_{ij})$,其中

$$
c_{ij} = a_{i1}b_{1j} + a_{i2}b_{2j} + \cdots + a_{is}b_{sj} = \sum_{k=1}^{s} a_{ik}b_{kj}, (i = 1,2,\cdots,m; j = 1,2,\cdots,n)
$$

并把此乘积记作

$$
\boldsymbol{C}=\boldsymbol{A}\boldsymbol{B}
$$

这个乘法可以用图 2－2 表示。

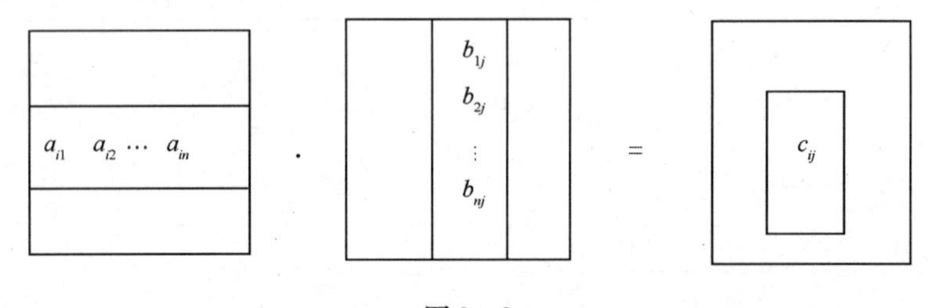

图 2－2

说明:(1) $\boldsymbol{AB}=\boldsymbol{C}$ 中要求 $\boldsymbol{A}$ 的列数与 $\boldsymbol{B}$ 的行数相等,乘积 $\boldsymbol{C}$ 的行数同 $\boldsymbol{A}$ 的行数,列数同 $\boldsymbol{B}$ 的列数同。

(2) $\boldsymbol{C}$ 中第 i 行第 j 列元素 c_{ij}为 $\boldsymbol{A}$ 中第 i 行与 $\boldsymbol{B}$ 中第 j 列按顺序对应元素乘积之和,简称为 $\boldsymbol{A}$ 的第 i 行与 $\boldsymbol{B}$ 的第 j 列相乘。

一般地,若 $\boldsymbol{A}$ 是方阵,则将乘积 $\boldsymbol{AA}$ 记为 $\boldsymbol{A}^2$,k 个方阵 $\boldsymbol{A}$ 的相乘记为 $\boldsymbol{A}^k$。

例 2－2　已知

$$
\boldsymbol{A}=\begin{pmatrix} 1 & 2 & -1 \\ 2 & 1 & 0 \end{pmatrix}, \boldsymbol{B}=\begin{pmatrix} 1 & -1 \\ 2 & 1 \\ 0 & 3 \end{pmatrix}
$$

求 $\boldsymbol{AB}$。

解 因为 $\boldsymbol{A}$ 的列数与 $\boldsymbol{B}$ 的行数相同,所以可以作乘积 $\boldsymbol{AB}$。

$$\boldsymbol{AB}=\begin{pmatrix}1&2&-1\\2&1&0\end{pmatrix}\begin{pmatrix}1&-1\\2&1\\0&3\end{pmatrix}$$

$$=\begin{pmatrix}1\times1+2\times2+(-1)\times0 & 1\times(-1)+2\times1+(-1)\times3\\2\times1+1\times2+0\times0 & 2\times(-1)+1\times1+0\times3\end{pmatrix}$$

$$=\begin{pmatrix}5&-2\\4&-1\end{pmatrix}$$

矩阵乘法的这种定义,使得一些矩阵可以表示成另一些矩阵的乘积。

案例 [建筑工程]某高校明年计划建筑教学楼与宿舍楼的建筑面积及消耗用量如下:

项目	建筑面积(100 平米)		每 100 平米材料耗用量		
	明年	后年	钢材(t)	水泥(t)	木材(立方米)
教学楼	20	30	2	18	4
宿舍楼	10	20	1	15	5

试将明后两年建筑材料用量用矩阵形式表示出来。

解 设
$$\boldsymbol{A}=\begin{pmatrix}20&30\\10&20\end{pmatrix},\quad \boldsymbol{B}=\begin{pmatrix}2&18&4\\1&15&5\end{pmatrix}$$

则明后两年建筑材料用量为

$$\boldsymbol{AB}=\begin{pmatrix}20&30\\10&20\end{pmatrix}\begin{pmatrix}2&18&4\\1&15&5\end{pmatrix}=\begin{pmatrix}70&810&230\\40&480&140\end{pmatrix}$$

案例 [运动会成绩]下表是某高校机械系一年级三个班在校运动会上获得名次的统计结果(单位:人次)。

	第一名	第二名	第三名	第四名
1 班	3	1	1	3
2 班	1	4	5	5
3 班	2	3	2	4

(1) 请分别算出 2 班、3 班第一名、第二名共为本班得多少分(第一名至第四名的分值依次为 7,5,4,3);

(2) 计算出各班团体总分。

解 (1) 以上的表格及运算过程可以用这样的矩形的数表来表达:

$$\begin{pmatrix}1&4\\2&3\end{pmatrix}\begin{pmatrix}7\\5\end{pmatrix}=\begin{pmatrix}27\\29\end{pmatrix}$$

故 2 班、3 班第一名、第二名分别为本班得 27 分、29 分。

(2) $\begin{pmatrix}3&1&1&3\\1&4&5&5\\2&3&2&4\end{pmatrix}\begin{pmatrix}7\\5\\4\\3\end{pmatrix}=\begin{pmatrix}39\\62\\49\end{pmatrix}$

故1班、2班、3班各班团体总分分别为39分、62分、49分。

矩阵乘法满足以下运算律;

(1) 分配律

$$\boldsymbol{A}(\boldsymbol{B}+\boldsymbol{C})=\boldsymbol{AB}+\boldsymbol{AC}$$

$$(\boldsymbol{B}+\boldsymbol{C})\boldsymbol{A}=\boldsymbol{BA}+\boldsymbol{CA}$$

(2) 结合律

$$(\boldsymbol{AB})\boldsymbol{C}=\boldsymbol{A}(\boldsymbol{BC})$$

$$\lambda(\boldsymbol{AB})=(\lambda\boldsymbol{A})\boldsymbol{B}=\boldsymbol{A}(\lambda\boldsymbol{B})\text{(其中 }\lambda\text{ 为常数)}$$

(3) 对单位矩阵 $\boldsymbol{E}$,有

$$\boldsymbol{E}_m\boldsymbol{A}_{m\times n}=\boldsymbol{A}_{m\times n}$$

$$\boldsymbol{A}_{m\times n}\cdot\boldsymbol{E}_n=\boldsymbol{A}_{m\times n}$$

可简记为

$$\boldsymbol{EA}=\boldsymbol{AE}=\boldsymbol{A}$$

例2-3 求矩阵 $\boldsymbol{A}=\begin{pmatrix}1&0&3\\2&-1&0\end{pmatrix}$,$\boldsymbol{B}=\begin{pmatrix}1&-1\\2&3\\4&0\end{pmatrix}$的乘积 $\boldsymbol{AB}$ 及 $\boldsymbol{BA}$。

解 $\boldsymbol{AB}=\begin{pmatrix}13&-1\\0&-5\end{pmatrix}$,$\boldsymbol{BA}=\begin{pmatrix}-1&1&3\\8&-3&6\\4&0&12\end{pmatrix}$

从本例可以看出 $\boldsymbol{AB}$ 不一定等于 $\boldsymbol{BA}$,即矩阵乘法不满足交换律。

注:若有两个矩阵 $\boldsymbol{A}$、$\boldsymbol{B}$ 满足 $\boldsymbol{AB}=\boldsymbol{0}$,不能得出 $\boldsymbol{A}=\boldsymbol{0}$ 或 $\boldsymbol{B}=\boldsymbol{0}$ 的结论,即矩阵乘法不满足消去律。

例如, $\boldsymbol{A}=\begin{pmatrix}3&3\\-3&-3\end{pmatrix}$, $\boldsymbol{B}=\begin{pmatrix}3&-3\\-3&3\end{pmatrix}$

$$\boldsymbol{AB}=\begin{pmatrix}3&3\\-3&-3\end{pmatrix}\begin{pmatrix}3&-3\\-3&3\end{pmatrix}=\begin{pmatrix}0&0\\0&0\end{pmatrix}$$

即 $\boldsymbol{AB}=\boldsymbol{0}$,但 $\boldsymbol{A}\neq\boldsymbol{0}$,$\boldsymbol{B}\neq\boldsymbol{0}$。

2.2.4 转置矩阵

引例 若用矩阵 $\boldsymbol{A}$ 表示某工厂三个车间一天的产量,用矩阵 $\boldsymbol{F}$ 表示甲和乙的单位产

品所需要的原料 1 和原料 2,即

$$\begin{array}{c} \quad\ \text{甲}\quad\ \text{乙} \\ \boldsymbol{A}=\begin{pmatrix} 120 & 150 \\ 210 & 130 \\ 110 & 180 \end{pmatrix}\begin{matrix}\text{一车间}\\\text{二车间}\\\text{三车间}\end{matrix} \end{array},\quad \begin{array}{c} \quad\ \text{甲}\quad\text{乙} \\ \boldsymbol{F}=\begin{pmatrix} 5 & 3 \\ 2 & 4 \end{pmatrix}\begin{matrix}\text{原料 1(克)}\\\text{原料 2(克)}\end{matrix} \end{array}$$

若用矩阵 $\boldsymbol{G}$ 表示三个车间一天所需原料 1 和原料 2 的克数,则有

$$\begin{aligned} &\qquad\ \ \text{原料 1}\quad \text{原料 2} \\ \boldsymbol{G} &= \begin{pmatrix} g_{11} & g_{12} \\ g_{21} & g_{22} \\ g_{31} & g_{32} \end{pmatrix}\begin{matrix}\text{一车间}\\\text{二车间}\\\text{三车间}\end{matrix} \\ &= \begin{pmatrix} 120\times5+150\times3 & 120\times2+150\times4 \\ 210\times5+130\times3 & 210\times2+130\times4 \\ 110\times5+180\times3 & 110\times2+180\times4 \end{pmatrix} \\ &= \begin{pmatrix} 120 & 150 \\ 210 & 130 \\ 110 & 180 \end{pmatrix}\begin{pmatrix} 5 & 3 \\ 2 & 4 \end{pmatrix} = \boldsymbol{AH} \end{aligned}$$

矩阵 $\boldsymbol{H}$ 是将矩阵 $\boldsymbol{F}$ 的行与列进行了互换,则称矩阵 $\boldsymbol{H}$ 为矩阵 $\boldsymbol{F}$ 的转置矩阵。

转置矩阵 设矩阵

$$\boldsymbol{A}=\begin{pmatrix} a_{11} & a_{12} & \cdots & a_{1n} \\ a_{21} & a_{22} & \cdots & a_{2n} \\ \vdots & \vdots & & \vdots \\ a_{m1} & a_{m2} & \cdots & a_{mn} \end{pmatrix}$$

则称

$$\boldsymbol{A}=\begin{pmatrix} a_{11} & a_{21} & \cdots & a_{m1} \\ a_{12} & a_{22} & \cdots & a_{m2} \\ \vdots & \vdots & & \vdots \\ a_{1n} & a_{2n} & \cdots & a_{mn} \end{pmatrix}$$

为 $\boldsymbol{A}$ 的转置矩阵。其中把矩阵 $\boldsymbol{A}$ 的行换成同序数的列元素,记作 $\boldsymbol{A}^{\mathrm{T}}$。

例如矩阵
$$\boldsymbol{A}=\begin{pmatrix} 1 & 0 & 3 \\ 2 & -1 & 0 \end{pmatrix}$$

的转置矩阵为

$$\boldsymbol{A}^{\mathrm{T}}=\begin{pmatrix} 1 & 2 \\ 0 & -1 \\ 3 & 0 \end{pmatrix}$$

矩阵的转置也是一种运算,满足以下运算规律:

(1) $(\boldsymbol{A}^{\mathrm{T}})^{\mathrm{T}}=\boldsymbol{A}$

(2) $(\boldsymbol{A}+\boldsymbol{B})^{\mathrm{T}}=\boldsymbol{A}^{\mathrm{T}}+\boldsymbol{B}^{\mathrm{T}}$

(3) $(\lambda\boldsymbol{A})^{\mathrm{T}}=\lambda\boldsymbol{A}^{\mathrm{T}}$

(4) $(\boldsymbol{A}\boldsymbol{B})^{\mathrm{T}}=\boldsymbol{B}^{\mathrm{T}}\boldsymbol{A}^{\mathrm{T}}$

这里仅证明(4)。设 $\boldsymbol{A}=(a_{ij})_{m\times s}\quad \boldsymbol{B}=(b_{ij})_{s\times n}$

则 $\boldsymbol{AB}$ 中(i,j)的元素为

$$\sum_{k=1}^{S} a_{ik}b_{kj}$$

所以$(\boldsymbol{AB})^{\mathrm{T}}$ 中(i,j)的元素为 $\sum\limits_{k=1}^{S} a_{jk}b_{ki}$。

其次,$\boldsymbol{B}^{\mathrm{T}}$ 中(i,k)的元素为 $b_{ki}$$\boldsymbol{A}^{\mathrm{T}}$ 中(k,j)的元素为 a_{jk},故 $\boldsymbol{B}^{\mathrm{T}}\boldsymbol{A}^{\mathrm{T}}$ 中(i,j)的元素为

$$\sum_{k=1}^{S} b_{ki}a_{jk} = \sum_{k=1}^{S} a_{jk}b_{ki}$$

比较即得(4)。

例:设 $\boldsymbol{A}=\begin{pmatrix}2 & 0 & -1\\ 1 & 3 & 2\end{pmatrix}\qquad \boldsymbol{B}=\begin{pmatrix}1 & 7 & -1\\ 4 & 2 & 3\\ 2 & 0 & 1\end{pmatrix}$

$$\boldsymbol{AB}=\begin{pmatrix}2 & 0 & -1\\ 1 & 3 & 2\end{pmatrix}\begin{pmatrix}1 & 7 & -1\\ 4 & 2 & 3\\ 2 & 0 & 1\end{pmatrix}=\begin{pmatrix}0 & 14 & -3\\ 17 & 13 & 10\end{pmatrix}$$

$$\boldsymbol{A}^{\mathrm{T}}=\begin{pmatrix}2 & 1\\ 0 & 3\\ -1 & 2\end{pmatrix}\qquad \boldsymbol{B}^{\mathrm{T}}=\begin{pmatrix}1 & 4 & 2\\ 7 & 2 & 0\\ -1 & 3 & 1\end{pmatrix}$$

$$\boldsymbol{B}^{\mathrm{T}}\boldsymbol{A}^{\mathrm{T}}=\begin{pmatrix}1 & 4 & 2\\ 7 & 2 & 0\\ -1 & 3 & 1\end{pmatrix}\begin{pmatrix}2 & 1\\ 0 & 3\\ -1 & 2\end{pmatrix}=\begin{pmatrix}0 & 17\\ 14 & 13\\ -3 & 10\end{pmatrix}=(\boldsymbol{AB})^{\mathrm{T}}$$

2.2.5 共轭矩阵

共轭矩阵 设 $\boldsymbol{A}=(a_{ij})_{m\times n}$为复(数)矩阵,用$\overline{a_{ij}}$表示 a_{ij}的共轭复数,记

$$\overline{\boldsymbol{A}}=(\overline{a_{ij}})$$

$\overline{\boldsymbol{A}}$称为 $\boldsymbol{A}$ 的共轭矩阵。

共轭矩阵的运算律(设 $\boldsymbol{A}$、$\boldsymbol{B}$ 是复矩阵,λ 是常数,且运算都是可行的)

(1) $\overline{\boldsymbol{A}+\boldsymbol{B}}=\overline{\boldsymbol{A}}+\overline{\boldsymbol{B}}$

(2) $\overline{\lambda\boldsymbol{A}}=\overline{\lambda}\overline{\boldsymbol{A}}$

(3) $\overline{\boldsymbol{AB}}=\overline{\boldsymbol{A}}\,\overline{\boldsymbol{B}}$

(4) $\overline{(\boldsymbol{A})^{\mathrm{T}}}=(\overline{\boldsymbol{A}})^{\mathrm{T}}$

2.2.6 方阵的行列式

方阵的行列式 由 n 阶方程 $\boldsymbol{A}$ 的元素所构成的行列式(各元素的位置不变),称为方阵 $\boldsymbol{A}$ 的行列式,记作 $|\boldsymbol{A}|$ 或 $\det\boldsymbol{A}$。

注:方程与行列式是两个不同的概念。

由方程 $\boldsymbol{A}$ 所确定的行列式 $|\boldsymbol{A}|$ 满足下述运算规律(设 $\boldsymbol{A}$、$\boldsymbol{B}$ 为 n 阶方程,λ 为常数):

(1) $|\boldsymbol{A}^{\mathrm{T}}|=|\boldsymbol{A}|$

(2) $|\lambda\boldsymbol{A}|=\lambda^{n}|\boldsymbol{A}|$

(3) $|\boldsymbol{AB}|=|\boldsymbol{A}||\boldsymbol{B}|$

例 行列式 $|\boldsymbol{A}|$ 的各个元素的代数余子式 A_{ij} 所构成的矩阵如下:

$$\boldsymbol{A}^{*}=\begin{pmatrix}A_{11} & A_{21} & \cdots & A_{1n}\\ A_{12} & A_{22} & \cdots & A_{2n}\\ \vdots & \vdots & & \vdots\\ A_{1n} & A_{2n} & \cdots & A_{nn}\end{pmatrix}$$

称为矩阵 $\boldsymbol{A}$ 的伴随矩阵。

试证:$\boldsymbol{AA}^{*}=\boldsymbol{A}^{*}\boldsymbol{A}=|\boldsymbol{A}|\boldsymbol{E}$

证明 设 $\boldsymbol{A}=(a_{ij})$,记 $\boldsymbol{AA}^{*}=(b_{ij})$,则

$$b_{ij}=a_{i1}A_{j1}+a_{i2}A_{j2}+\cdots+a_{in}A_{jn}=|\boldsymbol{A}|\delta_{ij}$$

其中

$$\delta_{ij}=\begin{cases}1, i=j\\ 0, i\neq j\end{cases}\quad(i,j=1,2,\cdots,n)$$

故

$$\boldsymbol{AA}^{*}=(|\boldsymbol{A}|\delta_{ij})=|\boldsymbol{A}|(\delta_{ij})=|\boldsymbol{A}|\boldsymbol{E}$$

类似地,有

$$\boldsymbol{A}^{*}\boldsymbol{A}=\left(\sum_{k=1}^{n}\boldsymbol{A}_{ki}a_{kj}\right)=(|\boldsymbol{A}|\delta_{ij})=|\boldsymbol{A}|(\delta_{ij})=|\boldsymbol{A}|\boldsymbol{E}$$

2.3 逆矩阵

2.3.1 逆矩阵的概念

学习了矩阵的加、减、乘运算,矩阵有没有除法运算?这一节就来讨论这个问题。由于矩阵是比数复杂的代数体系,因此矩阵的除法也要比数的除法复杂得多。只考虑矩阵是方阵的“除法”。因此这一节中无特别说明都是指方阵。

逆矩阵 对于 n 阶方阵 $\boldsymbol{A}$,如果有一个 n 阶方阵 $\boldsymbol{B}$,使得

$$\boldsymbol{AB}=\boldsymbol{BA}=\boldsymbol{E}$$

则说矩阵 $\boldsymbol{A}$ 是可逆的,并把 $\boldsymbol{B}$ 称为 $\boldsymbol{A}$ 的逆矩阵。$\boldsymbol{A}$ 的逆矩阵记为 $\boldsymbol{A}^{-1}$。

定理1 若矩阵 $\boldsymbol{A}$ 可逆,则 $|\boldsymbol{A}|\neq 0$。

证 $\boldsymbol{A}$ 可逆,即有 $\boldsymbol{A}^{-1}$,使 $\boldsymbol{AA}^{-1}=\boldsymbol{E}$,故 $|\boldsymbol{A}||\boldsymbol{A}^{-1}|=|\boldsymbol{E}|=1$,所以

$$|\boldsymbol{A}|\neq 0$$

例 矩阵 $\boldsymbol{A}$ 无逆矩阵:

$$\boldsymbol{A}=\begin{pmatrix}1 & 0\\ 0 & 0\end{pmatrix}$$

证 假定 $\boldsymbol{A}$ 有逆矩阵 $\boldsymbol{B}=(b_{ij})_{2\times 2}$ 使 $\boldsymbol{AB}=\boldsymbol{BA}=\boldsymbol{E}$,则

$$\begin{pmatrix}1 & 0\\ 0 & 0\end{pmatrix}\begin{pmatrix}b_{11} & b_{12}\\ b_{21} & b_{22}\end{pmatrix}=\begin{pmatrix}b_{11} & b_{12}\\ 0 & 0\end{pmatrix}=\boldsymbol{E}_2=\begin{pmatrix}1 & 0\\ 0 & 1\end{pmatrix}$$

但这是不可能的,因为由

$$\begin{pmatrix}b_{11} & b_{12}\\ 0 & 0\end{pmatrix}=\begin{pmatrix}1 & 0\\ 0 & 1\end{pmatrix}$$

将推出 $0=1$ 的缪论。因此 $\boldsymbol{A}$ 无逆矩阵。

2.3.2 伴随矩阵

非异阵 若矩阵 $\boldsymbol{A}$ 无逆矩阵,则称 $\boldsymbol{A}$ 为奇异矩阵,若 $\boldsymbol{A}$ 有逆矩阵,则称 $\boldsymbol{A}$ 是非奇异矩阵,简称非异阵。

根据这个定义,非奇异矩阵就是可逆矩阵,二者是一回事。

定理2 若 $|\boldsymbol{A}|\neq 0$,则矩阵 $\boldsymbol{A}$ 可逆,且 $\boldsymbol{A}^{-1}=\frac{1}{|\boldsymbol{A}|}\boldsymbol{A}^*$,其中 $\boldsymbol{A}^*$ 为矩阵 $\boldsymbol{A}$ 的伴随矩阵。

证 已知 $\boldsymbol{AA}^*=\boldsymbol{A}^*\boldsymbol{A}=|\boldsymbol{A}|\boldsymbol{E}$

因 $|\boldsymbol{A}|\neq 0$,故有

$$\boldsymbol{A}\frac{1}{|\boldsymbol{A}|}\boldsymbol{A}^*=\frac{1}{|\boldsymbol{A}|}\boldsymbol{A}^*\boldsymbol{A}=\boldsymbol{E}$$

所以有逆矩阵的定义,即有

$$\boldsymbol{A}^{-1}=\frac{1}{|\boldsymbol{A}|}\boldsymbol{A}^*$$

这个定理说明了,如果 $\boldsymbol{A}$ 有逆矩阵,则这个矩阵是唯一的。

推论 若 $\boldsymbol{AB}=\boldsymbol{E}$(或 $\boldsymbol{BA}=\boldsymbol{E}$),则 $\boldsymbol{B}=\boldsymbol{A}^{-1}$。

证 $|\boldsymbol{A}||\boldsymbol{B}|=|\boldsymbol{E}|=1$,故 $|\boldsymbol{A}|\neq 0$,因而 $\boldsymbol{A}^{-1}$ 存在,于是有

$$\boldsymbol{B}=\boldsymbol{EB}=(\boldsymbol{A}^*\boldsymbol{A})\boldsymbol{B}=\boldsymbol{A}^{-1}(\boldsymbol{AB})=\boldsymbol{A}^{-1}\boldsymbol{E}=\boldsymbol{A}^{-1}$$

方程的逆矩阵满足下述运算规律:

(1) 若$\boldsymbol{A}$可逆,则$\boldsymbol{A}^{-1}$也可逆,且$(\boldsymbol{A}^{-1})^{-1}=\boldsymbol{A}$。

(2) 若$\boldsymbol{A}$可逆,数$\lambda\neq0$,则$\lambda\boldsymbol{A}$可逆,且$(\lambda\boldsymbol{A})^{-1}=\dfrac{1}{\lambda}\boldsymbol{A}^{-1}$。

(3) 若$\boldsymbol{A}$、$\boldsymbol{B}$为同阶矩阵且均可逆,则$\boldsymbol{A}$、$\boldsymbol{B}$也可逆,且$(\boldsymbol{AB})^{-1}\boldsymbol{B}^{-1}\boldsymbol{A}^{-1}$。

证(3) $(\boldsymbol{AB})(\boldsymbol{B}^{-1}\boldsymbol{A}^{-1})=\boldsymbol{A}(\boldsymbol{BB}^{-1})\boldsymbol{A}^{-1}=\boldsymbol{AEA}^{-1}=\boldsymbol{AA}^{-1}=\boldsymbol{E}$

由推论,即有$(\boldsymbol{AB})^{-1}=\boldsymbol{B}^{-1}\boldsymbol{A}^{-1}$。

(4) 若$\boldsymbol{A}$可逆,则$\boldsymbol{A}^{\mathrm{T}}$亦可逆,且$(\boldsymbol{A}^{\mathrm{T}})^{-1}=(\boldsymbol{A}^{-1})^{\mathrm{T}}$。

证(4) $\boldsymbol{A}^{\mathrm{T}}(\boldsymbol{A}^{-1})^{\mathrm{T}}=(\boldsymbol{A}^{-1}\boldsymbol{A})^{\mathrm{T}}=\boldsymbol{E}^{\mathrm{T}}=\boldsymbol{E}$

所以有

$$(\boldsymbol{A}^{\mathrm{T}})^{-1}=(\boldsymbol{A}^{-1})^{\mathrm{T}}$$

当$\boldsymbol{A}$可逆时,还可定义

$$\boldsymbol{A}^{0}=\boldsymbol{E},\boldsymbol{A}^{-k}=(\boldsymbol{A}^{-1})^{k}$$

其中k为正整数。这样,当$\boldsymbol{A}$可逆,λ,μ为整数时,有

$$\boldsymbol{A}^{\lambda}\boldsymbol{A}^{\mu}=\boldsymbol{A}^{\lambda+\mu},(\boldsymbol{A}^{\lambda})^{\mu}=\boldsymbol{A}^{\lambda\mu}$$

例2-4 求矩阵$\boldsymbol{A}=\begin{pmatrix}1&-1&2\\0&1&-1\\2&1&0\end{pmatrix}$的逆矩阵。

解 $|\boldsymbol{A}|=-1\neq0$,故$\boldsymbol{A}^{-1}$存在。再计算$|\boldsymbol{A}|$的余子式。

$$\boldsymbol{A}_{11}=(-1)^{1+1}\begin{vmatrix}1&-1\\1&0\end{vmatrix}=1,\boldsymbol{A}_{12}=(-1)^{1+2}\begin{vmatrix}0&-1\\2&0\end{vmatrix}=-2$$

$$\boldsymbol{A}_{13}=(-1)^{1+3}\begin{vmatrix}0&1\\2&1\end{vmatrix}=-2,\boldsymbol{A}_{21}=(-1)^{2+1}\begin{vmatrix}-1&2\\1&0\end{vmatrix}=2$$

$$\boldsymbol{A}_{22}=(-1)^{2+2}\begin{vmatrix}1&2\\2&0\end{vmatrix}=-4,\boldsymbol{A}_{23}=(-1)^{2+3}\begin{vmatrix}1&-1\\2&1\end{vmatrix}=-3$$

$$\boldsymbol{A}_{31}=(-1)^{3+1}\begin{vmatrix}-1&2\\1&-1\end{vmatrix}=-1,\boldsymbol{A}_{32}=(-1)^{3+2}\begin{vmatrix}1&2\\0&-1\end{vmatrix}=1$$

$$\boldsymbol{A}_{33}=(-1)^{3+3}\begin{vmatrix}1&-1\\0&1\end{vmatrix}=1$$

所以

$$\boldsymbol{A}^{-1}=\frac{1}{|\boldsymbol{A}|}\boldsymbol{A}^{*}=\frac{1}{-1}\begin{pmatrix}1&2&-1\\-2&-4&1\\-2&-3&1\end{pmatrix}=\begin{pmatrix}-1&-2&1\\2&4&-1\\2&3&-1\end{pmatrix}$$

例2-5 设 $\boldsymbol{A}=\begin{pmatrix}1&-1&2\\0&1&-1\\2&1&0\end{pmatrix},\boldsymbol{B}=\begin{pmatrix}2&1\\5&3\end{pmatrix},\boldsymbol{C}=\begin{pmatrix}1&3\\2&0\\3&1\end{pmatrix}$,求矩阵$\boldsymbol{X}$使其满足

$$AXB = C$$

A^{-1}、B^{-1}存在，则用A^{-1}左乘上式，B^{-1}右乘上式，有

$$A^{-1}AXBB^{-1} = A^{-1}CB^{-1}$$

$$X = A^{-1}CB^{-1}$$

解 由上例知$|A| \neq 0$，而$|B| = 1$，故知A、B都可逆，且

$$A^{-1} = \begin{pmatrix} -1 & -2 & 1 \\ 2 & 4 & -1 \\ 2 & 3 & -1 \end{pmatrix}, \quad B^{-1} = \begin{pmatrix} 3 & -1 \\ -5 & 2 \end{pmatrix}$$

于是有

$$X = A^{-1}CB^{-1} = \begin{pmatrix} -1 & -2 & 1 \\ 2 & 4 & -1 \\ 2 & 3 & -1 \end{pmatrix}\begin{pmatrix} 1 & 3 \\ 2 & 0 \\ 3 & 1 \end{pmatrix}\begin{pmatrix} 3 & -1 \\ -5 & 2 \end{pmatrix}$$

$$= \begin{pmatrix} -2 & -2 \\ 7 & 5 \\ 5 & 5 \end{pmatrix}\begin{pmatrix} 3 & -1 \\ -5 & 2 \end{pmatrix} = \begin{pmatrix} 4 & -2 \\ -4 & 3 \\ -10 & 5 \end{pmatrix}$$

例2-6 设$P = \begin{pmatrix} 1 & 2 \\ 1 & 4 \end{pmatrix}$，$\Lambda = \begin{pmatrix} 1 & 0 \\ 0 & 2 \end{pmatrix}$，$AP = P\Lambda$，求$A^n$。

解 $|P| = 2$，$P^{-1} = \frac{1}{2}\begin{pmatrix} 4 & -2 \\ -1 & 1 \end{pmatrix}$

$$A = P\Lambda P^{-1}, A^2 = P\Lambda P^{-1}P\Lambda P^{-1} = P\Lambda^2 P^{-1}, \cdots, A^n = P\Lambda P^{-1}$$

而

$$\Lambda = \begin{pmatrix} 1 & 0 \\ 0 & 2 \end{pmatrix}, \Lambda^2 = \begin{pmatrix} 1 & 0 \\ 0 & 2 \end{pmatrix}\begin{pmatrix} 1 & 0 \\ 0 & 2 \end{pmatrix} = \begin{pmatrix} 1 & 0 \\ 0 & 2^2 \end{pmatrix}, \cdots, \Lambda^n = \begin{pmatrix} 1 & 0 \\ 0 & 2^n \end{pmatrix}$$

故

$$A^n = \begin{pmatrix} 1 & 2 \\ 1 & 4 \end{pmatrix}\begin{pmatrix} 1 & 0 \\ 0 & 2^n \end{pmatrix}\frac{1}{2}\begin{pmatrix} 4 & -2 \\ -1 & 1 \end{pmatrix} = \frac{1}{2}\begin{pmatrix} 1 & 2^{n+1} \\ 1 & 2^{n+2} \end{pmatrix}\begin{pmatrix} 4 & -2 \\ -1 & 1 \end{pmatrix}$$

$$= \frac{1}{2}\begin{pmatrix} 4-2^{n+1} & 2^{n+1}-2 \\ 4-2^{n+2} & 2^{n+2}-2 \end{pmatrix} = \begin{pmatrix} 2-2^n & 2^n-1 \\ 2-2^{n+1} & 2^{n+1}-1 \end{pmatrix}$$

设

$$\varphi(x) = a_0 + a_1 x + \cdots + a_m x^m$$

为x的m次多项式，A为n阶矩阵，记

$$\varphi(A) = a_0 E + a_1 A + \cdots + a_m A^m$$

$\varphi(A)$称为矩阵A的m次多项式。

因为矩阵 $\boldsymbol{A}^k$、$\boldsymbol{A}^l$ 和 $\boldsymbol{E}$ 都是可交换的，所以矩阵 $\boldsymbol{A}$ 的两个多项式 $\varphi(\boldsymbol{A})$ 和 $f(\boldsymbol{A})$ 总是可交换的，即总有

$$\varphi(\boldsymbol{A})f(\boldsymbol{A})=f(\boldsymbol{A})\varphi(\boldsymbol{A})$$

从而 $\boldsymbol{A}$ 的几个多项式可以像数 x 的多项式一样相乘或分解因式。例如

$$(\boldsymbol{E}+\boldsymbol{A})(2\boldsymbol{E}-\boldsymbol{A})=2\boldsymbol{E}+\boldsymbol{A}-\boldsymbol{A}^2$$

$$(\boldsymbol{E}-\boldsymbol{A})^3=\boldsymbol{E}-3\boldsymbol{A}+3\boldsymbol{A}^2-\boldsymbol{A}^3$$

常用上例中计算 $\boldsymbol{A}$ 的多项式 $\varphi(\boldsymbol{A})$，这就是：

(1) 如果 $\boldsymbol{A}=\boldsymbol{P}\boldsymbol{\Lambda}\boldsymbol{P}^{-1}$，而 $\boldsymbol{A}^k=\boldsymbol{P}\boldsymbol{\Lambda}^k\boldsymbol{P}^{-1}$，从而

$$\begin{aligned}\varphi(\boldsymbol{A})&=a_0\boldsymbol{E}+a_1\boldsymbol{A}+\cdots+a_m\boldsymbol{A}^m\\&=\boldsymbol{P}a_0\boldsymbol{E}\boldsymbol{P}^{-1}+\boldsymbol{P}a_1\boldsymbol{\Lambda}\boldsymbol{P}^{-1}+\cdots+\boldsymbol{P}a_m\boldsymbol{\Lambda}^m\boldsymbol{P}^{-1}\\&=\boldsymbol{P}\varphi(\boldsymbol{\Lambda})\boldsymbol{P}^{-1}\end{aligned}$$

(2) 如果

$$\boldsymbol{\Lambda}=\operatorname{diag}(\lambda_1,\lambda_2,\cdots,\lambda_n)$$

为对角阵，则

$$\boldsymbol{\Lambda}^k=\operatorname{diag}(\lambda_1^k,\lambda_2^k,\cdots,\lambda_n^k)$$

从而

$$\begin{aligned}\varphi(\boldsymbol{\Lambda})&=a_0\boldsymbol{E}+a_1\Lambda+\cdots+a_m\boldsymbol{\Lambda}^m\\&=a_0\begin{pmatrix}1&&&\\&1&&\\&&\ddots&\\&&&1\end{pmatrix}+a_1\begin{pmatrix}\lambda_1&&&\\&\lambda_2&&\\&&\ddots&\\&&&\lambda_n\end{pmatrix}+\cdots+a_m\begin{pmatrix}\lambda_1^m&&&\\&\lambda_2^m&&\\&&\ddots&\\&&&\lambda_n^m\end{pmatrix}\\&=\begin{pmatrix}\varphi(\lambda_1)&&&\\&\varphi(\lambda_2)&&\\&&\ddots&\\&&&\varphi(\lambda_n)\end{pmatrix}\end{aligned}$$

例 2-7 设 $\boldsymbol{P}=\begin{pmatrix}-1&1&1\\1&0&2\\1&1&-1\end{pmatrix}$，$\boldsymbol{\Lambda}=\begin{pmatrix}1&&\\&2&\\&&-3\end{pmatrix}$，$\boldsymbol{A}\boldsymbol{P}=\boldsymbol{P}\boldsymbol{\Lambda}$，求 $\varphi(\boldsymbol{A})=\boldsymbol{A}^3+2\boldsymbol{A}^2-3\boldsymbol{A}$。

解 $|\boldsymbol{P}|=\begin{vmatrix}-1&1&1\\1&0&2\\1&1&-1\end{vmatrix}\xlongequal{r_1+r_2}\begin{vmatrix}0&2&0\\1&0&2\\1&1&-1\end{vmatrix}=6$，知 $\boldsymbol{P}$ 可逆，从而有

$$\boldsymbol{A}=\boldsymbol{P}\boldsymbol{\Lambda}\boldsymbol{P}^{-1},\varphi(\boldsymbol{A})=\boldsymbol{P}\varphi(\boldsymbol{\Lambda})\boldsymbol{P}^{-1}$$

$\varphi(1)=0$，$\varphi(2)=10$，$\varphi(-3)=0$，故 $\varphi(\boldsymbol{\Lambda})=\operatorname{diag}(0,10,0)$。

而 $\varphi(\boldsymbol{A})=\boldsymbol{P}\varphi(\boldsymbol{A})\boldsymbol{P}^{-1}=\begin{pmatrix}-1&1&1\\1&0&2\\1&1&-1\end{pmatrix}\begin{pmatrix}0&&\\&10&\\&&0\end{pmatrix}\frac{1}{|\boldsymbol{P}|}\boldsymbol{P}^*$

$$=\frac{10}{6}\begin{pmatrix}0&1&0\\0&0&0\\0&1&0\end{pmatrix}\begin{pmatrix}A_{11}&A_{21}&A_{31}\\A_{12}&A_{22}&A_{32}\\A_{13}&A_{23}&A_{33}\end{pmatrix}=\frac{5}{3}\begin{pmatrix}A_{12}&A_{22}&A_{32}\\0&0&0\\A_{12}&A_{22}&A_{32}\end{pmatrix}$$

而

$$\boldsymbol{A}_{12}=-\begin{vmatrix}1&2\\1&-1\end{vmatrix}=3,\boldsymbol{A}_{22}=\begin{vmatrix}-1&1\\1&-1\end{vmatrix}=0,\boldsymbol{A}_{32}=-\begin{vmatrix}-1&1\\1&2\end{vmatrix}=3$$

于是有

$$\varphi(\boldsymbol{A})=5\begin{pmatrix}1&0&1\\0&0&0\\1&0&1\end{pmatrix}$$

2.4 分块矩阵

2.4.1 分块矩阵的概念

对于行数和列数较高的矩阵 $\boldsymbol{A}$,运算时常采用分块法,使大矩阵的运算化成小矩阵的运算。同时注意,分块矩阵及运算不是一种新的运算,而只是矩阵运算的简化。

什么叫做矩阵的分块？简单地说,就是用横线与竖线将一个矩阵分成若干块,这样得到的矩阵就称为“分块矩阵”。

例

$$\boldsymbol{A}=\begin{pmatrix}1&3&-1&\vdots&0\\2&4&0&\vdots&-1\\\cdots&\cdots&\cdots&\vdots&\cdots\\-1&1&2&\vdots&3\end{pmatrix}$$

就是一个分块矩阵。若记

$$\boldsymbol{A}_{11}=\begin{pmatrix}1&3&-1\\2&4&0\end{pmatrix},\boldsymbol{A}_{12}=\begin{pmatrix}0\\-1\end{pmatrix}$$

$$\boldsymbol{A}_{21}=(-1\quad 1\quad 2),\boldsymbol{A}_{22}=(3)$$

则 $\boldsymbol{A}$ 可表示为

$$\boldsymbol{A}=\begin{pmatrix}\boldsymbol{A}_{11}&\boldsymbol{A}_{12}\\\boldsymbol{A}_{21}&\boldsymbol{A}_{22}\end{pmatrix}$$

这是一个分成了 4 块的分块矩阵。

一般地,对 $m \times n$ 矩阵 $\boldsymbol{A}$,若先用若干条横线将它分成 r 块,再用若干条纵线将它分成 s 块,则得到了一个 rs 块的分块矩阵,可记为

$$\boldsymbol{A}=\begin{pmatrix}\boldsymbol{A}_{11} & \boldsymbol{A}_{12} & \cdots & \boldsymbol{A}_{1s}\\ \boldsymbol{A}_{21} & \boldsymbol{A}_{22} & \cdots & \boldsymbol{A}_{2s}\\ \vdots & \vdots & & \vdots\\ \boldsymbol{A}_{r1} & \boldsymbol{A}_{r2} & \cdots & \boldsymbol{A}_{rs}\end{pmatrix}$$

注意这儿 $\boldsymbol{A}_{ij}$ 代表一个矩阵,而不是一个数。$\boldsymbol{A}_{ij}$ 通常称为 $\boldsymbol{A}$ 的第 (i,j) 块。$\boldsymbol{A}$ 有时也记为 $\boldsymbol{A}=(\boldsymbol{A}_{ij})_{r\times s}$,但需注明这是分块矩阵,足标 r 表示横向分块 r 块,s 表示纵向分成 s 块,一共 rs 块。

一个矩阵可以有各种各样的分块方法,究竟怎么分比较好,要看具体需要而定。

例 2-8

$$\boldsymbol{A}=\begin{pmatrix}1 & 1 & \vdots & 0 & 0 & \vdots & 0\\ 1 & 1 & \vdots & 0 & 0 & \vdots & 0\\ \cdots & \cdots & \vdots & \cdots & \cdots & \vdots & \cdots\\ 0 & 0 & \vdots & 1 & 0 & \vdots & 0\\ 0 & 0 & \vdots & 1 & 1 & \vdots & 0\\ \cdots & \cdots & \vdots & \cdots & \cdots & \vdots & \cdots\\ 0 & 0 & \vdots & 0 & 0 & \vdots & 1\end{pmatrix}$$

是一个分了块的矩阵。$\boldsymbol{A}$ 的分块有一个特点,若记

$$\boldsymbol{A}_1=\begin{pmatrix}1 & 1\\ -1 & 1\end{pmatrix},\boldsymbol{A}_2=\begin{pmatrix}1 & 0\\ 1 & 1\end{pmatrix},\boldsymbol{A}_3=(1)$$

则

$$\boldsymbol{A}=\begin{pmatrix}A_1 & \boldsymbol{0} & \boldsymbol{0}\\ \boldsymbol{0} & A_2 & \boldsymbol{0}\\ \boldsymbol{0} & \boldsymbol{0} & A_3\end{pmatrix}$$

即 $\boldsymbol{A}$ 作为分块矩阵来看,除了主对角线上的块外其余各块都是零矩阵。以后会看到这种分块成对角形状的矩阵在运算上是比较简便的。

一般说来,称下列形状的矩阵

$$\boldsymbol{A}=\begin{pmatrix}\boldsymbol{A}_1 & & & 0\\ & \boldsymbol{A}_2 & & \\ & & \ddots & \\ 0 & & & \boldsymbol{A}_k\end{pmatrix}$$

为分块对角阵($\boldsymbol{A}$ 中的“0”表示除对角线上的块外都是零矩阵块)。

两个分块矩阵 $\boldsymbol{A}=(\boldsymbol{A}_{ij})_{r\times s},\boldsymbol{B}=(\boldsymbol{B}_{ij})_{l\times k}$ 称为是相等的,如果 $r=l,s=k$,且

$$\boldsymbol{A}_{ij}=\boldsymbol{B}_{ij}(i=1,2,\cdots,r;j=1,2,\cdots,s)$$

因此两个分块矩阵相等,不仅要求它们的分块方式相同,还要求分成的每一块都对应相等。显然两个矩阵作为分块矩阵相等,则作为普通矩阵也应当相等。

前面已经说过,矩阵分块的目的是为了简化矩阵运算,下面就来介绍分块矩阵的运算。

2.4.2 分块矩阵的加法

设有 $m\times n$ 矩阵 $\boldsymbol{A}$ 与 $\boldsymbol{B}$,它们具有相同的分块,即

$$\boldsymbol{A}=(\boldsymbol{A}_{ij})_{r\times s}=\begin{pmatrix}\boldsymbol{A}_{11}&\boldsymbol{A}_{12}&\cdots&\boldsymbol{A}_{1s}\\\boldsymbol{A}_{21}&\boldsymbol{A}_{22}&\cdots&\boldsymbol{A}_{2s}\\\vdots&\vdots&&\vdots\\\boldsymbol{A}_{r1}&\boldsymbol{A}_{r2}&\cdots&\boldsymbol{A}_{rs}\end{pmatrix},\boldsymbol{B}=(\boldsymbol{B}_{ij})_{r\times s}=\begin{pmatrix}\boldsymbol{B}_{11}&\boldsymbol{B}_{12}&\cdots&\boldsymbol{B}_{1s}\\\boldsymbol{B}_{21}&\boldsymbol{B}_{22}&\cdots&\boldsymbol{B}_{2s}\\\vdots&\vdots&&\vdots\\\boldsymbol{B}_{r1}&\boldsymbol{B}_{r2}&\cdots&\boldsymbol{B}_{rs}\end{pmatrix}$$

且对任意的 $i,j(i=1,2,\cdots,r;j=1,2,\cdots,s)$,$A_{ij}$ 与 B_{ij} 作为矩阵块它们的行数与列数分别对应相等,则这两个分块矩阵的加法自然地定义为

$$\boldsymbol{A}+\boldsymbol{B}=(\boldsymbol{A}_{ij}+\boldsymbol{B}_{ij})_{r\times s}$$

例 2-9 二矩阵

$$\boldsymbol{A}=\begin{pmatrix}1&2&0&\vdots&-2\\2&0&1&\vdots&0\\\cdots&\cdots&\cdots&\vdots&\cdots\\3&1&0&\vdots&0\\0&1&1&\vdots&0\end{pmatrix},\quad\boldsymbol{B}=\begin{pmatrix}0&-1&0&\vdots&2\\3&2&1&\vdots&1\\\cdots&\cdots&\cdots&\vdots&\cdots\\1&1&0&\vdots&0\\2&0&0&\vdots&1\end{pmatrix}$$

这里 $\boldsymbol{A}$ 与 $\boldsymbol{B}$ 都是 2×2 分块矩阵而且每一块的行列数对应相等。如 $\boldsymbol{A}$ 的第(1,1)块是一个 2×3 矩阵,$\boldsymbol{B}$ 的第(1,1)块也是一个 2×3 矩阵,等等,因此这两个分块矩阵可以相加:

$$\boldsymbol{A}+\boldsymbol{B}=\begin{pmatrix}1&1&0&\vdots&0\\5&2&2&\vdots&1\\\cdots&\cdots&\cdots&\vdots&\cdots\\4&2&0&\vdots&0\\2&1&1&\vdots&1\end{pmatrix}$$

显然两个分块阵之和仍是一个分块阵,而且这个和与 $\boldsymbol{A}$、$\boldsymbol{B}$ 作为普通矩阵相加所得到的和是一致的。

2.4.3 分块矩阵的数乘

分块矩阵的数乘比较简单。若干 $\boldsymbol{A}=(\boldsymbol{A}_{ij})_{r\times s}$ 是一个分块矩阵,k 是一个常数,则

$k\boldsymbol{A} = (k\boldsymbol{A}_{ij})_{r\times s}$。

例 2-10 已知矩阵 $\boldsymbol{A} = \begin{pmatrix} 3 & 1 & \vdots & 2 \\ -1 & 2 & \vdots & 0 \\ \cdots & \cdots & \vdots & \cdots \\ 1 & -2 & \vdots & 1 \\ 2 & -1 & \vdots & 1 \end{pmatrix}$，若 $k=3$，则

$$3\boldsymbol{A} = \begin{pmatrix} 9 & 3 & \vdots & 6 \\ -3 & 6 & \vdots & 0 \\ \cdots & \cdots & \vdots & \cdots \\ 3 & -6 & \vdots & 3 \\ 6 & -3 & \vdots & 3 \end{pmatrix}$$

2.4.4 分块矩阵的乘法

分块矩阵的乘法与普通矩阵的乘法在形式上类似，只是在处理矩阵块与块之间的乘法时，必须保证符合矩阵相乘的条件，因此对分块矩阵（注意 $\boldsymbol{A}$ 的列分成 s 块，而 $\boldsymbol{B}$ 的行也分成 s 块），又设 $\boldsymbol{A}$ 与 $\boldsymbol{B}$ 的分块适合如下条件：

$$\begin{matrix} & n_1 & n_2 & & n_s & \cdots \\ \boldsymbol{A} = & \begin{pmatrix} \boldsymbol{A}_{11} & \boldsymbol{A}_{12} & \cdots & \boldsymbol{A}_{1s} \\ \boldsymbol{A}_{21} & \boldsymbol{A}_{22} & \cdots & \boldsymbol{A}_{2s} \\ \vdots & \vdots & & \vdots \\ \boldsymbol{A}_{r1} & \boldsymbol{A}_{r2} & \cdots & \boldsymbol{A}_{rs} \end{pmatrix} & \begin{matrix} m_1 \\ m_2 \\ \vdots \\ m_r \end{matrix} \end{matrix}$$

$$\begin{matrix} & l_1 & l_2 & \cdots & l_t \\ \boldsymbol{B} = & \begin{pmatrix} \boldsymbol{B}_{11} & \boldsymbol{B}_{12} & \cdots & \boldsymbol{B}_{1s} \\ \boldsymbol{B}_{21} & \boldsymbol{B}_{22} & \cdots & \boldsymbol{B}_{2s} \\ \vdots & \vdots & & \vdots \\ \boldsymbol{B}_{r1} & \boldsymbol{B}_{r2} & \cdots & \boldsymbol{B}_{rs} \end{pmatrix} & \begin{matrix} n_1 \\ n_2 \\ \vdots \\ n_s \end{matrix} \end{matrix}$$

即在 $\boldsymbol{A}$ 中，第(1,1)块 $\boldsymbol{A}_{11}$ 的行数为 m_1，列数为 n_1，第(1,2)块 $\boldsymbol{A}_{12}$ 的行数为 m_1，列数为 n_2…第(i,j)块 $\boldsymbol{A}_{ij}$ 的行数为 m_i。列数为 n_j。而在 $\boldsymbol{B}$ 中第(i,j)块 $\boldsymbol{B}_{ij}$ 的行数为 n_i，列数为 l_j。这样的分块方式保证了 $\boldsymbol{A}_{ik}$ 的列数与 $\boldsymbol{B}_{kj}$ 的行数相等（都等于 n_k），因此 $\boldsymbol{A}_{ik}$ 与 $\boldsymbol{B}_{kj}$ 作为矩阵相乘有意义。于是若设分块矩阵 $\boldsymbol{A}$ 与 $\boldsymbol{B}$ 的积为

$$\boldsymbol{C} = \begin{pmatrix} \boldsymbol{C}_{11} & \boldsymbol{C}_{12} & \cdots & \boldsymbol{C}_{1t} \\ \boldsymbol{C}_{21} & \boldsymbol{C}_{22} & \cdots & \boldsymbol{C}_{2t} \\ \vdots & \vdots & & \vdots \\ \boldsymbol{C}_{r1} & \boldsymbol{C}_{r2} & \cdots & \boldsymbol{C}_{rt} \end{pmatrix}$$

则 C_{11}是一个 $m_1 \times l_1$ 的矩阵,C_{12}是一个 $m_1 \times l_2$的矩阵……C_{ij}是一个 $m_i \times l_j$ 的矩阵;而且

$$C_{ij} = \sum_{k=1}^{S} A_{ik}B_{kj} = A_{i1}B_{1j} + A_{i2}B_{2j} + \cdots + A_{iS}B_{Sj}$$

请同学们比较一下此式与矩阵乘法的定义,二者在形式上很相似。同加法、数乘一样,通过分块乘法得到的积矩阵与通过普通乘法得到的矩阵是一样的,即 $C = AB$。这点通过下面的例子可以看到。

例 2-11 设 $A = \begin{pmatrix} 1 & 0 & -1 & 2 \\ 0 & 1 & 1 & 1 \\ 0 & 0 & 1 & 0 \\ 0 & 0 & 0 & 1 \end{pmatrix}$, $B = \begin{pmatrix} 1 & 0 & 1 & 0 \\ 1 & 2 & 1 & 1 \\ 1 & 2 & 4 & 1 \\ 0 & 1 & 2 & 0 \end{pmatrix}$

求 AB。

解 把 A、B 分块成

$$A = \begin{pmatrix} 1 & 0 & \vdots & -1 & 2 \\ 0 & 1 & \vdots & 1 & 1 \\ \cdots & \cdots & \vdots & \cdots & \cdots \\ 0 & 0 & \vdots & 1 & 0 \\ 0 & 0 & \vdots & 0 & 1 \end{pmatrix} = \begin{pmatrix} E & A_{12} \\ 0 & E \end{pmatrix},$$

$$B = \begin{pmatrix} 1 & 0 & \vdots & 1 & 0 \\ 1 & 2 & \vdots & 1 & 1 \\ \cdots & \cdots & \vdots & \cdots & \cdots \\ 1 & 2 & \vdots & 4 & 1 \\ 0 & 1 & \vdots & 2 & 0 \end{pmatrix} = \begin{pmatrix} B_{11} & B_{12} \\ B_{21} & B_{22} \end{pmatrix}$$

则

$$AB = \begin{pmatrix} E & A_{12} \\ 0 & E \end{pmatrix}\begin{pmatrix} B_{11} & B_{12} \\ B_{21} & B_{22} \end{pmatrix} = \begin{pmatrix} B_{11} + A_{12}B_{21} & B_{12} + A_{12}B_{22} \\ B_{21} & B_{22} \end{pmatrix}$$

$$B_{11} + A_{12}B_{21} = \begin{pmatrix} 1 & 0 \\ 1 & 2 \end{pmatrix} + \begin{pmatrix} -1 & 2 \\ 1 & 1 \end{pmatrix}\begin{pmatrix} 1 & 2 \\ 0 & 1 \end{pmatrix} = \begin{pmatrix} 1 & 0 \\ 1 & 2 \end{pmatrix} + \begin{pmatrix} -1 & 0 \\ 1 & 3 \end{pmatrix} = \begin{pmatrix} 0 & 0 \\ 2 & 5 \end{pmatrix}$$

$$B_{12} + A_{12}B_{22} = \begin{pmatrix} 1 & 0 \\ 1 & 1 \end{pmatrix} + \begin{pmatrix} -1 & 2 \\ 1 & 1 \end{pmatrix}\begin{pmatrix} 4 & 1 \\ 2 & 0 \end{pmatrix} = \begin{pmatrix} 1 & 0 \\ 1 & 1 \end{pmatrix} + \begin{pmatrix} 0 & -1 \\ 6 & 1 \end{pmatrix} = \begin{pmatrix} 1 & -1 \\ 7 & 2 \end{pmatrix}$$

即

$$AB = \begin{pmatrix} 0 & 0 & \vdots & 1 & -1 \\ 2 & 5 & \vdots & 7 & 2 \\ \cdots & \cdots & \vdots & \cdots & \cdots \\ 1 & 2 & \vdots & 4 & 1 \\ 0 & 1 & \vdots & 2 & 0 \end{pmatrix}$$

容易验证,这个结果与矩阵乘法的运算结果是一致的。

但是本例中,同学们可能看不到分块矩阵的优越性,计算也较麻烦。先来看几个例子,它们表明了分块运算的优越性。

例 2-12 设有二个分块对角阵:

$$\boldsymbol{A}=\begin{pmatrix}\boldsymbol{A}_1 & & & 0\\ & \boldsymbol{A}_2 & & \\ & & \ddots & \\ 0 & & & \boldsymbol{A}_k\end{pmatrix},\quad \boldsymbol{B}=\begin{pmatrix}\boldsymbol{B}_1 & & & 0\\ & \boldsymbol{B}_2 & & \\ & & \ddots & \\ 0 & & & \boldsymbol{B}_k\end{pmatrix}$$

其中矩阵 $\boldsymbol{A}_i$ 与 $\boldsymbol{B}_j$ 都是 n_i 阶方阵(因此 $\boldsymbol{A}$、$\boldsymbol{B}$ 是同阶方阵),因此 $\boldsymbol{A}_i$ 与 $\boldsymbol{B}_j$ 可以相乘。用分块矩阵的乘法不难求得

$$\boldsymbol{AB}=\begin{pmatrix}\boldsymbol{A}_1\boldsymbol{B}_1 & & & 0\\ & \boldsymbol{A}_2\boldsymbol{B}_2 & & \\ & & \ddots & \\ 0 & & & \boldsymbol{A}_k\boldsymbol{B}_k\end{pmatrix}$$

即分块对角阵相乘时只需将主对角线上的块乘起来就可。

例 2-13 $\boldsymbol{A}$ 是一个分块对角阵

$$\boldsymbol{A}=\begin{pmatrix}\boldsymbol{A}_1 & & & 0\\ & \boldsymbol{A}_2 & & \\ & & \ddots & \\ 0 & & & \boldsymbol{A}_k\end{pmatrix}$$

且每块 $\boldsymbol{A}_i$ 都是非奇异方阵(因此 $\boldsymbol{A}$ 也是方阵),则 $\boldsymbol{A}$ 也是非奇异方阵且

$$\boldsymbol{A}^{-1}=\begin{pmatrix}\boldsymbol{A}_1^{-1} & & & 0\\ & \boldsymbol{A}_2^{-1} & & \\ & & \ddots & \\ 0 & & & \boldsymbol{A}_k^{-1}\end{pmatrix}$$

事实上由例 2-12 知

$$\boldsymbol{AA}^{-1}=\begin{pmatrix}\boldsymbol{A}_1\boldsymbol{A}_1^{-1} & & & 0\\ & \boldsymbol{A}_2\boldsymbol{A}_2^{-1} & & \\ & & \ddots & \\ 0 & & & \boldsymbol{A}_k\boldsymbol{A}_k^{-1}\end{pmatrix}=\begin{pmatrix}\boldsymbol{I}_{n_1} & & & 0\\ & \boldsymbol{I}_{n_2} & & \\ & & \ddots & \\ 0 & & & \boldsymbol{I}_{n_k}\end{pmatrix}$$

其中 $\boldsymbol{I}_{n_i}$ 表示与 $\boldsymbol{A}_i$ 同阶的单位阵。一个分块对角阵主对角线上的块都是单位阵,那么它自己也是一个单位阵,故

$$\boldsymbol{AA}^{-1}=\boldsymbol{I}$$

例 2-13 告诉我们，对一个分块对角阵，如要求它逆矩阵只需将主对角线上的每一块求逆矩阵就可以了。

例 2-14 设 $\boldsymbol{A}$ 是一个 $m\times n$ 矩阵，$\boldsymbol{B}$ 是一个 $n\times l$ 矩阵，将 $\boldsymbol{B}$ 的每一列分成一块，记为

$$\boldsymbol{B}=(\beta_1,\beta_2,\cdots,\beta_l)$$

其中

$$\boldsymbol{\beta}_j=\begin{pmatrix}b_{1j}\\b_{2j}\\\vdots\\b_{nj}\end{pmatrix}$$

是 $\boldsymbol{B}$ 的第 j 列，又将 $\boldsymbol{A}$ 看成是只有一块的分块矩阵。这时不难验证 $\boldsymbol{A\beta}_j$ 有意义且 $\boldsymbol{A}$ 与 $\boldsymbol{B}$ 作为分块矩阵可做乘法且

$$\boldsymbol{AB}=(\boldsymbol{A\beta}_1,\boldsymbol{A\beta}_2,\cdots,\boldsymbol{A\beta}_l)$$

同样，可对 $\boldsymbol{A}$ 作行分块，即将 $\boldsymbol{A}$ 的每一行作为一块，则

$$\boldsymbol{A}=\begin{pmatrix}a_1\\a_2\\\vdots\\a_m\end{pmatrix}、$$

其中 $\boldsymbol{a}_i=(a_{i1},\quad a_{i2},\quad\cdots,\quad a_{in})$ 是 $\boldsymbol{A}$ 的第 i 行。这时也将 $\boldsymbol{B}$ 看成是 1×1 分块矩阵，则有

$$\boldsymbol{AB}=\begin{pmatrix}a_1\boldsymbol{B}\\a_2\boldsymbol{B}\\\vdots\\a_m\boldsymbol{B}\end{pmatrix}$$

2.4.5 分块对角矩阵的逆矩阵

分块对角矩阵 设 $\boldsymbol{A}$ 为 n 阶方阵，主对角线上的子块都是非零方阵，其余子块都是零矩阵，即

$$\boldsymbol{A}=\begin{pmatrix}\boldsymbol{A}_{11}&\boldsymbol{0}&\cdots&\boldsymbol{0}\\\boldsymbol{0}&\boldsymbol{A}_{22}&\cdots&\boldsymbol{0}\\\vdots&&&\vdots\\\boldsymbol{0}&\boldsymbol{0}&\cdots&\boldsymbol{A}_{ss}\end{pmatrix}$$

则称 $\boldsymbol{A}$ 为分块对角矩阵。

容易验证，如果 $\boldsymbol{A}_{ii}(i=1,2,\cdots,s)$ 均可逆，则 $\boldsymbol{A}$ 可逆，且

$$
\boldsymbol{A}^{-1}=\begin{pmatrix}\boldsymbol{A}_{11}^{-1} & \boldsymbol{0} & \cdots & \boldsymbol{0}\\ \boldsymbol{0} & \boldsymbol{A}_{22}^{-1} & \cdots & \boldsymbol{0}\\ \vdots & & & \vdots\\ \boldsymbol{0} & \boldsymbol{0} & \cdots & \boldsymbol{A}_{ss}^{-1}\end{pmatrix}
$$

例 2-15 设

$$
\boldsymbol{A}=\begin{pmatrix}2&0&0\\0&3&1\\0&2&1\end{pmatrix},
$$

求 $\boldsymbol{A}^{-1}$。

解 将 $\boldsymbol{A}$ 分块为

$$
\boldsymbol{A}=\left(\begin{array}{c:cc}2&0&0\\ \hdashline 0&3&1\\0&2&1\end{array}\right)=\begin{pmatrix}\boldsymbol{A}_1&0\\0&\boldsymbol{A}_2\end{pmatrix}
$$

$$
\boldsymbol{A}_1=(2),\boldsymbol{A}_1^{-1}=\left(\frac{1}{2}\right),\boldsymbol{A}_2=\begin{pmatrix}3&1\\2&1\end{pmatrix},\boldsymbol{A}_2^{-1}=\begin{pmatrix}1&-1\\-2&3\end{pmatrix}
$$

所以有

$$
\boldsymbol{A}^{-1}=\left(\begin{array}{c:cc}\frac{1}{2}&0&0\\ \hdashline 0&1&-1\\0&-2&3\end{array}\right)
$$

2.4.6 分块矩阵的转置

设有分块矩阵

$$
\boldsymbol{A}=\begin{pmatrix}\boldsymbol{A}_{11}&\boldsymbol{A}_{12}&\cdots&\boldsymbol{A}_{1S}\\ \boldsymbol{A}_{21}&\boldsymbol{A}_{22}&\cdots&\boldsymbol{A}_{2S}\\ \vdots&\vdots&&\vdots\\ \boldsymbol{A}_{r1}&\boldsymbol{A}_{r2}&\cdots&\boldsymbol{A}_{rS}\end{pmatrix}
$$

则 $\boldsymbol{A}$ 的转置 $\boldsymbol{A}^{\mathrm{T}}$ 是这样得到的：

先将 $\boldsymbol{A}$ 的各行块依次换成各列块，然后将每块 $\boldsymbol{A}_{ij}$ 转置变为 $\boldsymbol{A}_{ij}^{\mathrm{T}}$。

$$
\boldsymbol{A}^{\mathrm{T}}=\begin{pmatrix}\boldsymbol{A}_{11}^{\mathrm{T}}&\boldsymbol{A}_{12}^{\mathrm{T}}&\cdots&\boldsymbol{A}_{1S}^{\mathrm{T}}\\ \boldsymbol{A}_{21}^{\mathrm{T}}&\boldsymbol{A}_{22}^{\mathrm{T}}&\cdots&\boldsymbol{A}_{2S}^{\mathrm{T}}\\ \vdots&\vdots&&\vdots\\ \boldsymbol{A}_{r1}^{\mathrm{T}}&\boldsymbol{A}_{r2}^{\mathrm{T}}&\cdots&\boldsymbol{A}_{rS}^{\mathrm{T}}\end{pmatrix}
$$

同学们可以自己证明分块矩阵的转置阵与通常矩阵的转置阵是一致的。

若矩阵按行或按列分块既简单又常用,需要予以注意。

$\boldsymbol{A}=(a_{ij})_{m\times n}$,记

$$\boldsymbol{\alpha}_i^{\mathrm{T}}=(a_{i1}\quad a_{i2}\quad \cdots \quad a_{in})\quad (i=1,2,\cdots,m)$$

$$\boldsymbol{a}_j=\begin{pmatrix} a_{1j}\\ a_{2j}\\ \vdots \\ a_{mj}\end{pmatrix}\quad (j=1,2,\cdots,n)$$

则矩阵 $\boldsymbol{A}$ 的按行分块矩阵和按列分块矩阵依次为

$$\boldsymbol{A}=\begin{pmatrix} \boldsymbol{\alpha}_1^{\mathrm{T}}\\ \boldsymbol{\alpha}_2^{\mathrm{T}}\\ \vdots \\ \boldsymbol{\alpha}_m^{\mathrm{T}}\end{pmatrix}\text{和}\ \boldsymbol{A}=(\boldsymbol{a}_1\quad \boldsymbol{a}_2\quad \cdots \quad \boldsymbol{a}_n)$$

对于含 n 个未知数 m 个方程的线性方程组

$$\begin{cases} a_{11}x_1+a_{12}x_2+\cdots+a_{1n}x_n=b_1\\ a_{21}x_1+a_{22}x_2+\cdots+a_{2n}x_n=b_2\\ \qquad\qquad\vdots \\ a_{m1}x_1+a_{m2}x_2+\cdots+a_{mn}x_n=b_m\end{cases}$$

其矩阵形式为

$$\boldsymbol{A}x=\boldsymbol{b}$$

其中系数矩阵

$$\boldsymbol{A}=(a_{ij})_{m\times n},\boldsymbol{x}=\begin{pmatrix} x_1\\ x_2\\ \vdots \\ x_n\end{pmatrix},\quad \boldsymbol{b}=\begin{pmatrix} b_1\\ b_2\\ \vdots \\ b_m\end{pmatrix}$$

如果将 $\boldsymbol{A}$ 按行分块,则方程的矩阵形式可变形为

$$\begin{pmatrix} \boldsymbol{\alpha}_1^{\mathrm{T}}\\ \boldsymbol{\alpha}_2^{\mathrm{T}}\\ \vdots \\ \boldsymbol{\alpha}_m^{\mathrm{T}}\end{pmatrix}x=\begin{pmatrix} b_1\\ b_2\\ \vdots \\ b_m\end{pmatrix}$$

即

$$\begin{cases} \alpha_1^T x = b \\ \alpha_2^T x = b \\ \vdots \\ \alpha_m^T x = b_m \end{cases}$$

如果把 $\boldsymbol{A}$ 按列分块，$\boldsymbol{X}$ 按行分块，则方程的矩阵形可变形为

$$(a_1 \quad a_2 \quad \cdots \quad a_n)\begin{pmatrix} x_1 \\ x_2 \\ \vdots \\ x_n \end{pmatrix} = \boldsymbol{b}$$

即

$$x_1 a_1 + x_2 a_2 + \cdots + x_n a_n = b$$

上述几种表达方式都是线性方程组的变形。今后，它们将与线性方程组混合使用而不加区别。

2.4.7 对角矩阵和反对称矩阵

定义 如果矩阵 $\boldsymbol{A} = (a_{ij})$ 满足 $\boldsymbol{A}^T = \boldsymbol{A}$，那么称 $\boldsymbol{A}$ 是对称矩阵。

由定义知，对称矩阵中的每一元素均满足 $a_{ij} = a_{ji}(i,j = 1,2,\cdots,n)$。

显然，对角矩阵、数量矩阵和单位矩阵都是对称矩阵。

定义 如果矩阵 $\boldsymbol{A} = (a_{ij})$ 满足 $\boldsymbol{A}^T = -\boldsymbol{A}$，那么称 $\boldsymbol{A}$ 是反对称矩阵。

由定义可知，反对称矩阵主对角线上的元素一定为零，其余元素均有 $a_{ij} = -a_{ji}(i \neq j)$。

对称和反对称矩阵具有以下简单性质：

性质 1 对称（反对称）矩阵的和、差仍然是对称（反对称）矩阵。

性质 2 数乘对称（反对称）矩阵仍然是对称（反对称）矩阵。

需要注意的是：两个对称（反对称）矩阵的乘积，不一定是对称（反对称）矩阵。

例如，$\boldsymbol{A} = \begin{pmatrix} 1 & -1 \\ -1 & 0 \end{pmatrix}$，$\boldsymbol{B} = \begin{pmatrix} 0 & 1 \\ 1 & 0 \end{pmatrix}$

都是对称矩阵，但是它们的乘积矩阵

$$\boldsymbol{AB} = \begin{pmatrix} 1 & -1 \\ -1 & 0 \end{pmatrix}\begin{pmatrix} 0 & 1 \\ 1 & 0 \end{pmatrix} = \begin{pmatrix} -1 & 1 \\ 0 & -1 \end{pmatrix}$$

却不是对称矩阵。又如

$$\boldsymbol{C} = \begin{pmatrix} 0 & 1 \\ -1 & 0 \end{pmatrix}, \boldsymbol{D} = \begin{pmatrix} 0 & -1 \\ 1 & 0 \end{pmatrix}$$

都是反对称矩阵，但是它们的乘积矩阵

$$\boldsymbol{CD} = \begin{pmatrix} 0 & 1 \\ -1 & 0 \end{pmatrix}\begin{pmatrix} 0 & -1 \\ 1 & 0 \end{pmatrix} = \begin{pmatrix} 1 & 0 \\ 0 & 1 \end{pmatrix}$$

却不是反对称矩阵。

性质3 奇数阶反对称矩阵的行列式等于零。

证 因为矩阵 $\boldsymbol{A}$ 满足 $\boldsymbol{A}^{\mathrm{T}}=-\boldsymbol{A}$,并且矩阵 $\boldsymbol{A}$ 是奇数阶,有

$$\det(-\boldsymbol{A})=(-1)^n\det\boldsymbol{A}=-\det\boldsymbol{A}$$

故得

$$\det\boldsymbol{A}=\det(\boldsymbol{A}^{\mathrm{T}})=\det(-\boldsymbol{A})=-\det A$$

所以 $\det\boldsymbol{A}=0$

2.4.8 分块矩阵的共轭

设 $\boldsymbol{A}$ 是一个分块矩阵

$$\boldsymbol{A}=\begin{pmatrix}\boldsymbol{A}_{11} & \boldsymbol{A}_{12} & \cdots & \boldsymbol{A}_{1S}\\ \boldsymbol{A}_{21} & \boldsymbol{A}_{22} & \cdots & \boldsymbol{A}_{2S}\\ \vdots & \vdots & & \vdots\\ \boldsymbol{A}_{r1} & \boldsymbol{A}_{r2} & \cdots & \boldsymbol{A}_{rS}\end{pmatrix}$$

则 $\boldsymbol{A}$ 的共轭矩阵为

$$\overline{\boldsymbol{A}}=\begin{pmatrix}\overline{\boldsymbol{A}_{11}} & \overline{\boldsymbol{A}_{12}} & \cdots & \overline{\boldsymbol{A}_{1S}}\\ \overline{\boldsymbol{A}_{21}} & \overline{\boldsymbol{A}_{22}} & \cdots & \overline{\boldsymbol{A}_{2S}}\\ \vdots & \vdots & & \vdots\\ \overline{\boldsymbol{A}_{r1}} & \overline{\boldsymbol{A}_{r2}} & \cdots & \overline{\boldsymbol{A}_{rS}}\end{pmatrix}$$

也就是只需对每一块取共轭就可。分块矩阵的共轭同矩阵的共轭也是完全一致的。

2.5 矩阵的初等变换

2.5.1 矩阵的秩

矩阵的秩是矩阵理论中的一个重要概念。它在讨论线性方程组的解等方面起着重要的作用。

***k* 阶子式** 在 $m\times n$ 矩阵 $\boldsymbol{A}$ 中任取 k 行 k 列($1\leqslant k\leqslant\min(m,n)$),由位于这些行、列相交处的元素按原来顺序构成的 k 阶行列式,称为矩阵 $\boldsymbol{A}$ 的一个 k 阶子式,记作 $D_k(\boldsymbol{A})$。

矩阵 $\boldsymbol{A}$ 有各阶子式,阶数最小的子式是一阶子式,阶数最大的子式是 $\min(m,n)$ 阶子式,就 k 阶子式而言,共有 $C_m^k\cdot C_n^k$ 个。

例如 4×3 矩阵

$$\boldsymbol{A}=\begin{pmatrix}a_{11} & a_{12} & a_{13}\\ a_{21} & a_{22} & a_{23}\\ a_{31} & a_{32} & a_{33}\\ a_{41} & a_{42} & a_{43}\end{pmatrix}$$

有 4 个三阶子式，18 个二阶子式。

矩阵的秩　如果矩阵 $\boldsymbol{A}$ 中不等于零的子式的最高阶数是 r，那么称 r 为矩阵 $\boldsymbol{A}$ 的秩，记作 $R(\boldsymbol{A})=r$。

如果 n 阶方阵 $\boldsymbol{A}$ 的秩 $R(\boldsymbol{A})=n$，则称 $\boldsymbol{A}$ 为满秩方阵，否则称为**降秩方阵**。

由矩阵秩的定义，容易得出下面结论：

(1) 当且仅当矩阵 $\boldsymbol{A}$ 中所有的元素全为 0 时，$R(\boldsymbol{A})=0$。

(2) 设 $\boldsymbol{A}$ 为 $m\times n$ 矩阵，则 $0\leqslant R(\boldsymbol{A})\leqslant \min(m,n)$。

(3) 设 $R(\boldsymbol{A})=r$，则 $\boldsymbol{A}$ 中至少有一个 r 阶子式 $D_r(\boldsymbol{A})\neq 0$，而所有 $r+1$ 阶子式 $D_{r+1}(\boldsymbol{A})=0$。

(4) n 阶方阵 $\boldsymbol{A}$ 为满秩方阵的充要条件是 $|\boldsymbol{A}|\neq 0$。

例 2-16　求下列矩阵 $\boldsymbol{A}$ 和 $\boldsymbol{B}$ 的秩，其中

$$\boldsymbol{A}=\begin{pmatrix}1&2&3\\2&3&-5\\4&7&1\end{pmatrix},\boldsymbol{B}=\begin{pmatrix}1&1&2&2&1\\0&2&1&5&-1\\0&0&-2&2&-2\\0&0&0&0&0\end{pmatrix}$$

解　在 $\boldsymbol{A}$ 中，二阶子式 $D_2(\boldsymbol{A})=\begin{vmatrix}1&3\\2&5\end{vmatrix}\neq 0$，$\boldsymbol{A}$ 的三阶子式只有一个 $|\boldsymbol{A}|$，且 $|\boldsymbol{A}|=0$，即

$$|\boldsymbol{A}|=\begin{vmatrix}1&2&3\\2&3&-5\\4&7&1\end{vmatrix}=\begin{vmatrix}1&2&3\\0&-1&-11\\0&-1&-11\end{vmatrix}=0$$

因此 $R(\boldsymbol{A})=2$。

$\boldsymbol{B}$ 是一个行阶梯形矩阵，其非零行只有三行，所以 $\boldsymbol{B}$ 的所有四阶子式为 0。而 $\boldsymbol{B}$ 中有一个三阶子式：

$$|\boldsymbol{B}|=\begin{vmatrix}1&1&2\\0&2&1\\0&0&-2\end{vmatrix}=-4\neq 0$$

故 $R(\boldsymbol{B})=3$。

例 2-17　求下列矩阵的秩

$$\boldsymbol{A}=\begin{pmatrix}3&2&1&1\\1&2&-3&2\\4&4&-2&3\end{pmatrix},\quad \boldsymbol{B}=\begin{pmatrix}1&2&3&4\\1&0&1&2\\1&2&0&-5\\3&-1&-1&0\end{pmatrix}$$

解　由于矩阵 $\boldsymbol{A}$ 的所有三阶子式（共 4 个）$D_3(\boldsymbol{A})=0$，而有一个二阶子式

$$D_2(\boldsymbol{A})=\begin{vmatrix}3 & 2\\1 & 2\end{vmatrix}=4\neq 0$$

所以 $R(\boldsymbol{A})=2$。

又因为

$$|\boldsymbol{B}|=\begin{vmatrix}1 & 2 & 3 & 4\\1 & 0 & 1 & 2\\1 & 2 & 0 & -5\\3 & -1 & -1 & 0\end{vmatrix}=24\neq 0$$

所以 $R(\boldsymbol{B})=4$,即 $\boldsymbol{B}$ 为满秩方阵。

从例题中可知,利用定义计算矩阵的秩,需要由高阶到低阶考虑矩阵的子式,当矩阵的行数与列数较高时,按定义求秩是非常麻烦的。又由于行阶梯形矩阵的秩较容易判断,而任意矩阵如果可以经过一些变换化为行阶梯形矩阵,就可以方便求出矩阵的秩。

下面介绍矩阵的初等变换及初等矩阵可以方便地求出逆矩阵和矩阵的秩的方法。

2.5.2 初等变换与初等矩阵

初等变换 对一矩阵施行如下的三种变换均称为矩阵的初等行(或列)变换:

(1) 交换矩阵的第 i,j 两行(或列),记为 $r_i\leftrightarrow r_j$(或 $c_i\leftrightarrow c_j$);

(2) 以数 $k\neq 0$ 乘矩阵的第 i 行(或列)的所有元素,记为 $r_i\times k$(或 $c_i\times k$);

(3)将矩阵的第 i 行(或列)所有元素乘以数 k 加到第 j 行(或列)对应的元素上去,记为 r_j+kr_i(或 c_j+kc_i)。

矩阵的初等行变换与初等列变换统称为矩阵的初等变换。

矩阵等价 若矩阵 $\boldsymbol{A}$ 经有限次初等行变换变成 $\boldsymbol{B}$,则称矩阵 $\boldsymbol{A}$ 与 $\boldsymbol{B}$ 行等价,记为 $\boldsymbol{A}\overset{r}{\sim}\boldsymbol{B}$;如果矩阵 $\boldsymbol{A}$ 经有限次初等列变换变成 $\boldsymbol{B}$,则称矩阵 $\boldsymbol{A}$ 与 $\boldsymbol{B}$ 列等价,记为 $\boldsymbol{A}\overset{c}{\sim}\boldsymbol{B}$;如果矩阵 A 经有限次初等变换变成 $\boldsymbol{B}$,则称矩阵 $\boldsymbol{A}$ 与 $\boldsymbol{B}$ 等价,记为 $\boldsymbol{A}\sim\boldsymbol{B}$。

初等矩阵 对单位矩阵经过一次初等变换得到的矩阵,称为初等矩阵。

三个初等变换分别对应下面三种初等矩阵:

(1) $\boldsymbol{E}\overset{r_i\leftrightarrow r_j}{\sim}\boldsymbol{P}(i,j)$,或者 $\boldsymbol{E}\overset{c_i\leftrightarrow c_j}{\sim}\boldsymbol{P}(i,j)$,即

$$\boldsymbol{P}(i,j)=\begin{pmatrix}1 &&&&&&&&&&\\ &\ddots&&&&&&&&&\\ &&1&&&&&&&&\\ &&&0&\cdots&\cdots&\cdots&1&\cdots&\cdots&\cdots\\ &&&\vdots&1&&&\vdots&&&\\ &&&\vdots&&\ddots&&\vdots&&&\\ &&&\vdots&&&1&\vdots&&&\\ &&&1&\cdots&\cdots&\cdots&0&\cdots&\cdots&\cdots\\ &&&&&&&&1&&\\ &&&&&&&&&\ddots&\\ &&&&&&&&&&1\end{pmatrix}\begin{matrix}\\ \\ \\ i\text{行}\\ \\ \\ \\ j\text{行}\\ \\ \\ \\ \end{matrix}$$

(2) $\boldsymbol{E} \overset{r_i \times k}{\sim} \boldsymbol{P}(i(k))$,或者 $\boldsymbol{E} \overset{c_i \times k}{\sim} \boldsymbol{P}(i(k))$,$(k \neq 0)$,即

$$\boldsymbol{P}(i(k)) = \begin{pmatrix} 1 & & & & & \\ & \ddots & & & & \\ & & 1 & & & \\ & & & k & \cdots & \cdots & \cdots \\ & & & & 1 & & \\ & & & & & \ddots & \\ & & & & & & 1 \end{pmatrix} i\text{行}$$

(3) $\boldsymbol{E} \overset{r_j + kr_i}{\sim} \boldsymbol{P}(i(k),j)$,或者 $\boldsymbol{E} \overset{c_i + kc_j}{\sim} \boldsymbol{P}(i(k),j)$,即

$$\boldsymbol{P}(i(k),j) = \begin{pmatrix} 1 & & & & & & \\ & \ddots & & & & & \\ & & 1 & \cdots & \cdots & \cdots & \cdots \\ & & \vdots & \ddots & & & \\ & & k & \cdots & 1 & \cdots & \cdots \\ & & & & & \ddots & \\ & & & & & & 1 \end{pmatrix} \begin{matrix} \\ \\ i\text{行} \\ \\ j\text{行} \\ \\ \\ \end{matrix}$$

易知三种初等矩阵均可逆,且它们的逆矩阵

$$\boldsymbol{P}^{-1}(i,j) = \boldsymbol{P}(i,j)$$

$$\boldsymbol{P}^{-1}(i(k)) = \boldsymbol{P}\left(i\left(\frac{1}{k}\right)\right)$$

$$\boldsymbol{P}^{-1}(i(k),j) = \boldsymbol{P}(i(-k),j)$$

也是同种初等变换。

2.5.3 初等变换与逆矩阵

上面引入的初等矩阵,将会看到其重要作用是,要对矩阵 $\boldsymbol{A}$ 施行某种初等行(或列)变换,可以通过用同种初等矩阵左乘(或右乘)该矩阵 $\boldsymbol{A}$ 来实现。首先看对 $\boldsymbol{A}$ 施行初等行变换的情况。

设矩阵 $\boldsymbol{A} = (a_{ij})_{m \times n}$,则

$$\boldsymbol{P}(i,j)\boldsymbol{A} = \begin{matrix} \\ \\ \\ i\text{行} \\ \\ \\ \\ j\text{行} \\ \\ \\ \\ \end{matrix} \begin{pmatrix} 1 & & & & & & & & & & \\ & \ddots & & & & & & & & & \\ & & 1 & & & & & & & & \\ & & & 0 & \cdots & \cdots & \cdots & 1 & \cdots & \cdots & \cdots \\ & & & \vdots & 1 & & & \vdots & & & \\ & & & \vdots & & \ddots & & \vdots & & & \\ & & & \vdots & & & 1 & \vdots & & & \\ & & & 1 & \cdots & \cdots & \cdots & 0 & \cdots & \cdots & \cdots \\ & & & & & & & & 1 & & \\ & & & & & & & & & \ddots & \\ & & & & & & & & & & 1 \end{pmatrix} \begin{pmatrix} a_{11} & a_{12} & \cdots & a_{1n} \\ \vdots & & & \\ a_{i1} & a_{i2} & \cdots & a_{in} \\ \vdots & & & \\ a_{j1} & a_{j2} & \cdots & a_{jn} \\ \vdots & & & \\ a_{m1} & a_{m2} & \cdots & a_{mn} \end{pmatrix}$$

$$
= \begin{pmatrix} a_{11} & a_{12} & \cdots & a_{1n} \\ \vdots & & & \\ a_{j1} & a_{j2} & \cdots & a_{jn} \\ \vdots & & & \\ a_{i1} & a_{i2} & \cdots & a_{in} \\ \vdots & & & \\ a_{m1} & a_{m2} & \cdots & a_{mn} \end{pmatrix}
$$

$$
\boldsymbol{P}(i(k))\boldsymbol{A} = \begin{pmatrix} 1 & & & & & \\ & \ddots & & & & \\ & & 1 & & & \\ & & & k & \cdots & \cdots & \cdots \\ & & & & 1 & & \\ & & & & & \ddots & \\ & & & & & & 1 \end{pmatrix} \begin{pmatrix} a_{11} & a_{12} & \cdots & a_{1n} \\ \vdots & & & \vdots \\ a_{i1} & a_{i2} & \cdots & a_{in} \\ \vdots & & & \vdots \\ a_{m1} & a_{m2} & \cdots & a_{mn} \end{pmatrix}
$$

$$
= \begin{pmatrix} ka_{11} & ka_{12} & \cdots & ka_{1n} \\ \vdots & & & \vdots \\ ka_{i1} & ka_{i2} & \cdots & ka_{in} \\ \vdots & & & \vdots \\ ka_{m1} & ka_{m2} & \cdots & ka_{mn} \end{pmatrix}
$$

$$
\boldsymbol{P}(i(k),j)\boldsymbol{A} = \begin{pmatrix} 1 & & & & & & \\ & \ddots & & & & & \\ & & 1 & & & & \\ & & \vdots & \ddots & & & \\ & & k & \cdots & 1 & \cdots & \cdots \\ & & & & & \ddots & \\ & & & & & & 1 \end{pmatrix} \begin{pmatrix} a_{11} & a_{12} & \cdots & a_{1n} \\ \vdots & & & \vdots \\ a_{i1} & a_{i2} & \cdots & a_{in} \\ \vdots & & & \vdots \\ a_{j1} & a_{j2} & \cdots & a_{jn} \\ \vdots & & & \vdots \\ a_{m1} & a_{m2} & \cdots & a_{mn} \end{pmatrix}
$$

$$
= \begin{pmatrix} a_{11} & a_{12} & \cdots & a_{1n} \\ \vdots & & & \vdots \\ a_{i1} & a_{i2} & \cdots & a_{in} \\ \vdots & & & \vdots \\ ka_{i1} + a_{j1} & ka_{i2} + a_{j2} & \cdots & ka_{in} + a_{jn} \\ \vdots & & & \vdots \\ a_{m1} & a_{m2} & \cdots & a_{mn} \end{pmatrix}
$$

由上面矩阵乘法的运算结果就可清楚地看出，交换矩阵 $\boldsymbol{A}$ 的第 i 行与第 j 行，相当于

用初等矩阵 $\boldsymbol{P}_m(i,j)$ 左乘以 $\boldsymbol{A}$；

以非零数 k 乘以矩阵 $\boldsymbol{A}$ 的第 i 行，相当于用初等矩阵 $\boldsymbol{P}_m(i(k))$ 左乘以 $\boldsymbol{A}$；

以数 k 乘以矩阵 $\boldsymbol{A}$ 的第 i 行加到第 j 行上，相当于用 $\boldsymbol{P}_m(i(k),j)$ 左乘以 $\boldsymbol{A}$。

对 $\boldsymbol{A}$ 施行列变换也有类似结果。

定理 3 设有矩阵 $\boldsymbol{A}=(a_{ij})_{m\times n}$，则

(1) 对 $\boldsymbol{A}_{m\times n}$ 进行一次初等行变换，相当于用同种的 m 阶初等矩阵 $\boldsymbol{P}_m$ 左乘以 $\boldsymbol{A}_{m\times n}$，即 $\boldsymbol{P}_m\boldsymbol{A}_{m\times n}$；

(2) 对 $\boldsymbol{A}_{m\times n}$ 进行一次初等列变换，相当于用同种的 n 阶初等矩阵 $\boldsymbol{P}_n$ 右乘以 $\boldsymbol{A}_{m\times n}$，即 $\boldsymbol{A}_{m\times n}\boldsymbol{P}_n$；

推论 矩阵 $\boldsymbol{A}_{m\times n}$ 经过一系列的初等变换化为矩阵 $\boldsymbol{B}_{m\times n}$，相当于用一系列的初等矩阵 $\boldsymbol{P}_i(i=1,2,\cdots,s)$，$\boldsymbol{Q}(j=1,2,\cdots,t)$ 左乘或右乘以 $\boldsymbol{A}$ 等于 $\boldsymbol{B}$。

即

$$\boldsymbol{B}_{m\times n}=\boldsymbol{P}_1\boldsymbol{P}_2\cdots\boldsymbol{P}_s\boldsymbol{A}_{m\times n}\boldsymbol{Q}_1\boldsymbol{Q}_2\cdots\boldsymbol{Q}_t$$

定理 4 n 阶方阵 $\boldsymbol{A}_n=(a_{ij})_{n\times n}$ 可逆的充要条件是 $\boldsymbol{A}_n$ 行等价于单位矩阵 $\boldsymbol{E}_n$。

证 (充分性)可立即得证。

(必要性)因为 $\boldsymbol{A}_n=(a_{ij})_{n\times n}$ 可逆，所以 $|\boldsymbol{A}_n|\neq 0$，由此 $\boldsymbol{A}_n$ 的第一列至少有一个非零元素，经过有限次初等行变换可以化为

$$\boldsymbol{B}_n=\begin{pmatrix} 1 & * & \cdots & * \\ 0 & & & \\ \vdots & & \boldsymbol{A}_{n-1} & \\ 0 & & & \end{pmatrix}$$

其中 * 表示矩阵 $\boldsymbol{B}_n$ 的元素，$\boldsymbol{A}_{n-1}$ 为 $n-1$ 阶方阵。由行列式的性质易知

$$|\boldsymbol{A}_{n-1}|=|\boldsymbol{A}_n|\neq 0$$

在 $\boldsymbol{A}_{n-1}$ 的第一列中至少有一个非零元素，对 $\boldsymbol{B}_n$ 再施以有限次初等行变换又可化为

$$\boldsymbol{C}_n=\begin{pmatrix} 1 & 0 & * & \cdots & * \\ 0 & 1 & * & \cdots & * \\ 0 & 0 & & & \\ \vdots & \vdots & & \boldsymbol{A}_{n-2} & \\ 0 & 0 & & & \end{pmatrix}$$

以此类推，矩阵 $\boldsymbol{A}_n=(a_{ij})_{n\times n}$ 可经过一系列初等行变换化为单位矩阵 $\boldsymbol{E}_n$，即 $\boldsymbol{A}_n=(a_{ij})_{n\times n}$ 行等价于单位矩阵 $\boldsymbol{E}_n$，亦即

$$\boldsymbol{A}_n\overset{r}{\sim}\boldsymbol{B}_n\overset{r}{\sim}\boldsymbol{C}_n\overset{r}{\sim}\cdots\overset{r}{\sim}\boldsymbol{E}_n$$

注 定理 4 也可简捷地表述为：$\boldsymbol{A}_n$ 可逆 $\Leftrightarrow\boldsymbol{A}_n\overset{r}{\sim}\boldsymbol{E}_n\Leftrightarrow$ 存在 s 个初等矩阵 $\boldsymbol{P}_1,\boldsymbol{P}_2,\cdots,\boldsymbol{P}_s$，使

$$P_1,P_2,\cdots,P_sA_n=E_n$$

即

$$P_1,P_2,\cdots,P_sE_n=A_n^{-1}$$

根据分块矩阵的乘法,上述两式可合并为

$$P_1,P_2,\cdots,P_s(A_n,E_n)=(E_n,A_n^{-1})$$

其中(A_n,E_n)和(E_n,A_n^{-1})都是$n\times 2n$阶的分块矩阵。

上式恰好就是要寻求的逆阵的初等变换求法:也就是将A_n和E_n拼成分块矩阵(A_n,E_n),并对其施行一系列初等行变换,当左子块A_n变成E_n时,右子块E_n就变成了A_n^{-1}。

例2-18 利用初等变换法求矩阵

$$A=\begin{pmatrix}1&0&1\\-1&1&1\\2&-1&1\end{pmatrix}$$

的逆矩阵。

解

因为 $$(A,E)=\begin{pmatrix}1&0&1&1&0&0\\-1&1&1&0&1&0\\2&-1&1&0&0&1\end{pmatrix}\overset{r_2+r_1}{\underset{r_3-2r_1}{\sim}}\begin{pmatrix}1&0&1&1&0&0\\0&1&2&1&1&0\\0&-1&-1&-2&0&1\end{pmatrix}$$

$$\overset{r_3+r_2}{\sim}\begin{pmatrix}1&0&1&1&0&0\\0&1&2&1&1&0\\0&0&1&-1&1&1\end{pmatrix}\overset{r_1-r_3}{\underset{r_2-2r_3}{\sim}}\begin{pmatrix}1&0&0&2&-1&-1\\0&1&0&3&-1&-2\\0&0&1&-1&1&1\end{pmatrix}$$

$$=(E_n,A_n^{-1})$$

所以

$$A^{-1}=\begin{pmatrix}2&-1&-1\\3&-1&-2\\-1&1&1\end{pmatrix}$$

事实上,从上述利用初等行变换求逆矩阵的过程可以看出矩阵的逆矩阵是否存在,不必先行判定,或者说,上述过程也可用于判定矩阵是否可逆。

例2-19 判断矩阵

$$A=\begin{pmatrix}1&1&-1&1\\2&3&1&4\\-1&0&4&1\\1&2&3&4\end{pmatrix}$$

的逆矩阵是否存在。若A可逆,求其逆矩阵。

解 因为

$$(\boldsymbol{A},\boldsymbol{E})=\begin{pmatrix}1&1&-1&1&1&0&0&0\\2&3&1&4&0&1&0&0\\-1&0&4&1&0&0&1&0\\1&2&3&4&0&0&0&1\end{pmatrix}\overset{r_2-2r_1}{\underset{r_4-r_1}{\overset{r_3-r_1}{\sim}}}\begin{pmatrix}1&1&-1&1&1&0&0&0\\0&1&3&2&-2&1&0&0\\0&1&3&2&1&0&1&0\\0&1&4&3&-1&0&0&1\end{pmatrix}$$

由于

$$\begin{vmatrix}1&1&-1&1\\0&1&3&2\\0&1&3&2\\0&1&4&3\end{vmatrix}=0$$

所以$|\boldsymbol{A}|=0$,故矩阵$\boldsymbol{A}$不可逆。

2.5.4 初等变换与矩阵的秩

定理5 设$\boldsymbol{A}\overset{r}{\sim}\boldsymbol{B}$,或$A\overset{c}{\sim}\boldsymbol{B}$,或$\boldsymbol{A}\sim\boldsymbol{B}$,则 $R(\boldsymbol{A})=R(\boldsymbol{B})$。

证 只须对三种变换分别证明即可。为此设$R(\boldsymbol{A})=r$。

(1) 设矩阵$\boldsymbol{A}$的i行与j列交换后得到矩阵$\boldsymbol{B}$。

因为交换行列式的两行,行列式仅改变正负号,所以$\boldsymbol{B}$的各阶子式与$\boldsymbol{A}$的子式或者相等到,或者仅改变正负号,故$R(\boldsymbol{A})=R(\boldsymbol{B})$。

(2) 设以数$k\neq0$乘以矩阵$\boldsymbol{A}$的某行得到矩阵$\boldsymbol{B}$,因为$\boldsymbol{B}$的各阶子式与$\boldsymbol{A}$的子式或者相等,或者相差k倍,故$R(\boldsymbol{A})=R(\boldsymbol{B})$。

(3) 设以数k乘以矩阵$\boldsymbol{A}$的i行加到j行上得到矩阵$\boldsymbol{B}$,首先证明$R(\boldsymbol{B})\leqslant R(\boldsymbol{A})$。

设$\boldsymbol{B}$的$r+1$阶子式为$\boldsymbol{B}_1$。若$\boldsymbol{B}_1$与$\boldsymbol{A}$的$r+1$阶子式$\boldsymbol{A}_1$相等,故$\boldsymbol{B}_1=0$;若$\boldsymbol{B}_1$含$\boldsymbol{B}$的j和但不含$\boldsymbol{B}$的i行,由行列式性质知,$\boldsymbol{B}_1$与A的$r+1$阶子式$\boldsymbol{A}_1$相等,故$\boldsymbol{B}_1=0$;若$\boldsymbol{B}_1$含$\boldsymbol{B}$的j行但不含$\boldsymbol{B}$的i行,由行列式性质有$\boldsymbol{B}_1=\boldsymbol{A}_1+k\boldsymbol{A}_2$,其中$\boldsymbol{A}_1$和$\boldsymbol{A}_2$都是$\boldsymbol{A}$的$r+1$阶子式,因此$\boldsymbol{B}_1=0$,于是有$R(\boldsymbol{B})\leqslant R(\boldsymbol{A})$。

再证$R(A)\leqslant R(\boldsymbol{B})$。

以$-k$乘以$\boldsymbol{B}$的i行加到j行上得到矩阵$\boldsymbol{A}$,由上面证明知

$$R(\boldsymbol{A})\leqslant R(\boldsymbol{B})$$

由上述两式得

$$R(\boldsymbol{A})=R(\boldsymbol{B})=r$$

同理可证对矩阵进行初等列变换也不改变矩阵的秩,所以对矩阵进行初等变换不改变矩阵的秩。

由定理5知,当一个矩阵的秩不易求出时,可将这个矩阵进行适当次数的初等行变换,简化求矩阵秩的运算。例如,易知一个行阶梯形矩阵的秩就是它的非零行数。因此,对一矩阵$\boldsymbol{A}$,可经有限次初等行变换变成它的行阶梯形而求出它的秩。这是求矩阵秩的有效方法,通常称为矩阵秩的初等变换求法。

例 2-20 求矩阵 $\boldsymbol{A}$ 的秩，其中

$$\boldsymbol{A}=\begin{pmatrix}1&1&1&0&1&1&2&0\\1&1&1&1&0&1&1&0\\2&2&2&1&1&2&3&1\\3&3&3&2&1&3&4&1\end{pmatrix}$$

的秩。

解

$$\boldsymbol{A}\overset{\substack{r_2+(-1)r_1\\r_3+(-2)r_1\\r_4+(-3)r_1}}{\sim}\begin{pmatrix}1&1&1&0&1&1&2&0\\0&0&0&1&-1&0&-1&0\\0&0&0&1&-1&0&-1&1\\0&0&0&2&-2&0&-2&1\end{pmatrix}$$

$$\overset{\substack{r_3+(-1)r_2\\r_4+(-2)r_2}}{\sim}\begin{pmatrix}1&1&1&0&1&1&2&0\\0&0&0&1&-1&0&-1&0\\0&0&0&0&0&0&0&1\\0&0&0&0&0&0&0&1\end{pmatrix}$$

$$\overset{r_4+(-1)r_3}{\sim}\begin{pmatrix}1&1&1&0&1&1&2&0\\0&0&0&1&-1&0&-1&0\\0&0&0&0&0&0&0&1\\0&0&0&0&0&0&0&0\end{pmatrix}=\boldsymbol{B}_1$$

$\boldsymbol{B}_1$ 是有三个非零行的阶梯形矩阵，所以 $R(\boldsymbol{B}_1)=3$，从而 $R(\boldsymbol{A})=3$。

这里顺便指出，如果一个行阶梯形矩阵的非零行的首非零元为 1，且 1 所在的列的其余元均为 0，则称其为行最简形矩阵。如果行最简形矩阵的元素 1 紧排在矩阵的左上角且其余元素均为 0，则称为标准形矩阵，如下例。

例 2-21 在例 2-20 中继续对 $\boldsymbol{A}$ 的行阶梯形 $\boldsymbol{B}_1$ 进行初等行变换就可变为它的行最简形：

$$\boldsymbol{B}_1\overset{\substack{c_2\leftrightarrow c_4\\c_3\leftrightarrow c_8}}{\sim}\begin{pmatrix}1&0&0&1&1&1&2&1\\0&1&0&0&-1&0&-1&0\\0&0&1&0&0&0&0&0\\0&0&0&0&0&0&0&0\end{pmatrix}=\boldsymbol{B}_2\text{（为行最简形）}$$

$$\overset{c}{\sim}\begin{pmatrix}1&0&0&0&0&0&0&0\\0&1&0&0&0&0&0&0\\0&0&1&0&0&0&0&0\\0&0&0&0&0&0&0&0\end{pmatrix}=\boldsymbol{F}$$

$\boldsymbol{F}$ 就是 $\boldsymbol{A}$ 的标准形，其中元素 1 的个数为 $R(\boldsymbol{A})$。

习 题

1. 已知

$$A=\begin{pmatrix}4 & y & 3\\ x_1-x_2 & 1 & z\end{pmatrix},\quad B=\begin{pmatrix}4 & 2 & x_1+x_2\\ 2 & 1 & 0\end{pmatrix},$$

若 $A=B$，求 x_1,x_2,y,z。

2. 计算：

(1) $\begin{pmatrix}1 & 3\\ -2 & 0\end{pmatrix}+\begin{pmatrix}2 & -3\\ 1 & 1\end{pmatrix}$

(2) $3\begin{pmatrix}1 & 3\\ -1 & 1\end{pmatrix}$

(3) $2\begin{pmatrix}1 & 2\\ 0 & -1\end{pmatrix}+\sqrt{2}\begin{pmatrix}0 & 0\\ 1 & 0\end{pmatrix}-2\begin{pmatrix}\frac{1}{2} & 1\\ 0 & -1\end{pmatrix}$

(4) $\begin{pmatrix}1 & 2 & 3 & 4\\ 0 & 2 & -1 & 1\\ 1 & -1 & 2 & 5\end{pmatrix}+\frac{1}{2}\begin{pmatrix}2 & 1 & 4 & 10\\ 0 & -1 & 2 & 0\\ 0 & 2 & 3 & -2\end{pmatrix}$

3. 设

$$A=\begin{pmatrix}1 & 2 & 3 & 4\\ 0 & -1 & 5 & 2\\ 2 & 3 & 1 & 0\end{pmatrix},\quad B=\begin{pmatrix}0 & 2 & 1 & 3\\ 4 & 1 & 0 & 2\\ 0 & -3 & 2 & 5\end{pmatrix}$$

求 $A+B,2A+3B$。

4. 设

$$A=\begin{pmatrix}1 & 1 & 1\\ 1 & 1 & -1\\ 1 & -1 & 1\end{pmatrix},\quad B=\begin{pmatrix}1 & 2 & 3\\ -1 & -2 & 4\\ 0 & 5 & 1\end{pmatrix}$$

求 $3A+2B-6A^{\mathrm{T}}$。

5. 设

$$A=\begin{pmatrix}2 & 1 & 2 & 1\\ 1 & 2 & 1 & 2\\ 4 & 3 & 2 & 1\end{pmatrix},\quad B=\begin{pmatrix}1 & 2 & 3 & 4\\ 1 & -2 & 1 & -2\\ -1 & 0 & -1 & 0\end{pmatrix}$$

求矩阵 X，使 $2(A-X)+(2B-X)=0$。

6. 计算：

(1) $\begin{pmatrix}1 & 2 & 0\\ 1 & -1 & 1\end{pmatrix}\begin{pmatrix}1 & 3\\ 0 & 1\\ 1 & -1\end{pmatrix}$

(2) $\begin{pmatrix}2 & 0\\ 0 & 1\end{pmatrix}\begin{pmatrix}-1 & 0\\ 1 & 1\end{pmatrix}$

(3) $\begin{pmatrix}0 & 1 & -1 & 3\\ -1 & 2 & 1 & 0\end{pmatrix}\begin{pmatrix}1 & 1\\ -1 & 4\\ 3 & 0\\ 1 & 2\end{pmatrix}$

(4) $\begin{pmatrix}2 & 1 & -2\\ 1 & 0 & 4\\ -3 & 1 & 0\\ 0 & 1 & 1\end{pmatrix}\begin{pmatrix}3 & 1 & 0\\ 0 & 0 & 1\\ -1 & 2 & 0\end{pmatrix}$

(5) $(x,y)\begin{pmatrix}a_{11} & a_{12}\\ a_{21} & a_{22}\end{pmatrix}\begin{pmatrix}x\\ y\end{pmatrix}$

(6) $\begin{pmatrix}1 & 0\\ \lambda & 1\end{pmatrix}^{10}$

(7) $\begin{pmatrix}\cos\varphi & \sin\varphi\\ -\sin\varphi & \cos\varphi\end{pmatrix}^{k}$（$k$ 为正整数）

(8) $\begin{pmatrix}a_1 & 0 & 0\\ 0 & a_2 & 0\\ 0 & 0 & a_3\end{pmatrix}^{5}\begin{pmatrix}0 & 1 & 0\\ 0 & 0 & 1\\ 0 & 0 & 0\end{pmatrix}^{3}$

7. 其工厂研究了三种方法，生产甲、乙、丙三种产品，每种生产方法的每种产品数量用如下矩阵表示：

$$\begin{matrix} & \text{甲} & \text{乙} & \text{丙} & \\ \boldsymbol{A}= & \left(\begin{matrix}2\\1\\2\end{matrix}\right. & \begin{matrix}3\\2\\4\end{matrix} & \left.\begin{matrix}4\\3\\1\end{matrix}\right) & \begin{matrix}\text{方法一}\\ \text{方法二}\\ \text{方法三}\end{matrix}\end{matrix}$$

若甲、乙、丙各种产品每单位利润分别为 10 元、8 元、7 元，试有矩阵的乘法求出以何种方法获利最多。

8. 设

$$\boldsymbol{A}=\begin{pmatrix}1 & 2 & -1\\ 2 & 3 & 0\\ -1 & 2 & 2\end{pmatrix},\quad \boldsymbol{B}=\begin{pmatrix}0 & 2 & -1\\ 1 & -1 & -1\\ 2 & 0 & 3\end{pmatrix}$$

计算(1) $\boldsymbol{A}^{\mathrm{T}}+\boldsymbol{B}^{\mathrm{T}}$；

(2) $(\boldsymbol{AB})^{\mathrm{T}}$；

(3) $\boldsymbol{B}^{\mathrm{T}}\boldsymbol{A}^{\mathrm{T}}$。

9. 若$\boldsymbol{AB}=\boldsymbol{BA}$,求证:$(\boldsymbol{AB})^{k}=(\boldsymbol{BA})^{k}$,$k$是一个正整数。举例说明若$\boldsymbol{AB}\neq\boldsymbol{BA}$,则$(\boldsymbol{AB})^{2}\neq\boldsymbol{A}^{2}\boldsymbol{B}^{2}$。

10. 若$\boldsymbol{AB}=\boldsymbol{BA}$,求证:$(\boldsymbol{A}+\boldsymbol{B})^{2}\neq\boldsymbol{A}^{2}+\boldsymbol{B}^{2}+2\boldsymbol{AB}$,举例说明若$\boldsymbol{AB}\neq\boldsymbol{BA}$,上式一般不成立。

11. 试证:上三角矩阵的和、差、数乘及乘积仍是上三角矩阵(对下三角矩阵也有同样结论)。

12. 求证:$(\boldsymbol{ABC})^{\mathrm{T}}=\boldsymbol{C}^{\mathrm{T}}\boldsymbol{B}^{\mathrm{T}}\boldsymbol{A}^{\mathrm{T}}$。

13. 设

$$\boldsymbol{A}=\begin{pmatrix}-1 & 3 & 2\\ 0 & 2 & 4\\ 0 & 0 & 5\end{pmatrix},\quad \boldsymbol{B}=\begin{pmatrix}2 & 5 & 3\\ 0 & 4 & 1\\ 0 & 0 & 1\end{pmatrix}$$

求$|\boldsymbol{AB}^{\mathrm{T}}|$,$|\boldsymbol{A}+\boldsymbol{B}|$,$|3\boldsymbol{A}|$。

14. 若n阶矩阵$\boldsymbol{A}$和$\boldsymbol{B}$都可逆,问:$\boldsymbol{A}+\boldsymbol{B}$可逆吗?

15. 若n阶矩阵$\boldsymbol{A}$可逆,问:$k\boldsymbol{A}$何时可逆,求它的逆矩阵。

16. 设

$$\boldsymbol{A}=\begin{pmatrix}a & b\\ c & d\end{pmatrix}$$

问:满足什么条件$\boldsymbol{A}$可逆,并且求$\boldsymbol{A}^{-1}$。

17. 判定是否可逆,如果可逆,求下列矩阵的逆矩阵:

(1) $\begin{pmatrix}1 & 2\\ 3 & 4\end{pmatrix}$

(2) $\begin{pmatrix}1 & 1 & 1 & 1\\ 1 & 1 & -1 & -1\\ 1 & -1 & 1 & -1\\ 1 & -1 & -1 & 1\end{pmatrix}$

(3) $\begin{pmatrix}4 & 2 & 3\\ 2 & 2 & 3\\ 7 & 2 & 3\end{pmatrix}$

(4) $\begin{pmatrix}\cos\theta & -\sin\theta\\ \sin\theta & \cos\theta\end{pmatrix}$

(5) $\begin{pmatrix}1 & 2 & 3 & 4\\ 0 & 1 & 2 & 3\\ 0 & 0 & 1 & 2\\ 0 & 0 & 0 & 1\end{pmatrix}$

(6) $\begin{pmatrix} a_{11} & 0 & \cdots & 0 \\ 0 & a_{22} & \cdots & 0 \\ \vdots & \vdots & & \vdots \\ 0 & 0 & \cdots & a_{nn} \end{pmatrix}(a_{ij} \neq 0, i=1,2,\cdots,n)$

18. 解下列矩阵方程：

(1) $\begin{pmatrix} 2 & 5 \\ 5 & 3 \end{pmatrix} \boldsymbol{X} = \begin{pmatrix} 4 & -6 \\ 2 & 1 \end{pmatrix}$

(2) $\boldsymbol{X} \begin{pmatrix} 2 & 1 & -1 \\ 2 & 1 & 0 \\ 1 & -1 & 1 \end{pmatrix} = \begin{pmatrix} 1 & -1 & 3 \\ 4 & 3 & 2 \end{pmatrix}$

(3) $\begin{pmatrix} 0 & 1 & 0 \\ 1 & 0 & 0 \\ 0 & 0 & 1 \end{pmatrix} \boldsymbol{X} \begin{pmatrix} 1 & 0 & 0 \\ 0 & 0 & 1 \\ 0 & 1 & 0 \end{pmatrix} = \begin{pmatrix} 1 & -4 & 3 \\ 2 & 0 & -1 \\ 1 & -2 & 0 \end{pmatrix}$

19. 利用逆矩阵解下列方程组：

(1) $\begin{pmatrix} 2 & -1 & 1 \\ 3 & 2 & 0 \\ 1 & 6 & -2 \end{pmatrix} \begin{pmatrix} x_1 \\ x_2 \\ x_3 \end{pmatrix} = \begin{pmatrix} 1 \\ 2 \\ 3 \end{pmatrix}$

(2) $\begin{cases} x_1 - x_2 - x_3 = 2 \\ 2x_1 - x_2 - 3x_3 = 1 \\ 3x_1 + 2x_2 - 5x_3 = 0 \end{cases}$

20. 设方阵 A 满足 $\boldsymbol{A}^2 + 2\boldsymbol{A} - 5\boldsymbol{E} = \boldsymbol{0}$，证明 $\boldsymbol{A} + 3\boldsymbol{E}$ 可逆，并求其逆矩阵。

21. 已知对给定方阵 $\boldsymbol{A}$，存在正整数 k，成立 $\boldsymbol{A}^k = \boldsymbol{0}$，试证 $\boldsymbol{E} - \boldsymbol{A}$ 可逆，并指出 $(\boldsymbol{E} - \boldsymbol{A})^{-1}$ 的表达式。

22. 设 $\boldsymbol{A}$ 为三阶方阵，$|\boldsymbol{A}| = \frac{1}{2}$，求 $|(2\boldsymbol{A})^{-1} - 5\boldsymbol{A}^*|$。

23. 设三阶矩阵 $\boldsymbol{A}, \boldsymbol{B}$ 满足关系：$\boldsymbol{A}^{-1}\boldsymbol{B}\boldsymbol{A} = 6\boldsymbol{A} + \boldsymbol{B}\boldsymbol{A}$，且

$$\boldsymbol{A} = \begin{pmatrix} \frac{1}{2} & 0 & 0 \\ 0 & \frac{1}{4} & 0 \\ 0 & 0 & \frac{1}{7} \end{pmatrix}$$

求 $\boldsymbol{B}$。

24. 设 $\boldsymbol{A}$、$\boldsymbol{B}$ 和 $\boldsymbol{A} + \boldsymbol{B}$ 均可逆，证明 $\boldsymbol{A}^{-1} + \boldsymbol{B}^{-1}$ 也可逆，并求其逆矩阵。

25. 计算分块矩阵的乘法：

(1) $\left(\begin{array}{cc|ccc} 1 & 0 & 1 & 2 & -1 \\ 0 & 1 & 3 & 2 & -2 \\ \hline -1 & 4 & 0 & 0 & 0 \\ 0 & 2 & 0 & 0 & 0 \end{array}\right)\left(\begin{array}{cc|cc} 2 & -3 & 0 & 0 \\ 0 & -2 & 0 & 0 \\ \hline 1 & 0 & 5 & -1 \\ 1 & 1 & 0 & 2 \\ 0 & 0 & 3 & 0 \end{array}\right)$

(2) $\left(\begin{array}{cc|cc} 1 & 0 & 0 & 1 \\ 0 & 1 & 1 & 0 \\ \hline 0 & -1 & 1 & 0 \\ -1 & 0 & 0 & 1 \end{array}\right)\left(\begin{array}{cc|cc} 0 & 1 & 0 & -1 \\ 0 & 0 & -1 & 0 \\ \hline 0 & 0 & 0 & 1 \\ 1 & 0 & 0 & 1 \end{array}\right)$

(3) $\left(\begin{array}{cc|cc} 0 & 1 & 2 & 2 \\ 0 & 0 & 0 & 1 \\ \hline 1 & -3 & 1 & 0 \\ 0 & 1 & 0 & 1 \end{array}\right)^2$

26. 写出下列分块矩阵的积：

(1) $\begin{pmatrix} \boldsymbol{A}_1 & \boldsymbol{0} \\ 0 & \boldsymbol{A}_2 \end{pmatrix}\begin{pmatrix} \boldsymbol{B}_{11} & \boldsymbol{B}_{12} \\ \boldsymbol{B}_{21} & \boldsymbol{B}_{22} \end{pmatrix}$

(2) $\begin{pmatrix} \boldsymbol{A}_{11} & \boldsymbol{A}_{12} & \boldsymbol{A}_{13} \\ \boldsymbol{0} & \boldsymbol{A}_{22} & \boldsymbol{A}_{23} \\ \boldsymbol{0} & \boldsymbol{0} & \boldsymbol{A}_{33} \end{pmatrix}\begin{pmatrix} \boldsymbol{B}_{11} & \boldsymbol{B}_{12} & \boldsymbol{B}_{13} \\ \boldsymbol{0} & \boldsymbol{B}_{22} & \boldsymbol{B}_{23} \\ \boldsymbol{0} & \boldsymbol{0} & \boldsymbol{B}_{33} \end{pmatrix}$

在上述乘积中都假定符合分块矩阵的乘法条件。

27. 设 $\boldsymbol{A} = \begin{pmatrix} 3 & 4 & & \\ 4 & -3 & & \boldsymbol{0} \\ & & 2 & 0 \\ & \boldsymbol{0} & 2 & 2 \end{pmatrix}$，求 $|\boldsymbol{A}^8|$、$\boldsymbol{A}^4$。

28. 设矩阵 $\boldsymbol{A}$ 和 $\boldsymbol{B}$ 均可逆，求分块矩阵 $\begin{pmatrix} \boldsymbol{0} & \boldsymbol{A} \\ \boldsymbol{B} & \boldsymbol{0} \end{pmatrix}^{-1}$，并利用所得结果求矩阵 $\begin{pmatrix} 0 & 0 & 5 & 2 \\ 0 & 0 & 2 & 1 \\ 8 & 3 & 0 & 0 \\ 5 & 2 & 0 & 0 \end{pmatrix}^{-1}$。

29. 将矩阵 $\boldsymbol{A} = \begin{pmatrix} 2 & -1 & 3 & 1 \\ 4 & -2 & 5 & 4 \\ -4 & 2 & -6 & -2 \\ 2 & -1 & 4 & 0 \end{pmatrix}$ 化为行阶梯形矩阵，并求矩阵 $\boldsymbol{A}$ 的一个最高阶非零子式。

30. 利用初等行变换求下列矩阵的逆矩阵：

(1) $\boldsymbol{A} = \begin{pmatrix} 3 & 2 & 1 \\ 3 & 1 & 5 \\ 3 & 2 & 3 \end{pmatrix}$

(2) $\boldsymbol{B}=\begin{pmatrix}3 & -2 & 0 & -1\\0 & 2 & 2 & 1\\1 & -2 & -3 & -2\\0 & 1 & 2 & 1\end{pmatrix}$

(3) $\boldsymbol{C}=\begin{pmatrix}1 & 0 & 0 & 0\\3 & 1 & 0 & 0\\2 & -3 & 1 & 0\\-5 & 2 & 3 & 1\end{pmatrix}$

31. 利用初等变换求矩阵的秩:

(1) $\begin{pmatrix}1 & 2\\2 & 7\end{pmatrix}$

(2) $\begin{pmatrix}1 & 2 & 3 & 4\\1 & -2 & 4 & 5\\1 & 10 & 1 & 2\end{pmatrix}$

(3) $\begin{pmatrix}3 & 2 & -1 & -3 & -1\\2 & -1 & 3 & 1 & -3\\7 & 0 & 5 & -1 & -8\end{pmatrix}$

(4) $\begin{pmatrix}3 & 1 & 0 & 2\\1 & -1 & 2 & -1\\1 & 3 & -4 & 4\end{pmatrix}$

(5) $\begin{pmatrix}1 & 1 & 2 & 2 & 1\\0 & 2 & 1 & 5 & -1\\2 & 0 & 3 & -1 & 3\\1 & 1 & 0 & 4 & -1\end{pmatrix}$

(6) $\begin{pmatrix}1 & -2 & -1 & 0 & 2\\-2 & 4 & 2 & 6 & -6\\2 & -1 & 0 & 2 & 3\\3 & 3 & 3 & 3 & 4\end{pmatrix}$

(7) $\begin{pmatrix}3 & 2 & -1 & 2 & 0 & 1\\4 & 1 & 0 & -3 & 0 & 2\\2 & -1 & -2 & 1 & 1 & -3\\3 & 1 & 3 & -9 & -1 & 6\\3 & -1 & 5 & 7 & 2 & -7\end{pmatrix}$

(8) $\begin{pmatrix}1 & 0 & 0 & 1\\3 & -1 & 0 & 3\\1 & 2 & 0 & -1\\1 & 4 & 5 & 7\end{pmatrix}$

(9) $\begin{pmatrix} 2 & 4 & 1 & 3 & -1 \\ 1 & 2 & -1 & 0 & 2 \\ 3 & 6 & 3 & 6 & a \end{pmatrix}$

32. 设 $a_i \neq 0(i=1,2,\cdots,n)$,求下列矩阵的逆矩阵:

(1) $\boldsymbol{A}=\begin{pmatrix} a_1 & 0 & \cdots & 0 \\ 0 & a_2 & \cdots & 0 \\ \vdots & \vdots & & \vdots \\ 0 & 0 & \cdots & a_n \end{pmatrix}$

(2) $B=\begin{pmatrix} 0 & a_2 & 0 & \cdots & 0 \\ 0 & 0 & a_3 & \cdots & 0 \\ \vdots & \vdots & & & \vdots \\ 0 & 0 & 0 & \cdots & a_{n-1} \\ a_n & 0 & 0 & \cdots & 0 \end{pmatrix}$

33. 设

$$\boldsymbol{A}=\begin{pmatrix} 0 & 10 & 6 \\ 1 & -3 & -3 \\ -2 & 10 & 8 \end{pmatrix},\boldsymbol{B}=\begin{pmatrix} 2 & 2 & 3 \\ 1 & -1 & 0 \\ -1 & 2 & 1 \end{pmatrix},\text{求 } \boldsymbol{B}^{-1}\boldsymbol{AB}。$$

34. 设 $\boldsymbol{A}$ 为 n 阶矩阵,且 $\boldsymbol{A}^2=\boldsymbol{A}$,证明 $R(\boldsymbol{A})+R(\boldsymbol{A}-\boldsymbol{E})=n$。

第 3 章　向量组的线性相关性

n 维向量及 n 维向量组的线性相关、线性无关概念是线性代数的基本概念，它与矩阵、线性方程组以及二次型的理论密切相关。本章将介绍 n 维向量及其线性运算，给出向量组线性相关性的定理，引入向量组的秩的概念，并讨论向量组与矩阵之 n 维向量间的关系。然后运用这些知识研究实 n 维向量空间。

3.1　n 维向量及其线性运算

3.1.1　n 维向量的概念

在解析几何中，讨论过二维、三维空间中的向量（既有大小又有方向的向量）、向量的加法运算及向量与数的乘法。将其推广，可以得到 n 维向量的概念及其线性运算。

定义 1　n 个有次序的数 $a_1,a_2,\cdots,a_n$ 所组成的数组

$$(a_1,a_2,\cdots,a_n)\text{或}\begin{pmatrix}a_1\\a_2\\\vdots\\a_n\end{pmatrix}$$

称为 n 维向量，其中 $a_i(i=1,2,\cdots,n)$ 称为 n 维向量的第 i 个分量或第 i 个坐标。向量中分量或坐标的个数称为向量的维数。

分量全为实数的向量称为 n 维实向量，分量是复数的向量称为 n 维复向量。今后除特别指明外，一般只讨论实向量。

例如 $(1,2,3,\cdots,n)$ 是 n 维实向量；$(1+2i,2+3i,\cdots,n+(n+1)i)$ 是 n 维复向量。

本书中，列向量用小写的黑体字母 $\boldsymbol{a},\boldsymbol{b},\boldsymbol{\alpha},\boldsymbol{\beta},\boldsymbol{\gamma},\cdots$ 或者用 $\vec{a},\vec{b},\vec{\alpha},\vec{\beta},\vec{\gamma},\cdots$ 等来表示，行向量则用 $\boldsymbol{a}^{\mathrm{T}},\boldsymbol{b}^{\mathrm{T}},\boldsymbol{\alpha}^{\mathrm{T}},\boldsymbol{\beta}^{\mathrm{T}},\boldsymbol{\gamma}^{\mathrm{T}},\cdots$ 等表示。所讨论的向量在没有指明是行向量还是列向量时，都当作列向量。

每一个分量都是 0 的向量称为 n 维零向量，记为 $\mathbf{0}_n$ 或 $\mathbf{0}$，即

$$\mathbf{0}=(0,0,\cdots,0)$$

以后，将全体 n 维实向量的集合记作 R^n。

向量 $(-a_1,-a_2,\cdots,-a_n)$ 称为向量 $\boldsymbol{\alpha}=(-a_1,-a_2,\cdots,-a_n)$ 的负向量，记为 $-\boldsymbol{\alpha}$。

在 n 维向量中，两个向量 $\boldsymbol{\alpha}=(a_1,a_2,\cdots,a_n)$，$\boldsymbol{\beta}=(b_1,b_2,\cdots,b_n)$ 相等，是指它们的各个分量对应相等，即 $a_i=b_i(i=1,2,\cdots,n)$，这时，记为 $\alpha=\boldsymbol{\beta}$。

例 3-1 利用向量运算可以将一般线性方程组

$$\begin{cases}a_{11}x_1+a_{12}x_2+\cdots+a_{1n}x_n=b_1\\a_{21}x_1+a_{22}x_2+\cdots+a_{2n}x_n=b_2\\\quad\vdots\\a_{m1}x_1+a_{m2}x_2+\cdots+a_{mn}x_n=b_m\end{cases}$$

简写成向量形式:

$$\boldsymbol{\alpha}_1x_1+\boldsymbol{\alpha}_2x_2+\cdots+\boldsymbol{\alpha}_nx_n=\boldsymbol{\beta} \tag{1}$$

其中

$$\boldsymbol{\alpha}_1=\begin{pmatrix}a_{11}\\a_{21}\\\vdots\\a_{m1}\end{pmatrix},\boldsymbol{\alpha}_2=\begin{pmatrix}a_{12}\\a_{22}\\\vdots\\a_{m2}\end{pmatrix},\cdots,\boldsymbol{\alpha}_n=\begin{pmatrix}a_{1n}\\a_{2n}\\\vdots\\a_{mn}\end{pmatrix},\boldsymbol{\beta}=\begin{pmatrix}b_1\\b_2\\\vdots\\b_m\end{pmatrix}$$

这样,就可以借助于向量讨论线性方程组。

例 3-2 确定飞机的状态(图 3-1),需要以下 6 个参数:

机身的仰角 ϕ $\left(-\frac{\pi}{2}\leqslant\phi\leqslant\frac{\pi}{2}\right)$

机翼的转角 ψ $(-\pi<\psi\leqslant\pi)$

机身的水平转角 θ $(0\leqslant\theta<2\pi)$

飞机重心在空间的位置参数 $P(x,y,z)$

所以,确定飞机的状态,需用 6 维向量 $\boldsymbol{a}=(x,y,z,\phi,\psi,\theta)$。

图 3-1

将一个 n 维行向量 $(a_1,a_2,\cdots,a_n)$ 看成一个 $1\times n$ 矩阵;一个 n 维列向量 $\begin{pmatrix}a_1\\a_2\\\vdots\\a_n\end{pmatrix}$ 看成一个 $n\times 1$ 矩阵。那么,向量就是特殊的矩阵。因此矩阵的所有运算也都适用于向量。例如同维向量的加法、减法、数与向量的乘法、转置。为了今后使用方便,重述如下。

3.1.2 n 维向量的线性运算

1. 向量加法

定义 2 向量 $\boldsymbol{\gamma}=(a_1+b_1,a_2+b_2,\cdots,a_n+b_n)$ 称为向量 $\boldsymbol{\alpha}=(a_1,a_2,\cdots,a_n)$、$\boldsymbol{\beta}=(b_1,b_2,\cdots,b_n)$ 的和,记为 $\boldsymbol{\gamma}=\boldsymbol{\alpha}+\boldsymbol{\beta}$,此运算称为向量的加法。

加法满足下列运算规律:

(1) 交换律:$\boldsymbol{\alpha}+\boldsymbol{\beta}=\boldsymbol{\beta}+\boldsymbol{\alpha}$

(2) 结合律:$\boldsymbol{\alpha}+(\boldsymbol{\beta}+\boldsymbol{\gamma})=(\boldsymbol{\alpha}+\boldsymbol{\beta})+\boldsymbol{\gamma}$

(3) 存在零向量 $\boldsymbol{\theta}$,对一切向量 $\boldsymbol{\alpha}$,使

$$\boldsymbol{\alpha}+\boldsymbol{\theta}=\boldsymbol{\theta}+\boldsymbol{\alpha}=\boldsymbol{\alpha}$$

(4) 对第一向量 $\boldsymbol{\alpha}$,存在 $-\boldsymbol{\alpha}$,使 $\boldsymbol{\alpha}+(-\boldsymbol{\alpha})=\boldsymbol{\theta}$

2. 向量减法

$$\boldsymbol{\alpha}-\boldsymbol{\beta}=\boldsymbol{\alpha}+(-\boldsymbol{\beta})$$

3. 数乘向量

定义 3 设 k 为数域 R 中的数,向量 $(k\alpha_1,k\alpha_2,\cdots,k\alpha_n)$ 称为向量 $\boldsymbol{\alpha}=(a_1,a_2,\cdots,a_n)$ 与数 k 的数量乘积,记为 $k\boldsymbol{\alpha}$,此运算称为向量的数乘运算。

数量乘法运算满足下列运算规律:

(1) 结合律:$k(l\boldsymbol{\alpha})=(kl)\boldsymbol{\alpha}$

(2) 分配律:$k(\boldsymbol{\alpha}+\boldsymbol{\beta})=k\boldsymbol{\alpha}+k\boldsymbol{\beta}$

(3) 分配律:$(k+l)\boldsymbol{\alpha}=k\boldsymbol{\alpha}+l\boldsymbol{\alpha}$

(4) 对任何向量 $\boldsymbol{\alpha}$,恒有 $1\cdot\boldsymbol{\alpha}=\boldsymbol{\alpha}$

向量的加法以及向量的数乘运算统称为向量的线性运算。

4. 转置

设 $\boldsymbol{\alpha}=\begin{pmatrix}a_1\\a_2\\\vdots\\a_n\end{pmatrix}$,则向量 $(a_1,a_2,\cdots,a_n)$ 称为 $\boldsymbol{\alpha}=\begin{pmatrix}a_1\\a_2\\\vdots\\a_n\end{pmatrix}$ 的转置,记作 $\boldsymbol{\alpha}^{\mathrm{T}}$ 或 $\boldsymbol{\alpha}'$。

3.2 向量组的线性相关性

本节将系统地研究 n 维向量之间的线性关系。通过本节的学习,大家不难体会到这一节的基本概念都是以线性方程组的讨论为背景而引进的。

3.2.1 向量组与线性组合

1. 向量组

若干个同维数的列向量(或同维数的行向量)所组成的集合叫做向量组。

例如

$$\boldsymbol{\beta}_1=\begin{pmatrix}1\\0\\-1\end{pmatrix},\boldsymbol{\beta}_2=\begin{pmatrix}1\\1\\1\end{pmatrix},\boldsymbol{\beta}_3=\begin{pmatrix}3\\1\\-1\end{pmatrix},\boldsymbol{\beta}_4=\begin{pmatrix}5\\3\\1\end{pmatrix}$$

就是由四个三维列向量组成的向量组。

又如,一个 $m\times n$ 矩阵:

$$\boldsymbol{A}=\begin{pmatrix}a_{11}&a_{12}&\cdots&a_{1n}\\a_{21}&a_{22}&&a_{2n}\\\vdots&\vdots&&\vdots\\a_{m1}&a_{m2}&\cdots&a_{mn}\end{pmatrix}$$

每一列 $\boldsymbol{\alpha}_j = \begin{pmatrix} a_{1j} \\ a_{2j} \\ \vdots \\ a_{mj} \end{pmatrix} (j=1,2,\cdots,n)$ 组成的向量组 $\boldsymbol{\alpha}_1,\boldsymbol{\alpha}_2,\cdots,\boldsymbol{\alpha}_n$ 称为矩阵 $\boldsymbol{A}$ 的列向量组,而由矩阵 $\boldsymbol{A}$ 的每一行 $\boldsymbol{\beta}_i^{\mathrm{T}} = (a_{i1},a_{i2},\cdots,a_{in})(i=1,2,\cdots,m)$ 组成的向量组 $\boldsymbol{\beta}_1^{\mathrm{T}},\boldsymbol{\beta}_2^{\mathrm{T}},\cdots,\boldsymbol{\beta}_m^{\mathrm{T}}$ 称为矩阵 $\boldsymbol{A}$ 的行向量组。

根据上述讨论,矩阵 $\boldsymbol{A}$ 记为 $\boldsymbol{A}=(\boldsymbol{\alpha}_1,\boldsymbol{\alpha}_2,\cdots,\boldsymbol{\alpha}_n)$ 或 $\boldsymbol{A} = \begin{pmatrix} \boldsymbol{\beta}_1^{\mathrm{T}} \\ \boldsymbol{\beta}_2^{\mathrm{T}} \\ \vdots \\ \boldsymbol{\beta}_m^{\mathrm{T}} \end{pmatrix}$。这样,矩阵 $\boldsymbol{A}$ 就与其列向量组或行向量组之间建立了一一对应关系。

两个向量之间最简单的关系是成比例。所谓向量 $\boldsymbol{\alpha}$ 与 $\boldsymbol{\beta}$ 成比例,是说有一个数 k 存在,使得

$$\boldsymbol{\beta}=k\boldsymbol{\alpha}(\text{或 } \boldsymbol{\alpha}=k\boldsymbol{\beta})$$

即向量 $\boldsymbol{\beta}$ 可由向量 $\boldsymbol{\alpha}$ 经过线性运算得到(或 $\boldsymbol{\alpha}$ 可由向量 $\boldsymbol{\beta}$ 经过线性运算得到)。

多个向量之间的比例关系,表现为线性组合。如向量 $\boldsymbol{\alpha}_1=(1,2,-1,1)$,$\boldsymbol{\alpha}_2=(2,-3,1,0)$,$\boldsymbol{\alpha}_3=(4,1,-1,2)$。容易看出 $\boldsymbol{\alpha}_1$ 的 2 倍加上 $\boldsymbol{\alpha}_2$ 就等于 $\boldsymbol{\alpha}_3$,即 $\boldsymbol{\alpha}_3=2\boldsymbol{\alpha}_1+\boldsymbol{\alpha}_2$。

这时,称 $\boldsymbol{\alpha}_3$ 是 $\boldsymbol{\alpha}_1$、$\boldsymbol{\alpha}_2$ 的线性组合。

2. 线性组合

定义 4 给定向量组 $\boldsymbol{A}$:$\alpha_1,\alpha_2,\cdots,\alpha_m$,对于任一组实数 $k_1,k_2,\cdots,k_m$,表达式

$$k_1\alpha_1+k_2\alpha_2+\cdots+k_m\alpha_m$$

称为向量组 $\boldsymbol{A}$ 的一个线性组合,$k_1,k_2,\cdots,k_m$ 称为这个线性组合的系数。

给定向量组 $\boldsymbol{A}$:$\alpha_1,\alpha_2,\cdots,\alpha_m$ 和向量 $\boldsymbol{b}$,如果存在一组实数 $\lambda_1,\lambda_2,\cdots,\lambda_m$,使

$$\boldsymbol{b}=\lambda_1\boldsymbol{\alpha}_1+\lambda_2\boldsymbol{\alpha}_2+\cdots+\lambda_m\boldsymbol{\alpha}_m$$

称向量 $\boldsymbol{b}$ 向量组 $\boldsymbol{A}$ 的线性组合,这时称向量 $\boldsymbol{b}$ 能由向量组 $\boldsymbol{A}$ 线性表示。

例如:$\boldsymbol{\beta}=(2,-1,1)$,$\boldsymbol{\alpha}_1=(1,0,0)$,$\boldsymbol{\alpha}_2=(0,1,0)$,$\boldsymbol{\alpha}_3=(0,0,1)$,

显然有 $\boldsymbol{\beta}=2\boldsymbol{\alpha}_1-\boldsymbol{\alpha}_2+\boldsymbol{\alpha}_3$,即 $\boldsymbol{\beta}$ 是 $\boldsymbol{\alpha}_1,\boldsymbol{\alpha}_2,\boldsymbol{\alpha}_3$ 的线性组合,或者说 $\boldsymbol{\beta}$ 可由 $\boldsymbol{\alpha}_1,\boldsymbol{\alpha}_2,\boldsymbol{\alpha}_3$ 线性表示。

又如,任意一个 n 维向量 $\boldsymbol{\alpha}=(\alpha_1,\alpha_2,\cdots,\alpha_n)$ 都是向量组

$$\boldsymbol{e}_1=(1,0,\cdots,0),\boldsymbol{e}_2=(0,1,\cdots,0),\cdots,\boldsymbol{e}_n=(0,0,\cdots,1)$$

的一个线性组合,因为 $\boldsymbol{\alpha}=\boldsymbol{\alpha}_1\boldsymbol{e}_1+\boldsymbol{\alpha}_2\boldsymbol{e}_2+\cdots+\boldsymbol{\alpha}_n\boldsymbol{e}_n$。

向量组 $\boldsymbol{e}_1,\boldsymbol{e}_2,\cdots,\boldsymbol{e}_n$ 称为 n 维单位向量组。

由上述定义可以看出,零向量是任意一个与其同维数的向量组的线性组合(只要取系数全为零就行了)。

给定向量 $\boldsymbol{\beta}$ 与向量组 $\boldsymbol{\alpha}_1,\boldsymbol{\alpha}_2,\cdots,\boldsymbol{\alpha}_m$,如何判断 $\boldsymbol{\beta}$ 能否由 $\boldsymbol{\alpha}_1,\boldsymbol{\alpha}_2,\cdots,\boldsymbol{\alpha}_m$ 线性表出呢?

根据定义,这个问题取决于能否找到一组数 $k_1,\cdots,k_m$,使得 $\boldsymbol{\beta}=k_1\boldsymbol{\alpha}_1+k_2\boldsymbol{\alpha}_2+\cdots+$

$k_m\boldsymbol{\alpha}_m$ 成立。下面通过例子说明判定方法。

例 3-3 设 $\boldsymbol{\alpha}_1=(2,-4,1,-1)^{\mathrm{T}}$，$\boldsymbol{\alpha}_2=\left(-3,-1,2,-\dfrac{5}{2}\right)^{\mathrm{T}}$，如果向量满足

$$3\boldsymbol{\alpha}_1-2(\boldsymbol{\beta}+\boldsymbol{\alpha}_2)=0,\ 求\ \boldsymbol{\beta}。$$

解 由题设条件，有 $3\boldsymbol{\alpha}_1-2\boldsymbol{\beta}-2\boldsymbol{\alpha}_2=0$，则有

$$\begin{aligned}\boldsymbol{\beta}&=-\frac{1}{2}(2\boldsymbol{\alpha}_2-3\boldsymbol{\alpha}_1)=-\boldsymbol{\alpha}_2+\frac{3}{2}\boldsymbol{\alpha}_1\\&=-\left(-3,-1,2,-\frac{5}{2}\right)^{\mathrm{T}}+\frac{3}{2}(2,-4,1,-1)^{\mathrm{T}}=\left(6,-5,-\frac{1}{2},1\right)^{\mathrm{T}}\end{aligned}$$

例 3-4 设 $\boldsymbol{\beta}=(1,1)$，$\boldsymbol{\alpha}_1=(1,-2)$，$\boldsymbol{\alpha}_2=(-2,4)$，问 $\boldsymbol{\beta}$ 能否由 $\boldsymbol{\alpha}_1,\boldsymbol{\alpha}_2$ 线性表出。

解 设 k_1,k_2 为两个数，使 $\boldsymbol{\beta}=k_1\boldsymbol{\alpha}_1+k_2\boldsymbol{\alpha}_2$ 成立，比较等式两端的对应分量得

$$\begin{cases}k_1-2k_2=1\\-2k_1+4k_2=1\end{cases}$$

这一方程组无解，说明满足 $\boldsymbol{\beta}=k_1\boldsymbol{\alpha}_1+k_2\boldsymbol{\alpha}_2$ 的 k_1,k_2 不存在，所以 $\boldsymbol{\beta}$ 不能由 $\boldsymbol{\alpha}_1,\boldsymbol{\alpha}_2$ 线性表出。

例 3-5 证明：向量 $\boldsymbol{\beta}=(-1,1,5)$ 是向量 $\boldsymbol{\alpha}_1=(1,2,3)$，$\boldsymbol{\alpha}_2=(0,1,4)$，$\boldsymbol{\alpha}_3=(2,3,6)$ 的线性组合并具体将 $\boldsymbol{\beta}$ 用 $\boldsymbol{\alpha}_1,\boldsymbol{\alpha}_2,\boldsymbol{\alpha}_3$ 表示出来。

证 先假定 $\boldsymbol{\beta}=\lambda_1\boldsymbol{\alpha}_1+\lambda_2\boldsymbol{\alpha}_2+\lambda_3\boldsymbol{\alpha}_3$，其中 $\lambda_1,\lambda_2,\lambda_3$ 为待定常数，则

$$\begin{aligned}(-1,1,5)&=\lambda_1(1,2,3)+\lambda_2(0,1,4)+\lambda_3(2,3,6)\\&=(\lambda_1,2\lambda_1,3\lambda_1)+(0,\lambda_2,4\lambda_2)+(2\lambda_3,3\lambda_3,6\lambda_3)\\&=(\lambda_1,2\lambda_1,3\lambda_1)+(0,\lambda_2,4\lambda_2)+(2\lambda_3,3\lambda_3,6\lambda_3)\end{aligned}$$

由于两个向量相等的充要条件是它们的分量分别对应相等，因此可得方程组：

$$\begin{cases}\lambda_1+2\lambda_3=-1\\2\lambda_1+\lambda_2+3\lambda_3=1\\3\lambda_1+4\lambda_2+6\lambda_3=5\end{cases}$$

解方程组得

$$\begin{cases}\lambda_1=1\\\lambda_2=2\\\lambda_3=-1\end{cases}$$

于是 $\boldsymbol{\beta}$ 可以表示为 $\boldsymbol{\alpha}_1,\boldsymbol{\alpha}_2,\boldsymbol{\alpha}_3$ 的线性组合，它的表示式为 $\boldsymbol{\beta}=\boldsymbol{\alpha}_1+2\boldsymbol{\alpha}_2-\boldsymbol{\alpha}_3$。

定理 1 向量 $\boldsymbol{\beta}$ 可由 $\boldsymbol{\alpha}_1,\boldsymbol{\alpha}_2,\cdots,\boldsymbol{\alpha}_m$ 线性表出的充分必要条件是：线性方程组 $\boldsymbol{\alpha}_1x_1+\boldsymbol{\alpha}_2x_2+\cdots+\boldsymbol{\alpha}_mx_m=\boldsymbol{\beta}$ 有解。

证明 设

$$\boldsymbol{\alpha}_1 = \begin{pmatrix} a_{11} \\ a_{21} \\ \vdots \\ a_{n1} \end{pmatrix}, \boldsymbol{\alpha}_2 = \begin{pmatrix} a_{12} \\ a_{22} \\ \vdots \\ a_{n2} \end{pmatrix}, \cdots, \boldsymbol{\alpha}_m = \begin{pmatrix} a_{1m} \\ a_{2m} \\ \vdots \\ a_{nm} \end{pmatrix}, \boldsymbol{\beta} = \begin{pmatrix} b_1 \\ b_2 \\ \vdots \\ b_n \end{pmatrix}$$

$\boldsymbol{\beta}$ 能由 $\boldsymbol{\alpha}_1, \boldsymbol{\alpha}_2, \cdots, \boldsymbol{\alpha}_m$ 线性表出，存在一组数 $k_1, k_2, \cdots, k_m$ 使得

$$\beta = k_1\alpha_1 + k_2\alpha_2 + \cdots + k_m\alpha_m$$

即

$$\begin{pmatrix} b_1 \\ b_2 \\ \vdots \\ b_n \end{pmatrix} = k_1 \begin{pmatrix} a_{11} \\ a_{21} \\ \vdots \\ a_{n1} \end{pmatrix} + k_2 \begin{pmatrix} a_{12} \\ a_{22} \\ \vdots \\ a_{n2} \end{pmatrix} + \cdots + k_m \begin{pmatrix} a_{1m} \\ a_{2m} \\ \vdots \\ a_{nm} \end{pmatrix}$$

亦即

$$\begin{cases} a_{11}k_1 + a_{12}k_2 + \cdots + a_{1m}k_m = b_1 \\ a_{21}k_1 + a_{22}k_2 + \cdots + a_{2m}k_m = b_2 \\ \qquad\vdots \\ a_{n1}k_1 + a_{n2}k_2 + \cdots + a_{nm}k_m = b_n \end{cases}$$

可得方程组

$$\begin{cases} a_{11}x_1 + a_{12}x_2 + \cdots + a_{1m}x_m = b_1 \\ a_{21}x_1 + a_{22}x_2 + \cdots + a_{2m}x_m = b_2 \\ \qquad\vdots \\ a_{n1}x_1 + a_{n2}x_2 + \cdots + a_{nm}x_m = b_n \end{cases}$$

有解，且 $k_1, k_2, \cdots, k_m$ 是它的一个解。

向量组 $\alpha_1, \cdots, \alpha_m$ 中是否存在某个向量能由其余向量线形表示，这是向量组的一个重要性质，称为向量组的线性相关性。

3.2.2 向量组的线性相关性

对于任何一个向量组都有这样一个性质，即 $0\boldsymbol{\alpha}_1 + 0\boldsymbol{\alpha}_2 + \cdots + 0\boldsymbol{\alpha}_m = 0$，这就是说：任何一个向量组，它的系数全为零的线性组合一定是零向量。而有些向量组，还可以有系数不全为零的线性组合，也是零向量，例如，向量组 $\boldsymbol{\alpha}_1 = (1,2,-1,3)$，$\boldsymbol{\alpha}_2 = (1,5,4,7)$，$\boldsymbol{\alpha}_3 = (4,8,-4,12)$，容易看出：$\boldsymbol{\alpha}_3 = 4\boldsymbol{\alpha}_1$，于是有

$$4\boldsymbol{\alpha}_1 + 0\boldsymbol{\alpha}_2 + (-1)\boldsymbol{\alpha}_3 = 0$$

即存在一组不全为零的数 4，0，-1 使得 $\boldsymbol{\alpha}_1, \boldsymbol{\alpha}_2, \boldsymbol{\alpha}_3$ 的线性组合是零向量。具有这种性质的向量组称为线性相关的向量组。

定义 5 给定向量组 $\boldsymbol{A}: \boldsymbol{\alpha}_1, \boldsymbol{\alpha}_2, \cdots, \boldsymbol{\alpha}_m$，若存在不全为 0 的数 $k_1, k_2, \cdots, k_m$，使得

$$k_1\boldsymbol{\alpha}_1+k_2\boldsymbol{\alpha}_2+\cdots+k_m\boldsymbol{\alpha}_m=0$$

称向量组 $\boldsymbol{\alpha}_1,\boldsymbol{\alpha}_2,\cdots,\boldsymbol{\alpha}_m$ 线性相关。

定义 6 一个向量组如果不是线性相关就称为线性无关。也就是当且仅当 $k_1=k_2=\cdots=k_m=0$ 时,才有 $k_1\boldsymbol{\alpha}_1+k_2\boldsymbol{\alpha}_2+\cdots+k_m\boldsymbol{\alpha}_m=0$ 成立,则称 $\boldsymbol{\alpha}_1,\boldsymbol{\alpha}_2,\cdots,\boldsymbol{\alpha}_m$ 线性无关。

换句话说,向量组 $\boldsymbol{\alpha}_1,\boldsymbol{\alpha}_2,\cdots,\boldsymbol{\alpha}_m$ 线性无关是指对任意一组不全为零的数 $k_1,k_2,\cdots,k_m$ 都有

$$k_1\boldsymbol{\alpha}_1+k_2\boldsymbol{\alpha}_2+\cdots+k_m\boldsymbol{\alpha}_m\neq 0$$

例 3-6 证明

(1) 一个零向量必线性相关,而一个非零向量必线性无关;

(2) 含有零向量的任意一个向量组必线性相关;

(3) n 维基本单位向量组 $\boldsymbol{e}_1,\boldsymbol{e}_2,\cdots,\boldsymbol{e}_n$ 线性无关。

证明 (1) 若 $\boldsymbol{\alpha}=0$ 那么对任意 $k\neq 0$,都有 $k\boldsymbol{\alpha}=0$ 成立,即一个零向量线性相关;而当 $\boldsymbol{\alpha}\neq 0$ 时,当且仅当 $k=0$ 时,$k\boldsymbol{\alpha}=0$ 才成立,故一个非零向量线性无关。

(2) 设向量组 $\boldsymbol{\alpha}_1,\boldsymbol{a}_2,\cdots,\boldsymbol{\alpha}_m$ 中,$\boldsymbol{\alpha}_i=0$,显然有

$$0\boldsymbol{\alpha}_1+\cdots+0\boldsymbol{\alpha}_{i-1}+1\cdot 0+0\boldsymbol{\alpha}_{i+1}+\cdots+0\boldsymbol{\alpha}_m=0$$

而 $0,\cdots,0,1,0,\cdots,0$ 不全为零,所以含有零向量的向量组线性相关。

(3) 若 $k_1\boldsymbol{e}_1+k_2\boldsymbol{e}_2+\cdots+k_n\boldsymbol{e}_n=0$,即

$$k_1(1,0,\cdots,0)+k_2(0,1,\cdots,0)+\cdots+k_n(0,0,\cdots,1)=(0,0,\cdots,0)$$

即

$$(k_1,k_2,\cdots,k_n)=(0,0,\cdots,0)$$

于是只有 $k_1=k_2=\cdots=k_n=0$, 故 $\boldsymbol{e}_1,\boldsymbol{e}_2,\cdots,\boldsymbol{e}_n$ 线性无关。

例 3-7 讨论向量组 $\boldsymbol{\alpha}_1=(1,1,1),\boldsymbol{\alpha}_2=(0,2,5),\boldsymbol{\alpha}_3=(1,3,6)$ 的线性相关性。

解 令 $k_1\boldsymbol{\alpha}_1+k_2\boldsymbol{\alpha}_2+k_3\boldsymbol{\alpha}_3=0$,即

$$k_1(1,1,1)+k_2(0,2,5)+k_3(1,3,6)=(0,0,0)$$

则

$$\begin{cases}k_1 \qquad\quad +k_3=0\\ k_1+2k_2+3k_3=0\\ k_1+5k_2+6k_3=0\end{cases}$$

方程组的解为

$$\begin{cases}k_1=k_2\\ k_3=-k_2\end{cases}$$

其中 k_2 为任意数,所以方程组有非零解,即存在不全为零的数 k_1,k_2,k_3,使得

$$k_1\boldsymbol{\alpha}_1+k_2\boldsymbol{\alpha}_2+k_3\boldsymbol{\alpha}_3=0$$

由定义 5 知向量组 $\boldsymbol{\alpha}_1,\boldsymbol{\alpha}_2,\boldsymbol{\alpha}_3$ 线性相关。

由定义和上面的例子可以看出,要判断一个向量组的线性关系,都可以从定义 5 式出

发,若能找到一组不全为零的数,使定义 5 式成立,则该向量组线性相关;若当定义 5 式成立时,能证明系数只能全取零,那么,该向量组是线性无关的。

3.2.3 向量组的线性相关性的判断及其性质

定理 2 m 个 n 维向量组

$$\boldsymbol{\alpha}_1=\begin{pmatrix}a_{11}\\a_{21}\\\vdots\\a_{n1}\end{pmatrix},\boldsymbol{\alpha}_2=\begin{pmatrix}a_{12}\\a_{22}\\\vdots\\a_{n2}\end{pmatrix},\cdots,\boldsymbol{\alpha}_m=\begin{pmatrix}a_{1m}\\a_{2m}\\\vdots\\a_{nm}\end{pmatrix}$$

线性相关的充分必要条件是齐次线性方程组

$$\begin{cases}a_{11}x_1+a_{12}x_2+\cdots+a_{1m}x_m=0\\a_{21}x_1+a_{22}x_2+\cdots+a_{2m}x_m=0\\\qquad\vdots\\a_{n1}x_1+a_{n2}x_2+\cdots+a_{nm}x_m=0\end{cases}$$

有非零解。

证明 必要性设 $\boldsymbol{\alpha}_1=\begin{pmatrix}a_{11}\\a_{21}\\\vdots\\a_{n1}\end{pmatrix},\boldsymbol{\alpha}_2=\begin{pmatrix}a_{12}\\a_{22}\\\vdots\\a_{n2}\end{pmatrix},\cdots,\boldsymbol{\alpha}_m=\begin{pmatrix}a_{1m}\\a_{2m}\\\vdots\\a_{nm}\end{pmatrix}$

线性相关。

由定义 2,存在一组不全为零的数 $k_1,k_2,\cdots,k_m$ 使得

$$k_1\boldsymbol{\alpha}_1+k_2\boldsymbol{\alpha}_2+\cdots+k_m\boldsymbol{\alpha}_m=0$$

即

$$k_1\begin{pmatrix}a_{11}\\a_{21}\\\vdots\\a_{n1}\end{pmatrix}+k_2\begin{pmatrix}a_{12}\\a_{22}\\\vdots\\a_{n2}\end{pmatrix}+\cdots+k_m\begin{pmatrix}a_{1m}\\a_{2m}\\\vdots\\a_{nm}\end{pmatrix}=\begin{pmatrix}0\\0\\\vdots\\0\end{pmatrix}$$

按分量写即

$$\begin{cases}a_{11}k_1+a_{12}k_2+\cdots+a_{1m}k_m=0\\a_{21}k_1+a_{22}k_2+\cdots+a_{2m}k_m=0\\\qquad\vdots\\a_{n1}k_1+a_{n2}k_2+\cdots+a_{nm}k_m=0\end{cases}$$

这说明 $k_1,k_2,\cdots,k_m$ 是齐次线性方程组的一个非零解。

充分性　如果齐次线性方程组有非零解,不妨设 $k_1,k_2,\cdots,k_m$ 是它的一个非零解,将其代入,有

$$\begin{cases}a_{11}k_1+a_{12}k_2+\cdots+a_{1m}k_m=0\\a_{21}k_1+a_{22}k_2+\cdots+a_{2m}k_m=0\\\qquad\vdots\\a_{n1}k_1+a_{n2}k_2+\cdots+a_{nm}k_m=0\end{cases}$$

将此方程组写成向量形式,就是

$$k_1\boldsymbol{\alpha}_1+k_2\boldsymbol{\alpha}_2+\cdots+k_m\boldsymbol{\alpha}_m=0$$

由定义知 $\boldsymbol{\alpha}_1,\boldsymbol{\alpha}_2,\cdots,\boldsymbol{\alpha}_m$ 线性相关。

推论1　向量组 $\boldsymbol{\alpha}_1,\boldsymbol{\alpha}_2,\cdots,\boldsymbol{\alpha}_m$ 线性无关的充分必要条件是齐次线性方程组只有零解。

推论2　当 $m=n$ 时,即 n 个 n 维向量

$$\boldsymbol{\alpha}_1=\begin{pmatrix}a_{11}\\a_{21}\\\vdots\\a_{n1}\end{pmatrix},\boldsymbol{\alpha}_2=\begin{pmatrix}a_{12}\\a_{22}\\\vdots\\a_{n2}\end{pmatrix},\cdots,\boldsymbol{\alpha}_n=\begin{pmatrix}a_{1n}\\a_{2n}\\\vdots\\a_{nn}\end{pmatrix}$$

线性无关的充分条件是行列式

$$D=\begin{vmatrix}a_{11}&a_{12}&\cdots&a_{1n}\\a_{21}&a_{22}&\cdots&a_{2n}\\\vdots&\vdots&&\vdots\\a_{n1}&a_{n2}&\cdots&a_{nn}\end{vmatrix}\neq0$$

例3-8　判定向量组

$\boldsymbol{\alpha}_1=(1,1,1)$　$\boldsymbol{\alpha}_2=(0,2,5)$,$\boldsymbol{\alpha}_3=(1,3,6)$是否线性相关。

解　作行列式

$$D=\begin{vmatrix}1&1&1\\0&2&5\\1&3&6\end{vmatrix}=1\cdot(-)^{1+1}\begin{vmatrix}2&5\\3&6\end{vmatrix}+1\cdot(-1)^{3+1}\begin{vmatrix}1&1\\2&5\end{vmatrix}=0$$

故由推论可知,$\boldsymbol{\alpha}_1,\boldsymbol{\alpha}_2,\boldsymbol{\alpha}_3$ 线性相关。

推论3　$m>n$ 时,任意 m 个 n 维向量都线性相关。

即 当向量组中所含向量个数大于向量的维数时,此向量组线性相关。

例3-9　证明向量组

$$\boldsymbol{\alpha}_1=(1,a,a^2,a^3),\boldsymbol{\alpha}_2=(1,b,b^2,b^3),\boldsymbol{\alpha}_3=(1,c,c^2,c^3),\boldsymbol{\alpha}_4=(1,d,d^2,d^3)$$

线性无关,其中 a,b,c,d 各不相同。

证 向量组是由四个4维向量组成,于是

$$D=\begin{vmatrix}1&1&1&1\\a&b&c&d\\a^2&b^2&c^2&d^2\\a^3&b^3&c^3&d^3\end{vmatrix}=(b-a)(c-a)(d-a)(c-b)(d-b)(d-c)$$

因为a,b,c,d各不相同,所以$D\neq 0$,从而$\boldsymbol{\alpha}_1,\boldsymbol{\alpha}_2,\boldsymbol{\alpha}_3,\boldsymbol{\alpha}_4$线性无关。

例3-10 设向量组$\boldsymbol{\alpha}_1,\boldsymbol{\alpha}_2,\boldsymbol{\alpha}_3$线性无关,$\boldsymbol{\beta}_1=\boldsymbol{\alpha}_1+\boldsymbol{\alpha}_2,\boldsymbol{\beta}_2=\boldsymbol{\alpha}_2+\boldsymbol{\alpha}_3,\boldsymbol{\beta}_3=\boldsymbol{\alpha}_3+\boldsymbol{\alpha}_1$,判断向量组$\boldsymbol{\beta}_1,\boldsymbol{\beta}_2,\boldsymbol{\beta}_3$是否线性无关。

解 设有数k_1,k_2,k_3,使

$$k_1\boldsymbol{\beta}_1+k_2\boldsymbol{\beta}_2+k_3\boldsymbol{\beta}_3=0$$

$$k_1(\boldsymbol{\alpha}_1+\boldsymbol{\alpha}_2)+k_2(\boldsymbol{\alpha}_3+\boldsymbol{\alpha}_2)+k_3(\boldsymbol{\alpha}_3+\boldsymbol{\alpha}_1)=0$$

亦即

$$(k_1+k_3)\boldsymbol{\alpha}_1+(k_1+k_2)\boldsymbol{\alpha}_2+(k_2+k_3)\boldsymbol{\alpha}_3=0$$

因为$\boldsymbol{\alpha}_1,\boldsymbol{\alpha}_2,\boldsymbol{\alpha}_3$线性无关,所以有

$$\begin{cases}k_1+\quad\ \ k_3=0\\k_1+k_2\qquad=0\\\qquad k_2+k_3=0\end{cases}$$

由于此方程组的系数行列式$\begin{vmatrix}1&0&1\\1&1&0\\0&1&1\end{vmatrix}=2\neq 0$

由克莱姆法则知,方程组只有零解$k_1=k_2=k_3=0$,因而$\boldsymbol{\beta}_1,\boldsymbol{\beta}_2,\boldsymbol{\beta}_3$线性无关。

定理3 向量组$\boldsymbol{\alpha}_1,\boldsymbol{\alpha}_2,\cdots,\boldsymbol{\alpha}_m(m\geqslant 2)$线性相关的充分必要条件是其中至少有一个向量是其余$m-1$个向量的线性组合。

证明 必要性

设$\boldsymbol{\alpha}_1,\boldsymbol{\alpha}_2,\cdots,\boldsymbol{\alpha}_m$线性相关,则必存在一组数(不全为零)$k_1,k_2,\cdots,k_m$,使

$$k_1\boldsymbol{\alpha}_1+k_2\boldsymbol{\alpha}_2+\cdots+k_m\boldsymbol{\alpha}_m=0$$

不妨设$k_1\neq 0$,那么

$$\boldsymbol{\alpha}_1=-\frac{k_2}{k_1}\boldsymbol{\alpha}_2-\cdots-\frac{k_m}{k_1}\boldsymbol{\alpha}_m$$

即$\boldsymbol{\alpha}_1$是$\boldsymbol{\alpha}_2,\cdots,\boldsymbol{\alpha}_m$的线性组合,必要性得证。

充分性

如果$\boldsymbol{\alpha}_2,\cdots,\boldsymbol{\alpha}_m$中至少有一个向量(不妨设$\boldsymbol{\alpha}_m$)是其余$m-1$个向量的线性组合,即

$$\boldsymbol{\alpha}_m=k_1\boldsymbol{\alpha}_2+k_2\boldsymbol{\alpha}_2+\cdots+k_{m-1}\boldsymbol{\alpha}_{m-1}$$

则有$k_1\boldsymbol{\alpha}_2+k_2\boldsymbol{\alpha}_2+\cdots+k_{m-1}\boldsymbol{\alpha}_{m-1}-\boldsymbol{\alpha}_m=0$

因为 $k_1,k_2,\cdots,k_{m-1},-1$ 是 m 个不全为零的数，故 $\boldsymbol{\alpha}_1,\boldsymbol{\alpha}_2,\cdots,\boldsymbol{\alpha}_m$ 线性相关，充分性得证。

推论 向量组 $\boldsymbol{\alpha}_1,\boldsymbol{\alpha}_2,\cdots,\boldsymbol{\alpha}_m(m\geqslant 2)$ 线性无关的充分必要条件是其中每一个向量都不能由其余 $m-1$ 个向量线性表出。

定理 4 若向量组 $\boldsymbol{\alpha}_1,\boldsymbol{\alpha}_2,\cdots,\boldsymbol{\alpha}_m$ 线性无关，而向量组 $\boldsymbol{\beta},\boldsymbol{\alpha}_1,\boldsymbol{\alpha}_2,\cdots,\boldsymbol{\alpha}_m$ 线性相关，则 $\boldsymbol{\beta}$ 可由 $\boldsymbol{\alpha}_1,\boldsymbol{\alpha}_2,\cdots,\boldsymbol{\alpha}_m$ 线性表出，且表达式唯一。

证 因为 $\boldsymbol{\beta},\boldsymbol{\alpha}_1,\boldsymbol{\alpha}_2,\cdots,\boldsymbol{\alpha}_m$ 线性相关，所以存在一组不全为零的数 $k,k_1,k_2,\cdots,k_m$ 使得 $k\boldsymbol{\beta}+k_1\boldsymbol{\alpha}_2+k_2\boldsymbol{\alpha}_2+\cdots+k_m\boldsymbol{\alpha}_m=0$

成立。这里必有 $k\neq 0$，否则，若 $k=0$，上式成为

$$k_1\boldsymbol{\alpha}_2+k_2\boldsymbol{\alpha}_2+\cdots+k_m\boldsymbol{\alpha}_m=0$$

且 $k_1,k_2,\cdots,k_m$ 不全为零，从而得出 $\boldsymbol{\alpha}_1,\boldsymbol{\alpha}_2,\cdots,\boldsymbol{\alpha}_m$ 线性相关，这与 $\boldsymbol{\alpha}_1,\boldsymbol{\alpha}_2,\cdots,\boldsymbol{\alpha}_m$ 线性无关矛盾。因此，$k\neq 0$，故

$$\boldsymbol{\beta}=-\frac{k_1}{k}\boldsymbol{\alpha}_1-\frac{k_2}{k}\boldsymbol{\alpha}_2-\cdots-\frac{k_m}{k}\boldsymbol{\alpha}_m$$

即 β 可由 $\boldsymbol{\alpha}_1,\boldsymbol{\alpha}_2,\cdots,\boldsymbol{\alpha}_m$ 线性表出。

下证表示法唯一。

如果

$$\boldsymbol{\beta}=h_1\boldsymbol{\alpha}_2+h_2\boldsymbol{\alpha}_2+\cdots+h_m\boldsymbol{\alpha}_m$$

$$\boldsymbol{\beta}=l_1\boldsymbol{\alpha}_2+l_2\boldsymbol{\alpha}_2+\cdots+l_m\boldsymbol{\alpha}_m$$

则有

$$(h_1-l_1)\boldsymbol{\alpha}_2+(h_2-l_2)\boldsymbol{\alpha}_2+\cdots+(h_m-l_m)\boldsymbol{\alpha}_m=0$$

成立。由 $\boldsymbol{\alpha}_1,\boldsymbol{\alpha}_2,\cdots,\boldsymbol{\alpha}_m$ 线性无关可知

$$h_1-l_1=0,h_2-l_2=0,\cdots,h_m-l_m=0$$

即

$$h_1=l_1,h_2=l_2,\cdots,h_m=l_m$$

所以表示法是唯一的。

定理 5 若向量组中有一部分向量组（称为部分组）线性相关，则整个向量组线性相关。

证明 设向量组 $\boldsymbol{\alpha}_1,\boldsymbol{\alpha}_2,\cdots,\boldsymbol{\alpha}_m$ 中有 r 个 $(r\leqslant m)$ 向量的部分组线性相关，不妨设 $\boldsymbol{\alpha}_1,\boldsymbol{\alpha}_2,\cdots,\boldsymbol{\alpha}_r$ 线性相关，则存在一组不全为零的数 $k_1,k_2,\cdots,k_r$，使

$$k_1\boldsymbol{\alpha}_2+k_2\boldsymbol{\alpha}_2+\cdots+k_r\boldsymbol{\alpha}_r=0$$

成立，因而存在一组不全为零的数 $k_1,k_2,\cdots,k_r,0,0,\cdots,0$，使

$$k_1\boldsymbol{\alpha}_2+k_2\boldsymbol{\alpha}_2+\cdots+k_r\boldsymbol{\alpha}_r+0\boldsymbol{\alpha}_{r+1}+\cdots+0\boldsymbol{\alpha}_m=0$$

成立，即 $\boldsymbol{\alpha}_1,\boldsymbol{\alpha}_2,\cdots,\boldsymbol{\alpha}_m$ 线性相关。

例如，含有两个成比例的向量的向量组是线性相关的。因为两个成比例的向量是线性相关的，由定理 5 知该向量组线性相关。

推论　若向量组线性无关,则它的任意一个部分组线性无关。

如,n 维单位向量组 $\boldsymbol{e}_1,\boldsymbol{e}_2,\cdots,\boldsymbol{e}_n$ 线性无关,因此它的任意一个部分组线性无关。

定理 6　如果 n 维向量组 $\boldsymbol{\alpha}_1,\boldsymbol{\alpha}_2,\cdots,\boldsymbol{\alpha}_S$ 线性无关,则在每个向量上都添加 m 个分量,所得到的 $n+m$ 维向量组 $\boldsymbol{\alpha}_1^*,\boldsymbol{\alpha}_2^*,\cdots,\boldsymbol{\alpha}_S^*$ 也线性无关。

证　用反证法。假设 $\boldsymbol{\alpha}_1^*,\boldsymbol{\alpha}_2^*,\cdots,\boldsymbol{\alpha}_S^*$ 线性相关,即存在不全为零的数 $k_1,k_2,\cdots,k_S$,使

$$k_1\boldsymbol{\alpha}_1^*+k_2\boldsymbol{\alpha}_2^*+\cdots+k_S\boldsymbol{\alpha}_S^*=0$$

设 $\boldsymbol{\alpha}_j=(a_{1j},a_{2j},\cdots,a_{nj})^{\mathrm{T}},\boldsymbol{\alpha}_j^*=(a_{1j},a_{2j},\cdots,a_{nj},a_{n+1j},\cdots,a_{n+mj})^{\mathrm{T}},j=1,2,\cdots,S$,

上式可写为

$$\begin{cases}a_{11}k_1+a_{12}k_2+\cdots+a_{1S}k_S=0\\a_{21}k_1+a_{22}k_2+\cdots+a_{2S}k_S=0\\\qquad\vdots\\a_{n1}k_1+a_{n2}k_2+\cdots+a_{nS}k_S=0\\\qquad\vdots\\a_{n+m1}k_1+a_{n+m2}k_2+\cdots+a_{n+mS}k_S=0\end{cases}$$

显然,前 n 个方程构成的方程组有非零解 $k_1,k_2,\cdots,k_S$。于是知 $\boldsymbol{\alpha}_1,\boldsymbol{\alpha}_2,\cdots,\boldsymbol{\alpha}_S$ 线性相关,这与已知矛盾,所以 $\boldsymbol{\alpha}_1^*,\boldsymbol{\alpha}_2^*,\cdots,\boldsymbol{\alpha}_S^*$ 线性无关。

推论　如果 n 维向量组 $\boldsymbol{\alpha}_1,\boldsymbol{\alpha}_2,\cdots,\boldsymbol{\alpha}_S$ 线性相关,则在每一个向量上都去掉 $m(m<n)$ 个分量,所得的 $n-m$ 维向量组 $\boldsymbol{\alpha}_1^*,\boldsymbol{\alpha}_2^*,\cdots,\boldsymbol{\alpha}_S^*$ 也线性相关。

3.3　向量组的秩

在二维、三维几何空间中,坐标系是不唯一的,但任一坐标系中所含向量的个数是一个不变的量,向量组的秩正是这一几何事实的一般化。

3.3.1　向量组的最大无关组

我们知道,一个线性相关向量组的部分组不一定是线性相关的,例如向量组 $\boldsymbol{\alpha}_1=(2,-1,3,1),\boldsymbol{\alpha}_2=(4,-2,5,4),\boldsymbol{\alpha}_3=(2,-1,4,-1)$ 由于

$$3\alpha_1-\alpha_2-\alpha_3=0$$

所以向量组是线性相关的,但是其部分组 $\boldsymbol{\alpha}_1$ 是线性无关的,$\boldsymbol{\alpha}_1,\boldsymbol{\alpha}_2$ 也是线性无关的。

可以看出,上例中 $\boldsymbol{\alpha}_1,\boldsymbol{\alpha}_2,\boldsymbol{\alpha}_3$ 的线性无关的部分组中最多含有两个向量,如果再添加一个向量进去,就变成线性相关了。为了确切地说明这一问题,引入最大线性无关组的概念。

定义 7　设有向量组 $\boldsymbol{\alpha}_1,\boldsymbol{\alpha}_2,\cdots,\boldsymbol{\alpha}_m$,如果它的一个部分组 $\boldsymbol{\alpha}_{i1},\boldsymbol{\alpha}_{i2},\cdots,\boldsymbol{\alpha}_{ir}$,满足:

(1) $\boldsymbol{\alpha}_{i1},\boldsymbol{\alpha}_{i2},\cdots,\boldsymbol{\alpha}_{ir}$线性无关;

(2) 向量组 $\boldsymbol{\alpha}_1,\boldsymbol{\alpha}_2,\cdots,\boldsymbol{\alpha}_m$ 中的任意一个向量都可由部分组 $\boldsymbol{\alpha}_{i1},\boldsymbol{\alpha}_{i2},\cdots,\boldsymbol{\alpha}_{ir}$线性表出,则称部分组 $\boldsymbol{\alpha}_{i1},\boldsymbol{\alpha}_{i2},\cdots,\boldsymbol{\alpha}_{ir}$是向量组 $\boldsymbol{\alpha}_1,\boldsymbol{\alpha}_2,\cdots,\boldsymbol{\alpha}_m$ 的一个最大线性无关组,简称为最大无

关组。

在上例中除 $\boldsymbol{\alpha}_1,\boldsymbol{\alpha}_2$ 线性无关外,$\boldsymbol{\alpha}_1,\boldsymbol{\alpha}_3$和 $\boldsymbol{\alpha}_2,\boldsymbol{\alpha}_3$ 也都是向量组 $\boldsymbol{\alpha}_1,\boldsymbol{\alpha}_2,\boldsymbol{\alpha}_3$ 线性无关的部分组,所以它们都是向量组 $\boldsymbol{\alpha}_1,\boldsymbol{\alpha}_2,\boldsymbol{\alpha}_3$ 的最大无关组,因此向量组的最大无关组可能不只一个。但任意两个最大无关组所含向量的个数相同。

设有向量组 $\boldsymbol{\alpha}_1=(1,0,0)$,$\boldsymbol{\alpha}_2=(0,1,0)$,$\boldsymbol{\alpha}_3=(0,0,1)$,$\boldsymbol{\alpha}_4=(1,0,1)$,$\boldsymbol{\alpha}_5=(1,1,0)$,$\boldsymbol{\alpha}_6=(1,0,-1)$,$\boldsymbol{\alpha}_7=(-2,3,4)$,求向量组的最大无关组。

解 显然 $\boldsymbol{\alpha}_1,\boldsymbol{\alpha}_2,\boldsymbol{\alpha}_3$ 是它的一个最大无关组。容易看出 $\boldsymbol{\alpha}_1,\boldsymbol{\alpha}_2,\boldsymbol{\alpha}_3$ 线性无关且 $\boldsymbol{\alpha}_4,\boldsymbol{\alpha}_5,\boldsymbol{\alpha}_6,\boldsymbol{\alpha}_7$ 都可由 $\boldsymbol{\alpha}_1,\boldsymbol{\alpha}_2,\boldsymbol{\alpha}_3$ 线性表出。另外,还容易证明:$\boldsymbol{\alpha}_1,\boldsymbol{\alpha}_2,\boldsymbol{\alpha}_4$ 或 $\boldsymbol{\alpha}_2,\boldsymbol{\alpha}_3,\boldsymbol{\alpha}_5$ 或 $\boldsymbol{\alpha}_4,\boldsymbol{\alpha}_5,\boldsymbol{\alpha}_7$ 都是它的最大无关组。

从定义可看出,一个线性无关的向量组的最大无关组就是这个向量组本身。

显然,仅有零向量组成的向量组没有最大无关组。

为了更深入地讨论向量组的最大无关组的性质,先来讨论两个向量组之间的关系。

定义 8 设两个向量组

$$\boldsymbol{\alpha}_1,\boldsymbol{\alpha}_2,\cdots,\boldsymbol{\alpha}_S \tag{Ⅰ}$$

$$\boldsymbol{\beta}_1,\boldsymbol{\beta}_2,\cdots,\boldsymbol{\beta}_t \tag{Ⅱ}$$

如果向量组(Ⅰ)的每个向量都可由向量组(Ⅱ)线性表出,则称向量组(Ⅰ)可由向量组(Ⅱ)线性表出;除此之外,如果向量组(Ⅱ)也可由向量组(Ⅰ)线性表出,则称向量组(Ⅰ)与向量组(Ⅱ)等价,记作

$$\{\boldsymbol{\alpha}_1,\boldsymbol{\alpha}_2,\cdots,\boldsymbol{\alpha}_S\}\cong\{\boldsymbol{\beta}_1,\boldsymbol{\beta}_2,\cdots,\boldsymbol{\beta}_t\}$$

例如:$\boldsymbol{\alpha}_1=(1,2,3)$,$\boldsymbol{\alpha}_2=(1,0,2)$与向量组 $\boldsymbol{\beta}_1=(3,4,8)$,$\boldsymbol{\beta}_2=(2,2,5)$,$\boldsymbol{\beta}_3=(0,2,1)$等价。因为 $\boldsymbol{\alpha}_1=\boldsymbol{\beta}_1-\boldsymbol{\beta}_2$,$\boldsymbol{\alpha}_2=2\boldsymbol{\beta}_2-\boldsymbol{\beta}_1$,容易证明,等价向量组有如下性质:

(1) 反身性:任一向量组与它自身等价,即$\{\boldsymbol{\alpha}_1,\boldsymbol{\alpha}_2,\cdots,\boldsymbol{\alpha}_S\}\cong\{\boldsymbol{\alpha}_1,\boldsymbol{\alpha}_2,\cdots,\alpha_S\}$。

(2) 对称性:若$\{\boldsymbol{\alpha}_1,\boldsymbol{\alpha}_2,\cdots,\boldsymbol{\alpha}_S\}\cong\{\boldsymbol{\beta}_1,\boldsymbol{\beta}_2,\cdots,\boldsymbol{\beta}_t\}$,则$\{\boldsymbol{\beta}_1,\boldsymbol{\beta}_2,\cdots,\boldsymbol{\beta}_t\}\cong\{\boldsymbol{\alpha}_1,\boldsymbol{\alpha}_2,\cdots,\boldsymbol{\alpha}_S\}$。

(3) 传递性:若$\{\boldsymbol{\alpha}_1,\boldsymbol{\alpha}_2,\cdots,\boldsymbol{\alpha}_S\}\cong\{\boldsymbol{\beta}_1,\boldsymbol{\beta}_2,\cdots,\boldsymbol{\beta}_t\}$,而$\{\boldsymbol{\beta}_1,\boldsymbol{\beta}_2,\cdots,\boldsymbol{\beta}_t\}\cong\{\boldsymbol{\gamma}_1,\boldsymbol{\gamma}_2,\cdots,\boldsymbol{\gamma}_m\}$,则$\{\boldsymbol{\alpha}_1,\boldsymbol{\alpha}_2,\cdots,\boldsymbol{\alpha}_S\}\cong\{\boldsymbol{\gamma}_1,\boldsymbol{\gamma}_2,\cdots,\boldsymbol{\gamma}_m\}$。

定理 7 如果向量组 $\boldsymbol{\alpha}_1,\boldsymbol{\alpha}_2,\cdots,\boldsymbol{\alpha}_r$ 可由向量组 $\boldsymbol{\beta}_1,\boldsymbol{\beta}_2,\cdots,\boldsymbol{\beta}_S$ 线性表出且 $r>s$,则向量组 $\boldsymbol{\alpha}_1,\boldsymbol{\alpha}_2,\cdots,\boldsymbol{\alpha}_r$ 线性相关。

证:为了证 $\boldsymbol{\alpha}_1,\boldsymbol{\alpha}_2,\cdots,\boldsymbol{\alpha}_r$ 线性相关,就要找到一组不全为零的数 $k_1,k_2,\cdots,k_r$,使

$$k_1\boldsymbol{\alpha}_1+k_2\boldsymbol{\alpha}_2+\cdots+k_r\boldsymbol{\alpha}_r=0 \tag{1}$$

已知 $\boldsymbol{\alpha}_1,\boldsymbol{\alpha}_2,\cdots,\boldsymbol{\alpha}_r$ 可由 $\boldsymbol{\beta}_1,\boldsymbol{\beta}_2,\cdots,\boldsymbol{\beta}_S$ 线性表出,故可设

$$\begin{cases}\boldsymbol{\alpha}_1=l_{11}\beta_1+l_{12}\beta_2+\cdots+l_{1S}\beta_S\\ \boldsymbol{\alpha}_2=l_{21}\beta_1+l_{22}\beta_2+\cdots+l_{2S}\beta_S\\ \qquad\vdots\\ \boldsymbol{\alpha}_r=l_{r1}\beta_1+l_{r2}\beta_2+\cdots+l_{rS}\beta_S\end{cases} \tag{2}$$

将式(2)代入式(1),得

$$\begin{aligned}
&k_1\boldsymbol{\alpha}_1+k_2\boldsymbol{\alpha}_2+\cdots+k_r\boldsymbol{\alpha}_r\\
=&k_1(l_{11}\boldsymbol{\beta}_1+l_{12}\boldsymbol{\beta}_2+\cdots+l_{1S}\boldsymbol{\beta}_S)+k_2(l_{21}\boldsymbol{\beta}_1+l_{22}\boldsymbol{\beta}_2+\cdots+l_{2S}\boldsymbol{\beta}_S)+\cdots+\\
&k_r(l_{r1}\boldsymbol{\beta}_1+l_{r2}\boldsymbol{\beta}_2+\cdots+l_{rS}\boldsymbol{\beta}_S)\\
=&(k_1l_{11}+k_2l_{21}+\cdots+k_rl_{r1})\boldsymbol{\beta}_1+(k_1l_{12}+k_2l_{22}+\cdots+k_rl_{r2})\boldsymbol{\beta}_2+\cdots+\\
&(k_1l_{1S}+k_2l_{2S}+\cdots+k_rl_{rS})\boldsymbol{\beta}_S=0
\end{aligned}\tag{3}$$

显然,当$\boldsymbol{\beta}_i$的系数全为零时,式(3)成立,即

$$\begin{cases}k_1l_{11}+k_2l_{21}+\cdots+k_rl_{r1}=0\\ k_1l_{12}+k_2l_{22}+\cdots+k_rl_{r2}=0\\ \qquad\vdots\\ k_1l_{1S}+k_2l_{2S}+\cdots+k_rl_{rS}=0\end{cases}\tag{4}$$

时,式(3)恒成立。方程组(4)是含有r个未知量$k_1,k_2,\cdots,k_r$,S个方程的齐次线性方程组,已知$r>S$,所以方程组(4)一定有非零解,因此存在一组非零解$k_1,k_2,\cdots,k_r$使得

$$k_1\boldsymbol{\alpha}_1+k_2\boldsymbol{\alpha}_2+\cdots+k_r\boldsymbol{\alpha}_r=0$$

成立,所以$\boldsymbol{\alpha}_1,\boldsymbol{\alpha}_2,\cdots,\boldsymbol{\alpha}_r$线性相关。

推论1 如果向量组$\boldsymbol{\alpha}_1,\boldsymbol{\alpha}_2,\cdots,\boldsymbol{\alpha}_r$线性无关且可由向量组$\boldsymbol{\beta}_1,\boldsymbol{\beta}_2,\cdots,\boldsymbol{\beta}_S$线性表示,则$r\leqslant S$。

推论2 两个等价的线性无关的向量组所含向量的个数相同。

证 设$\boldsymbol{\alpha}_1,\boldsymbol{\alpha}_2,\cdots,\boldsymbol{\alpha}_r$与$\boldsymbol{\beta}_1,\boldsymbol{\beta}_2,\cdots,\boldsymbol{\beta}_S$满足命题的条件,则$\boldsymbol{\alpha}_1,\boldsymbol{\alpha}_2,\cdots,\boldsymbol{\alpha}_r$线性无关且可由$\boldsymbol{\beta}_1,\boldsymbol{\beta}_2,\cdots,\boldsymbol{\beta}_S$线性表出,由推论1知$r\leqslant S$。同理$\boldsymbol{\beta}_1,\boldsymbol{\beta}_2,\cdots,\boldsymbol{\beta}_S$线性无关可由$\boldsymbol{\alpha}_1,\boldsymbol{\alpha}_2,\cdots,\boldsymbol{\alpha}_r$线性表出,则$S\leqslant r$,于是$r=S$。

最大线性无关组有下列性质:

性质1 向量组$\boldsymbol{\alpha}_1,\boldsymbol{\alpha}_2,\cdots,\boldsymbol{\alpha}_m$与它的极大无关组$\boldsymbol{\alpha}_{i1},\boldsymbol{\alpha}_{i2},\cdots,\boldsymbol{\alpha}_{ir}$等价。

证明 由最大无关组的定义知任一向量组$\boldsymbol{\alpha}_1,\boldsymbol{\alpha}_2,\cdots,\boldsymbol{\alpha}_m$可由它的最大无关组$\boldsymbol{\alpha}_{i1},\boldsymbol{\alpha}_{i2},\cdots,\boldsymbol{\alpha}_{ir}$线性表出。又因为最大无关组$\boldsymbol{\alpha}_{i1},\boldsymbol{\alpha}_{i2},\cdots,\boldsymbol{\alpha}_{ir}$的每一个向量都在向量组$\boldsymbol{\alpha}_1,\boldsymbol{\alpha}_2,\cdots,\boldsymbol{\alpha}_m$中,向量组的最大无关组$\boldsymbol{\alpha}_{i1},\boldsymbol{\alpha}_{i2},\cdots,\boldsymbol{\alpha}_{ir}$可由$\boldsymbol{\alpha}_1,\boldsymbol{\alpha}_2,\cdots,\boldsymbol{\alpha}_m$线性表出,故向量$\boldsymbol{\alpha}_1,\boldsymbol{\alpha}_2,\cdots,\boldsymbol{\alpha}_m$与它的最大无关组等价。

推论 向量组的任意两个最大无关组等价。

由等价的传递性直接可得此结论。

性质2 向量组的任意两个最大无关组所含向量的个数相同。

证明 设向量组$\boldsymbol{\alpha}_1,\boldsymbol{\alpha}_2,\cdots,\boldsymbol{\alpha}_m$的两个最大无关组为

$$\boldsymbol{\alpha}_{i1},\boldsymbol{\alpha}_{i2},\cdots,\boldsymbol{\alpha}_{ir}\tag{Ⅰ}$$

$$\boldsymbol{\alpha}_{j1},\boldsymbol{\alpha}_{j2},\cdots,\boldsymbol{\alpha}_{jt}\tag{Ⅱ}$$

由性质1的推论知(Ⅰ)≅(Ⅱ),再由定理1的推论2立即得到$r=t$。

3.3.2 向量组的秩

由于一个向量组的所有最大无关组含有相同个数的向量,这说明最大无关组所含向

量的个数反映了向量组本身的性质。因此,引进如下概念:

定义 9 向量组的最大无关组所含向量的个数,称为该向量组的秩,记作 $R(\boldsymbol{\alpha}_1,\boldsymbol{\alpha}_2,\cdots,\boldsymbol{\alpha}_m)$。

规定零向量组成的向量组的秩为零。

n 维基本单位向量组 $\boldsymbol{\varepsilon}_1,\boldsymbol{\varepsilon}_2,\cdots,\boldsymbol{\varepsilon}_n$ 是线性无关的,它的极大无关组就是它本身,因此,$R(\boldsymbol{\varepsilon}_1,\boldsymbol{\varepsilon}_2,\cdots,\boldsymbol{\varepsilon}_n)=n$。

定理 8 向量组线性无关的充分必要条件是:它的秩等于它所含向量的个数。

证明 必要性。如果向量组 $\boldsymbol{\alpha}_1,\boldsymbol{\alpha}_2,\cdots,\boldsymbol{\alpha}_m$ 线性无关,则它的极大无关组就是它本身,从而 $R(\boldsymbol{\alpha}_1,\boldsymbol{\alpha}_2,\cdots,\boldsymbol{\alpha}_m)=m$。

充分性。如果 $R(\boldsymbol{\alpha}_1,\boldsymbol{\alpha}_2,\cdots,\boldsymbol{\alpha}_m)=m$,则向量组的极大无关组应含有 m 个向量,而这就是向量组本身,所以该向量组线性无关。

定理 9 相互等价的向量组的秩相等。

证明:设向量组(Ⅰ)和(Ⅱ)等价,并且设$(\text{Ⅰ})^*$和$(\text{Ⅱ})^*$分别是(Ⅰ)和(Ⅱ)的极大无关组。根据性质 1,则

$(\text{Ⅰ})^*\cong(\text{Ⅰ}),(\text{Ⅱ})^*\cong(\text{Ⅱ})$

因为,$(\text{Ⅰ})\cong(\text{Ⅱ})$,所以$(\text{Ⅰ})^*\cong(\text{Ⅱ})^*$,即得

$$R(\text{Ⅰ})=R(\text{Ⅱ})$$

定理 9 的逆定理并不成立。即两个向量组的秩相等时,它们未必是等价的。

例如向量组 $\boldsymbol{\alpha}_1=(1,0,0,0),\boldsymbol{\alpha}_2=(0,1,0,0)$ 与向量组 $\boldsymbol{\beta}_1=(0,0,1,0),\boldsymbol{\beta}_2=(0,0,0,1)$ 有 $R(\boldsymbol{\alpha}_1,\boldsymbol{\alpha}_2)=R(\boldsymbol{\beta}_1,\boldsymbol{\beta}_2)=2$,而这两个向量组显然不是等价的。

定理 10 如果两个向量组的秩相等且其中一个向量组可由另一个线性表出,则这两个向量组等价。

证明留给读者。

3.3.3 向量组的秩与矩阵的秩的关系

对于只含有有限个向量的向量组 $\boldsymbol{A}:\boldsymbol{\alpha}_1,\boldsymbol{\alpha}_2,\cdots,\boldsymbol{\alpha}_m$,它可以构成矩阵 $\boldsymbol{A}=(\boldsymbol{\alpha}_1,\boldsymbol{\alpha}_2,\cdots,\boldsymbol{\alpha}_m)$。把定义 7 与矩阵的最高阶非零子式及矩阵的秩的定义作比较,容易想到向量组 $\boldsymbol{A}$ 的秩就等于矩阵 $\boldsymbol{A}$ 的秩。

定理 11 矩阵的秩等于其列向量组的秩,也等于其行向量组的秩。

证 设 $\boldsymbol{A}=(\boldsymbol{a}_1,\boldsymbol{a}_2,\cdots,\boldsymbol{a}_m),R(\boldsymbol{A})=r$,并设 r 阶子式 $D_r\neq0$。根据上节定理,由 $D_r\neq0$ 知 D_r 所在的 r 列线性无关;又有 $\boldsymbol{A}$ 中所有 $r+1$ 阶子式均为零,知 $\boldsymbol{A}$ 中任意 $r+1$ 个列向量都线性相关。因此 D_r 所在的 r 列是 $\boldsymbol{A}$ 的列向量组的一个最大无关组,所以列向量组的秩等于 r。

类似地,可证矩阵 $\boldsymbol{A}$ 的行向量组的秩也等于 $R(\boldsymbol{A})$。

今后向量组 $\boldsymbol{a}_1,\boldsymbol{a}_2,\cdots,\boldsymbol{a}_m$ 的秩也记作 $R(\boldsymbol{a}_1,\boldsymbol{a}_2,\cdots,\boldsymbol{a}_m)$。

定理 11 提供了一种求向量组的秩的方法:

以向量组 $\boldsymbol{A}$ 中的各个向量为列构成矩阵 $\boldsymbol{A}$,用初等行变换将矩阵 $\boldsymbol{A}$ 化为阶梯形矩阵 $\boldsymbol{B}$,矩阵 $\boldsymbol{B}$ 中的非零行的行数 = 向量组 $\boldsymbol{A}$ 的秩。

据此，还可以进一步推出向量组 $\boldsymbol{A}$ 的最大无关组：

设向量组 $\boldsymbol{A}$ 的秩为 r，则 $\boldsymbol{B}$ 的非零行中第一个非零元素所在的 r 个列向量是线性无关的。矩阵 $\boldsymbol{A}$ 中的这 r 个列向量构成向量组 $\boldsymbol{A}$ 的一个最大无关组。

例 3－11 求向量组 $\boldsymbol{B}:\boldsymbol{\beta}_1=\begin{pmatrix}1\\0\\-2\end{pmatrix},\boldsymbol{\beta}_2=\begin{pmatrix}3\\2\\0\end{pmatrix},\boldsymbol{\beta}_3=\begin{pmatrix}-2\\-1\\1\end{pmatrix},\boldsymbol{\beta}_4=\begin{pmatrix}2\\3\\5\end{pmatrix}$ 的秩并求其最大无关组。

解 构造矩阵

$$\boldsymbol{B}=(\boldsymbol{\beta}_1\quad\boldsymbol{\beta}_2\quad\boldsymbol{\beta}_3\quad\boldsymbol{\beta}_4)=\begin{pmatrix}1&3&-2&2\\0&2&-1&3\\-2&0&1&5\end{pmatrix}$$

$$\xrightarrow{r}\begin{pmatrix}1&3&-2&2\\0&2&-1&3\\0&6&-3&9\end{pmatrix}\xrightarrow{r}\begin{pmatrix}1&3&-2&2\\0&2&-1&3\\0&0&0&0\end{pmatrix}=\boldsymbol{B}_1$$

求得 $R(\boldsymbol{B})=2$，向量组 $\boldsymbol{B}$ 的秩 $=2$。

另外，由于矩阵 $\boldsymbol{B}_1$ 中位于 1,2 行 1,2 列的二阶子式 $\begin{vmatrix}1&3\\0&2\end{vmatrix}=2\neq0$，故 $\boldsymbol{\beta}_1,\boldsymbol{\beta}_2$ 是 $\boldsymbol{B}$ 的一个最大无关组。

当然，$\boldsymbol{\beta}_1,\boldsymbol{\beta}_3$ 和 $\boldsymbol{\beta}_1,\boldsymbol{\beta}_4$ 也都是向量组 $\boldsymbol{B}$ 的一个最大无关组。

例 3－12 设矩阵

$$\begin{pmatrix}2&-1&-1&1&2\\1&1&-2&1&4\\4&-6&2&-2&4\\3&6&-9&7&9\end{pmatrix}$$

求矩阵 $\boldsymbol{A}$ 的列向量组的一个最大无关组，并把不属于最大无关组的向量用最大无关组线性表示。

解 对矩阵 $\boldsymbol{A}$ 进行初等行变换变为行阶梯形矩阵：

$$\boldsymbol{A}\xrightarrow{r}\begin{pmatrix}1&1&-2&1&4\\0&1&-1&1&0\\0&0&0&1&-3\\0&0&0&0&0\end{pmatrix}$$

知 $R(\boldsymbol{A})=3$，故列向量组的最大无关组含有 3 个向量。$\boldsymbol{a}_1,\boldsymbol{a}_2,\boldsymbol{a}_4$ 为一个最大无关组。

为把 $\boldsymbol{a}_3,\boldsymbol{a}_5$ 用 $\boldsymbol{a}_1,\boldsymbol{a}_2,\boldsymbol{a}_4$ 线性表示，把 $\boldsymbol{A}$ 再进一步化成行最简形矩阵：

$$\boldsymbol{A}\xrightarrow{r}\begin{pmatrix}1&0&-1&0&4\\0&1&-1&0&3\\0&0&0&1&-3\\0&0&0&0&0\end{pmatrix}$$

可得

$$a_3 = -a_1 - a_2, a_5 = 4a_1 + 3a_2 - 3a_4$$

3.4 向 量 空 间

n 维向量空间的概念来源于几何。随着数学以及代数公理化方法的发展,佩亚诺(Peano,1858—1932)在 1888 年,第一次提出了实数域上向量空间的公理化定义,它的提出对线性代数学的发展起到了极大的推动作用。在 20 世纪中叶以后,公理化的定义得到广泛的应用,而向量空间则成为一个抽象的代数体系了。

3.4.1 向量空间概述

在解析几何里,已经见到平面或空间的向量。两个向量可以相加,也可以用一个实数去乘一个向量。这种向量的加法以及数与向量的乘法满足一定的运算规律。向量空间正是解析几何里向量概念的一般化。

设 $\boldsymbol{V}$ 是 n 维向量的非空集合,且满足

(1) 对任意的 $\alpha,\beta\in\boldsymbol{V}$,有 $\alpha+\beta\in\boldsymbol{V}$ (加法封闭);

(2) 对任意的 $\alpha\in\boldsymbol{V},k\in\mathbf{R}$,有 $k\boldsymbol{\alpha}\in\boldsymbol{V}$(数乘封闭);

称集合 $\boldsymbol{V}$ 为向量空间。

只含零向量的集合也构成向量空间, 称为零空间。

例 3-13 $\mathbf{R}^n=\{\boldsymbol{x}|\boldsymbol{x}=(\xi_1,\xi_2,\cdots,\xi_n),\xi_i\in\mathbf{R}\}$ 是向量空间;

$\boldsymbol{V}_0=\{\boldsymbol{x}|\boldsymbol{x}=(0,\xi_2,\cdots,\xi_n),\xi_i\in\mathbf{R}\}$ 是向量空间;

$\boldsymbol{V}_1=\{\boldsymbol{x}|\boldsymbol{x}=(1,\xi_2,\cdots,\xi_n),\xi_i\in\mathbf{R}\}$ 不是向量空间

$\mathbf{0}\cdot(1,\xi_2,\cdots,\xi_n)=(\mathbf{0},\mathbf{0},\cdots,\mathbf{0})\notin\boldsymbol{V}_1$,即数乘运算不封闭。

例 3-14 给定 n 维向量组 $\boldsymbol{\alpha}_1,\cdots,\boldsymbol{\alpha}_m(m\geqslant1)$,验证

$$V=\{\boldsymbol{\alpha}|\boldsymbol{\alpha}=k_1\boldsymbol{\alpha}_1+\cdots+k_m\boldsymbol{\alpha}_m,k_i\in\mathbf{R}\}$$

是向量空间,称为由向量组 $\boldsymbol{\alpha}_1,\cdots,\boldsymbol{\alpha}_m$ 生成的向量空间, 记作

$$L(\boldsymbol{\alpha}_1,\cdots,\boldsymbol{\alpha}_m) \text{ 或者 } \operatorname{span}\{\boldsymbol{\alpha}_1,\cdots,\boldsymbol{\alpha}_m\}$$

证 设 $\boldsymbol{\alpha},\boldsymbol{\beta}\in V$,则 $\boldsymbol{\alpha}=k_1\boldsymbol{\alpha}_1+\cdots+k_m\boldsymbol{\alpha}_m,\boldsymbol{\beta}=t_1\boldsymbol{\alpha}_1+\cdots+t_m\boldsymbol{\alpha}_m$,于是有

$$\boldsymbol{\alpha}+\boldsymbol{\beta}=(k_1+t_1)\boldsymbol{\alpha}_1+\cdots+(k_m+t_m)\boldsymbol{\alpha}_m\in V$$

$$k\boldsymbol{\alpha}=(kk_1)\boldsymbol{\alpha}_1+\cdots+(kk_m)\boldsymbol{\alpha}_m\in V \quad (\forall k\in\mathbf{R})$$

由定义知,V 是向量空间。

例 3-15 设

$p_n[x]=\{a_0x^n+a_1x^{n-1}+\cdots+a_{n-1}x+a_n|a_0,a_1,\cdots a_n\in R\}$ 为次数不大于 n 的实系数多项式的全体,则 $p_n[x]$ 按多项式的加法和数乘多项式的数乘运算,构成 R 上的一个实线性空间。

例 3-16 设 $C[a,b]$ 是定义在闭区间 $[a,b]$ 上的一切连续实函数的全体,则 $C[a,b]$ 按连续函数的加法和实数乘连续函数的数乘运算,构成 R 上的一个实线性空间。

3.4.2 子空间

设 V_1 和 V_2 都是向量空间，且 $V_1 \subset V_2$，称 V_1 为 V_2 的子空间。

3.4.3 向量空间的基与维数

设向量空间 V,若

(1) V 中有 r 个向量 $\boldsymbol{\alpha}_1,\cdots,\boldsymbol{\alpha}_r$ 线性无关；

(2) V 中任一向量 $\boldsymbol{\alpha}$ 总可由 $\boldsymbol{\alpha}_1,\cdots,\boldsymbol{\alpha}_r$ 线性表示。

称 $\boldsymbol{\alpha}_1,\cdots,\boldsymbol{\alpha}_r$ 为 $\boldsymbol{V}$ 的一组基，称基中的向量个数 r 为 V 的维数，记作 $\dim V = r$。这时称 V 是 r 维向量空间。

零空间没有基，规定:零空间的维数为 0。

[注]

(1) 若把向量空间看成向量组，则由最大无关组的等价定义可知，$\boldsymbol{V}$ 的基就是向量组的最大无关组，$\boldsymbol{V}$ 的维数就是向量组的秩。

(2) 由条件(2)可得：$\boldsymbol{V}$ 中任意 $\boldsymbol{r}+1$ 个向量线性相关。(自证)

(3) 若 $\dim\boldsymbol{V}=\boldsymbol{r}$，则 $\boldsymbol{V}$ 中任意 $\boldsymbol{r}$ 个线性无关的向量都可作为 V 的基。特别地，R^n 中任意 n 个线性无关的向量组构成 R^n 的一组基。

结论 设向量空间 V 的基为 $\boldsymbol{\alpha}_1,\cdots,\boldsymbol{\alpha}_r$，则 $V=L(\boldsymbol{\alpha}_1,\cdots,\boldsymbol{\alpha}_r)$。

证 任 $\boldsymbol{\alpha}\in V$

有

$$\boldsymbol{\alpha}=k_1\boldsymbol{\alpha}_1+\cdots+k_r\boldsymbol{\alpha}_r\in L$$

即

$$V\subset L$$

又

$$\boldsymbol{\alpha}\in L$$

可得

$$\boldsymbol{\alpha}=k_1\boldsymbol{\alpha}_1+\cdots+k_r\boldsymbol{\alpha}_r\in V$$

即

$$L\subset V$$

综上得

$$V=L(\boldsymbol{\alpha}_1,\cdots,\boldsymbol{\alpha}_r)$$

例:设 n 元实系数齐次线性方程组

$$\begin{cases} a_{11}x_1+a_{12}x_2+\cdots+a_{1n}x_n=0 \\ \qquad\vdots \\ a_{m1}x_1+a_{m2}x_2+\cdots+a_{mn}x_n=0 \end{cases}$$

的全部解向量的集合 S,则 S 在 n 维向量的加法和数乘运算下,构成了 R 上的线性空间 R^n 的一个子空间,这个子空间称为齐次线性方程组的解空间。

方程组的任一基础解系就是解空间 S 的一个基。

如果方程组的系数矩阵的秩为 r,那么方程组的基础解系也就是 S 的一个基,所含解向量的个数为 $n-r$,故知 $\dim S=n-r$。

3.4.4 向量在给定基下的坐标

设向量空间 V 的基为 $\boldsymbol{\alpha}_1,\cdots,\boldsymbol{\alpha}_r$, 对于任 $\boldsymbol{\alpha}\in V$,可唯一地表示为

$$\boldsymbol{\alpha}=\lambda_1\boldsymbol{\alpha}_1+\cdots+\lambda_r\boldsymbol{\alpha}_r$$

称 $\lambda_1,\cdots,\lambda_r$ 为 $\boldsymbol{\alpha}$ 在基 $\boldsymbol{\alpha}_1,\cdots,\boldsymbol{\alpha}_r$ 下的坐标。

例 3-17 设向量空间 $\boldsymbol{V}^3$ 的基为

$$\boldsymbol{\alpha}_1=(1,1,1,1)^{\mathrm{T}},\ \boldsymbol{\alpha}_2=(1,1,-1,1)^{\mathrm{T}},\ \boldsymbol{\alpha}_3=(1,-1,-1,1)^{\mathrm{T}}$$

求 $\boldsymbol{\alpha}=(1,2,1,1)^{\mathrm{T}}$ 在该基下的坐标。

解 设 $\boldsymbol{\alpha}=x_1\boldsymbol{\alpha}_1+x_2\boldsymbol{\alpha}_2+x_3\boldsymbol{\alpha}_3$, 比较等式两端的对应分量可得

$$\begin{pmatrix}1&1&1\\1&1&-1\\1&-1&-1\\1&1&1\end{pmatrix}\begin{pmatrix}x_1\\x_2\\x_3\end{pmatrix}=\begin{pmatrix}1\\2\\1\\1\end{pmatrix}$$

由 $\left(\begin{array}{ccc:c}1&1&1&1\\1&1&-1&2\\1&-1&-1&1\\1&1&1&1\end{array}\right)\rightarrow\left(\begin{array}{ccc:c}1&0&0&1\\0&1&0&1/2\\0&0&1&-1/2\\0&0&0&0\end{array}\right)$,得

$$\begin{pmatrix}x_1\\x_2\\x_3\end{pmatrix}=\begin{pmatrix}1\\1/2\\-1/2\end{pmatrix}$$

特别地,在空间 R^n 中,常取单位向量组

$$\boldsymbol{e}_1,\boldsymbol{e}_2,\cdots,\boldsymbol{e}_n$$

为基,称为自然基。此时,任一向量 $\boldsymbol{x}=(x_1,x_2,\cdots,x_n)^{\mathrm{T}}$ 可表示为

$$\boldsymbol{x}=x_1\boldsymbol{e}_1+x_2\boldsymbol{e}_2+\cdots+x_2\boldsymbol{e}_n$$

例 3-18 设 $\boldsymbol{A}=(\boldsymbol{a}_1,\boldsymbol{a}_2,\boldsymbol{a}_3)=\begin{pmatrix}2&2&-1\\2&-1&2\\-1&2&2\end{pmatrix}$, $\boldsymbol{B}=(\boldsymbol{b}_1,\boldsymbol{b}_2)=\begin{pmatrix}1&4\\0&3\\-4&2\end{pmatrix}$。

验证 $\boldsymbol{a}_1,\boldsymbol{a}_2,\boldsymbol{a}_3$ 是 R^3 的一组基, 并求 $\boldsymbol{b}_1,\boldsymbol{b}_2$ 在这组基中的坐标。

解

$$(\boldsymbol{A},\boldsymbol{B})=\begin{pmatrix}2&2&-1&1&4\\2&-1&2&0&3\\-1&2&2&-4&2\end{pmatrix}\xrightarrow{r}\begin{pmatrix}1&0&0&\frac{2}{3}&\frac{4}{3}\\0&1&0&-\frac{2}{3}&1\\0&0&1&-1&\frac{2}{3}\end{pmatrix}$$

所以 $R_A=3$,故 $\boldsymbol{a}_1,\boldsymbol{a}_2,\boldsymbol{a}_3$ 是 R^3 的一组基,且 $\boldsymbol{b}_1,\boldsymbol{b}_2$ 在基 $\boldsymbol{a}_1,\boldsymbol{a}_2,\boldsymbol{a}_3$ 中的坐标依次为

$$\frac{2}{3},-\frac{2}{3},-1\quad 和\quad \frac{4}{3},1,\frac{2}{3}$$

3.5 应用实例

(1) 求使平面上三点 $(x_1,y_1),(x_2,y_2),(x_3,y_3)$ 位于一条直线上的充分必要条件。

解 平面上三点 $(x_1,y_1),(x_2,y_2),(x_3,y_3)$ 位于直线 $ax+by+c=0$ 上当且仅且

$$\begin{cases}ax_1+by_1+c=0\\ax_2+by_2+c=0\\ax_3+by_3+c=0\end{cases}$$

等价于以 a,b,c 为未知量的上述三元齐次线性方程组有非零解,因此

$$\begin{vmatrix}x_1&y_1&1\\x_2&y_2&1\\x_3&y_3&1\end{vmatrix}=0$$

注:当上述3阶行列式等于0时,可推出

$$\begin{vmatrix}x_2-x_1&y_2-y_1\\x_3-x_1&y_3-y_1\end{vmatrix}=0$$

从而齐次线性方程组 $\begin{cases}a(x_2-x_1)+b(y_2-y_1)=0\\a(x_3-x_1)+b(y_3-y_1)=0\end{cases}$ 有非零解,即可求出不全为0的 a,b,从而求出的方程 $ax+by+c=0$ 表示一条直线。

(2) 求使平面上 n 个点 $(x_1,y_1),(x_2,y_2),\cdots,(x_n,y_n)$ 位于一条直线上的充分必要条件。

提示 类似于第1题的解法可得充分必要条件为矩阵

$$\begin{pmatrix}x_1&y_1&1\\x_2&y_2&1\\\vdots&\vdots&\vdots\\x_n&y_n&1\end{pmatrix}$$

的秩小于3。

(3) 求四点(x_1,y_1,z_1),(x_2,y_2,z_2),(x_3,y_3,z_3),(x_4,y_4,z_4)位于一个平面内的充分必要条件。

提示 类似于第1题的解法可得充分必要条件为

$$\begin{vmatrix} x_1 & y_1 & z_1 & 1 \\ x_2 & y_2 & z_2 & 1 \\ x_3 & y_3 & z_3 & 1 \\ x_4 & y_4 & z_4 & 1 \end{vmatrix}=0$$

习 题

1. 设$v_1=(1,\ 1,\ 0)^T$,$v_2=(0,\ 1,\ 1)^T$,$v_3=(3,\ 4,\ 0)^T$,求v_1-v_2及$3v_1+2v_2-v_3$。

2. 设$\boldsymbol{\alpha}_1=(2,5,1,3)$,$\boldsymbol{\alpha}_2=(10,1,5,10)$,$\boldsymbol{\alpha}_3=(4,1,-1,1)$,如果$3(\boldsymbol{\alpha}_1-\boldsymbol{\alpha})+2(\boldsymbol{\alpha}_2+\boldsymbol{\alpha})=5(\boldsymbol{\alpha}_3+\boldsymbol{\alpha})$,求$\boldsymbol{\alpha}$。

3. 设$\boldsymbol{\alpha}_1=(1,-2,5,3)$,$\boldsymbol{\alpha}_2=(4,7,-2,6)$,$\boldsymbol{\alpha}_3=(-10,-25,16,-12)$,求向量组$\boldsymbol{\alpha}_1$,$\boldsymbol{\alpha}_2$,$\boldsymbol{\alpha}_3$分别以下列各组数为系数的线性组合$k_1\boldsymbol{\alpha}_1+k_2\boldsymbol{\alpha}_2+k_3\boldsymbol{\alpha}_3$:

(1) $k_1=-2,k_2=3,k_3=1$;

(2) $k_1=0,k_2=0,k_3=0$;

(3) $k_1=x_1,k_2=x_2,k_3=x_3$。

4. 判断向量$\boldsymbol{\beta}$是否可以由向量组$\boldsymbol{\alpha}_1,\boldsymbol{\alpha}_2,\boldsymbol{\alpha}_3$线性表示,若能,写出它的一种表示方法。

(1) $\boldsymbol{\beta}=(8,3,-1,25)$,$\boldsymbol{\alpha}_1=(-1,3,0,-5)$,$\boldsymbol{\alpha}_2=(2,0,7,-3)$,$\boldsymbol{\alpha}_3=(-4,1,-2,6)$;

(2) $\boldsymbol{\beta}=(-8,-3,7,-10)$,$\boldsymbol{\alpha}_1=(-2,7,1,3)$,$\boldsymbol{\alpha}_2=(3,-5,0,-2)$,$\boldsymbol{\alpha}_3=(-5,6,3,-1)$;

(3) $\boldsymbol{\beta}=(2,-30,13,-26)$,$\boldsymbol{\alpha}_1=(3,-5,2,-4)$,$\boldsymbol{\alpha}_2=(-1,7,-3,6)$,$\boldsymbol{\alpha}_3=(3,11,-5,10)$

5. 举例说明下列各命题是错误的:

(1) 若向量组$\boldsymbol{a}_1,\boldsymbol{a}_2,\cdots,\boldsymbol{a}_m$是线性相关的,则$\boldsymbol{a}_1$可由$\boldsymbol{a}_2,\cdots,\boldsymbol{a}_m$线性表示。

(2) 若有不全为0的数$\lambda_1,\lambda_2,\cdots,\lambda_m$使

$$\boldsymbol{\lambda}_1\boldsymbol{a}_1+\cdots+\boldsymbol{\lambda}_m\boldsymbol{a}_m+\boldsymbol{\lambda}_1\boldsymbol{b}_1+\cdots+\boldsymbol{\lambda}_m\boldsymbol{b}_m=\boldsymbol{0}$$

成立,则$\boldsymbol{a}_1,\cdots,\boldsymbol{a}_m$线性相关,$\boldsymbol{b}_1,\cdots,\boldsymbol{b}_m$亦线性相关。

(3) 若只有当$\boldsymbol{\lambda}_1,\boldsymbol{\lambda}_2,\cdots,\boldsymbol{\lambda}_m$全为0时,等式

$$\boldsymbol{\lambda}_1\boldsymbol{a}_1+\cdots+\boldsymbol{\lambda}_m\boldsymbol{a}_m+\boldsymbol{\lambda}_1\boldsymbol{b}_1+\cdots+\boldsymbol{\lambda}_m\boldsymbol{b}_m=\boldsymbol{0}$$

才能成立，则 $\boldsymbol{a}_1,\cdots,\boldsymbol{a}_m$ 线性无关，$\boldsymbol{b}_1,\cdots,\boldsymbol{b}_m$ 亦线性无关。

(4) 若 $\boldsymbol{a}_1,\cdots,\boldsymbol{a}_m$ 线性相关，$\boldsymbol{b}_1,\cdots,\boldsymbol{b}_m$ 亦线性相关，则有不全为 0 的数 $\boldsymbol{\lambda}_1,\boldsymbol{\lambda}_2,\cdots,\boldsymbol{\lambda}_m$ 使

$$\boldsymbol{\lambda}_1\boldsymbol{a}_1+\cdots+\boldsymbol{\lambda}_m\boldsymbol{a}_m=0,\boldsymbol{\lambda}_1\boldsymbol{b}_1+\cdots+\boldsymbol{\lambda}_m\boldsymbol{b}_m=\boldsymbol{0}$$

同时成立。

6. 判断下列向量组是否线性相关，若线性相关，试找出其中一个向量，使得这个向量可由其余向量线性表出，并且写出它的一种表出方式。

(1) $\boldsymbol{\alpha}_1=(3,1,2,-4),\boldsymbol{\alpha}_2=(1,0,5,2),\boldsymbol{\alpha}_3=(-1,2,0,3)$；

(2) $\boldsymbol{\alpha}_1=(-2,1,0,3),\boldsymbol{\alpha}_2=(1,-3,2,4),\boldsymbol{\alpha}_3=(3,0,2,-1),\boldsymbol{\alpha}_4=(2,-2,4,6)$；

(3) $\boldsymbol{\alpha}_1=(3,-1,2),\boldsymbol{\alpha}_2=(1,5,-7),\boldsymbol{\alpha}_3=(7,,13,20),\boldsymbol{\alpha}_4=(-2,6,1)$；

(4) $\boldsymbol{\alpha}_1=(1,-2,4,-8),\boldsymbol{\alpha}_2=(1,3,9,27),\boldsymbol{\alpha}_3=(1,4,16,64),\boldsymbol{\alpha}_4=(1,-1,1,-1)$。

7. 证明：含有两个成比例的向量的向量组是线性相关的。

8. 设 $\boldsymbol{b}_1=\boldsymbol{a}_1+\boldsymbol{a}_2,\boldsymbol{b}_2=\boldsymbol{a}_2+\boldsymbol{a}_3,\boldsymbol{b}_3=\boldsymbol{a}_3+\boldsymbol{a}_4,\boldsymbol{b}_4=\boldsymbol{a}_4+\boldsymbol{a}_1$，证明向量组 $\boldsymbol{b}_1,\boldsymbol{b}_2,\boldsymbol{b}_3,\boldsymbol{b}_4$ 线性相关。

9. 设 $\boldsymbol{b}_1=\boldsymbol{a}_1,\boldsymbol{b}_2=\boldsymbol{a}_1+\boldsymbol{a}_2,\cdots,\boldsymbol{b}_r=\boldsymbol{a}_1+\boldsymbol{a}_2+\cdots+\boldsymbol{a}_r$，且向量组 $\boldsymbol{a}_1,\boldsymbol{a}_2,\cdots,\boldsymbol{a}_r$ 线性无关，证明向量组 $\boldsymbol{b}_1,\boldsymbol{b}_2,\cdots,\boldsymbol{b}_r$ 线性无关。

10. 设有 $\boldsymbol{\alpha}_1=(1,-2,4),\boldsymbol{\alpha}_2=(0,1,2),\boldsymbol{\alpha}_3=(-2,3,\alpha)$，试问：

(1) $\boldsymbol{\alpha}$ 取何值时，$\boldsymbol{\alpha}_1,\boldsymbol{\alpha}_2,\boldsymbol{\alpha}_3$ 线性相关？

(2) $\boldsymbol{\alpha}$ 取何值时，$\boldsymbol{\alpha}_1,\boldsymbol{\alpha}_2,\boldsymbol{\alpha}_3$ 线性无关？

11. 试证：若 $\boldsymbol{\alpha}_1,\boldsymbol{\alpha}_2,\boldsymbol{\alpha}_3$ 线性无关，则

(1) $\boldsymbol{\alpha}_1+\boldsymbol{\alpha}_2,\boldsymbol{\alpha}_2+\boldsymbol{\alpha}_3,\boldsymbol{\alpha}_3+\boldsymbol{\alpha}_1$ 也线性无关。

(2) $2\boldsymbol{\alpha}_1+3\boldsymbol{\alpha}_2,\boldsymbol{\alpha}_2+4\boldsymbol{\alpha}_3,5\boldsymbol{\alpha}_3+\boldsymbol{\alpha}_1$ 也线性无关。

12. 设 $\boldsymbol{a}_1,\boldsymbol{a}_2,\cdots,\boldsymbol{a}_n$ 是一组 n 维向量，已知 n 维单位坐标向量 $\boldsymbol{e}_1,\boldsymbol{e}_2,\cdots,\boldsymbol{e}_n$ 能由它们线性表示，证明 $\boldsymbol{a}_1,\boldsymbol{a}_2,\cdots,\boldsymbol{a}_n$ 线性无关。

13. 已知向量组 $\boldsymbol{\alpha}_1,\boldsymbol{\alpha}_2,\cdots,\boldsymbol{\alpha}_S$ 的秩为 r，证明：$\boldsymbol{\alpha}_1,\boldsymbol{\alpha}_2,\cdots,\boldsymbol{\alpha}_S$ 中的任意 r 个线性无关的向量都是它的一个最大无关组。

14. 已知向量组 $\boldsymbol{\alpha}_1,\boldsymbol{\alpha}_2,\cdots,\boldsymbol{\alpha}_r$ 与 $\boldsymbol{\alpha}_1,\boldsymbol{\alpha}_2,\cdots,\boldsymbol{\alpha}_r,\boldsymbol{\alpha}_{r+1},\cdots,\boldsymbol{\alpha}_S$ 有相同的秩，证明：$\boldsymbol{\alpha}_1,\boldsymbol{\alpha}_2,\cdots,\boldsymbol{\alpha}_r$ 与 $\boldsymbol{\alpha}_1,\boldsymbol{\alpha}_2,\cdots,\boldsymbol{\alpha}_r,\boldsymbol{\alpha}_{r+1},\cdots,\boldsymbol{\alpha}_S$ 等价。

15. 证明：如果向量组 $\boldsymbol{\alpha}_1,\boldsymbol{\alpha}_2,\cdots,\boldsymbol{\alpha}_r$ 线性无关且可由向量组 $\boldsymbol{\beta}_1,\boldsymbol{\beta}_2,\cdots,\boldsymbol{\beta}_S$ 线性表示，则 $r\leqslant s$。

16. 利用初等行变换求下列矩阵的列向量组的秩：

(1) $\begin{pmatrix} 25 & 31 & 17 & 43 \\ 75 & 94 & 53 & 132 \\ 75 & 94 & 54 & 134 \\ 25 & 32 & 20 & 48 \end{pmatrix}$

(2) $\begin{pmatrix} 1 & 1 & 2 & 2 & 1 \\ 0 & 2 & 1 & 5 & -1 \\ 2 & 0 & 3 & -1 & 3 \\ 1 & 1 & 0 & 4 & -1 \end{pmatrix}$

17. 求下列向量组的一个最大无关组与秩。

(1) $\boldsymbol{\alpha}_1=\begin{pmatrix}1\\0\\3\end{pmatrix}, \boldsymbol{\alpha}_2=\begin{pmatrix}1\\0\\3\end{pmatrix}, \boldsymbol{\alpha}_3=\begin{pmatrix}1\\0\\3\end{pmatrix}, \boldsymbol{\alpha}_4=\begin{pmatrix}8\\-1\\5\end{pmatrix}$

(2) $\boldsymbol{\alpha}_1=\begin{pmatrix}1\\1\\3\\1\end{pmatrix}, \boldsymbol{\alpha}_2=\begin{pmatrix}-1\\1\\-3\\3\end{pmatrix}, \boldsymbol{\alpha}_3=\begin{pmatrix}5\\-2\\8\\-9\end{pmatrix}, \boldsymbol{\alpha}_4=\begin{pmatrix}-1\\3\\1\\7\end{pmatrix}$

(3) $\boldsymbol{\alpha}_1=\begin{pmatrix}1\\1\\3\\1\end{pmatrix}, \boldsymbol{\alpha}_2=\begin{pmatrix}1\\1\\-1\\-1\end{pmatrix}, \boldsymbol{\alpha}_3=\begin{pmatrix}1\\-1\\-1\\1\end{pmatrix}, \boldsymbol{\alpha}_4=\begin{pmatrix}-1\\-1\\-1\\1\end{pmatrix}$

(4) $\boldsymbol{\alpha}_1=\begin{pmatrix}1\\1\\1\\2\end{pmatrix}, \boldsymbol{\alpha}_2=\begin{pmatrix}1\\-1\\0\\0\end{pmatrix}, \boldsymbol{\alpha}_3=\begin{pmatrix}1\\3\\2\\4\end{pmatrix}, \boldsymbol{\alpha}_4=\begin{pmatrix}4\\-2\\1\\2\end{pmatrix}, \boldsymbol{\alpha}_5=\begin{pmatrix}-3\\-1\\-2\\-4\end{pmatrix}$

18. 求下列向量组的一个最大无关组,并将该组中其余某一个向量由此最大无关组线性表示。

(1) $\boldsymbol{\alpha}_1=(1,2,-3),\boldsymbol{\alpha}_2=(2,-1,-1),\boldsymbol{\alpha}_3=(-1,3,-2)$,$\boldsymbol{\alpha}_4=(-3,4,14),\boldsymbol{\alpha}_5=(-2,1,-4)$

(2) $\boldsymbol{\alpha}_1=(1,1,3,1),\boldsymbol{\alpha}_2=(-1,1,-1,3),\boldsymbol{\alpha}_3=(-1,3,1,7)$,$\boldsymbol{\alpha}_4=(-1,3,1,7)$

(3) $\boldsymbol{\alpha}_1=(1,1,2,3),\boldsymbol{\alpha}_2=(1,-1,1,1),\boldsymbol{\alpha}_3=(1,3,3,5)$,$\boldsymbol{\alpha}_4=(4,-2,5,6),\boldsymbol{\alpha}_5=(-3,-1,-5,-7)$

19. 证明 $R(\boldsymbol{A}+\boldsymbol{B})\leqslant R(\boldsymbol{A})+R(\boldsymbol{B})$。

20. 检验下列集合对于制定的运算能否构成数域 P 上的向量空间。

(1) 所有的 $m\times n$ 实对称矩阵,P 是实数域,运算为矩阵的加法和数量乘法。

(2) 平面上的所有向量 $\boldsymbol{V}$,P 是实数域,加法为平行四边形法则,数量运算为对 $\forall k\in p,\forall\boldsymbol{\alpha}\in V,k\boldsymbol{\alpha}=\boldsymbol{\alpha}$。

21. 全体正实数 $RR+$,加法与数量乘法定义为 $a\oplus b=ab,k\circ a=a^k$。判断 R^n 中下列子集哪些是子空间。

(1) $\{(a_1,a_2,\cdots,a_n)\mid a_1+a_2+\cdots,+a_n=0\}$

(2) $\{(a_1,a_2,\cdots,a_n)\mid a_1=a_2=\cdots,=a_n\}$

(3) $\{(a_1,a_2,\cdots,a_n)\mid a_1+a_2+\cdots,+a_n=1\}$

22. 在 R^3 中求向量 $\boldsymbol{\alpha}$ 在基 $\boldsymbol{\eta}_1,\boldsymbol{\eta}_2,\boldsymbol{\eta}_3$ 下的坐标:

(1) $\boldsymbol{\alpha}=(1,2,1),\boldsymbol{\eta}_1=(1,1,1),\boldsymbol{\eta}_2=(1,1,-1),\boldsymbol{\eta}_3=(1,-1,-1)$

(2) $\boldsymbol{\alpha}=(3,7,1),\boldsymbol{\eta}_1=(1,3,5),\boldsymbol{\eta}_2=(6,3,2),\boldsymbol{\eta}_3=(3,1,0)$

23. 在 R^4 中,求基 $\boldsymbol{\varepsilon}_1,\boldsymbol{\varepsilon}_2,\boldsymbol{\varepsilon}_3,\boldsymbol{\varepsilon}_4$ 到基 $\boldsymbol{\eta}_1,\boldsymbol{\eta}_2,\boldsymbol{\eta}_3,\boldsymbol{\eta}_4$ 的过渡矩阵,并求向量 $\boldsymbol{\xi}$ 在所指基下的坐标。

(1) $\begin{cases}\boldsymbol{\varepsilon}_1=(1,0,0,0)\\ \boldsymbol{\varepsilon}_2=(0,1,0,0)\\ \boldsymbol{\varepsilon}_3=(0,0,1,0)\\ \boldsymbol{\varepsilon}_4=(0,0,0,1)\end{cases}$ $\begin{cases}\boldsymbol{\eta}_1^{\mathrm{T}}=(2,1,-1,1)\\ \boldsymbol{\eta}_2^{\mathrm{T}}=(0,3,1,0)\\ \boldsymbol{\eta}_3^{\mathrm{T}}=(5,3,2,1)\\ \boldsymbol{\eta}_4^{\mathrm{T}}=(6,6,1,3)\end{cases}$

$\boldsymbol{\xi}^{\mathrm{T}}=(x_1,x_2,x_3,x_4)$在$\boldsymbol{\eta}_1,\boldsymbol{\eta}_2,\boldsymbol{\eta}_3,\boldsymbol{\eta}_4$下的坐标。

(2) $\begin{cases}\boldsymbol{\varepsilon}_1^{\mathrm{T}}=(1,1,1,1)\\ \boldsymbol{\varepsilon}_2^{\mathrm{T}}=(1,1,-1,-1)\\ \boldsymbol{\varepsilon}_3^{\mathrm{T}}=(1,-1,1,-1)\\ \boldsymbol{\varepsilon}_4^{\mathrm{T}}=(1,-1,-1,1)\end{cases}$ $\begin{cases}\boldsymbol{\eta}_1^{\mathrm{T}}=(1,1,0,1)\\ \boldsymbol{\eta}_2^{\mathrm{T}}=(2,1,3,1)\\ \boldsymbol{\eta}_3^{\mathrm{T}}=(1,1,0,0)\\ \boldsymbol{\eta}_4^{\mathrm{T}}=(0,1,-1,-1)\end{cases}$

$\boldsymbol{\xi}^{\mathrm{T}}=(1,0,0,-1)$在$\boldsymbol{\eta}_1,\boldsymbol{\eta}_2,\boldsymbol{\eta}_3,\boldsymbol{\eta}_4$下的坐标。

24. 求R^n中子空间W的维数和基底

$$W=\{(x_1,x_2,\cdots,x_n)\mid x_1+2x_2+\cdots,+nx_n=0\}。$$

25. 试证：由$\boldsymbol{a}_1=(0,1,1)^{\mathrm{T}},\boldsymbol{a}_2=(1,0,1)^{\mathrm{T}},\boldsymbol{a}_3=(1,1,0)^{\mathrm{T}}$所生成的向量空间就是$\boldsymbol{R}^3$。

第4章　线性方程组

数域 F 上的线性方程组通过线性方程组的增广矩阵与数域 F 上的矩阵建立了一一对应关系，它们也具有相同的代数结构，它们之间体现着事物的普遍联系性，在一定条件下它们之间可以相互转化，互为工具。

对于线性方程组的解法，早在中国古代的数学著作《九章算术》中已作了比较完整的论述。其中所述方法实质上相当于现代的对方程组的增广矩阵施行初等行变换从而消去未知量的方法，即高斯消元法。在西方，线性方程组的研究是在17世纪后期由莱布尼茨开创的。他曾研究含两个未知量的三个线性方程组组成的方程组。麦克劳林在18世纪上半叶研究了具有二、三、四个未知量的线性方程组，得到了现在称为克莱姆法则的结果。克莱姆不久也发表了这个法则。18世纪下半叶，法国数学家贝祖对线性方程组理论进行了一系列研究，证明了齐次线性方程组有非零解的条件是系数行列式等于零。

19世纪，英国数学家史密斯(H. Smith)和道奇森(C-L. Dodgson)继续研究线性方程组理论，前者引进了方程组的增广矩阵和非增广矩阵的概念，后者证明个未知的方程组相容的充要条件是系数矩阵和增广矩阵的秩相同。这正是现代方程组理论中的重要结果之一。

大量的科学技术问题，最终往往归结为解线性方程组。因此在线性方程组的数值解法得到发展的同时，线性方程组解的结构等理论性工作也取得了令人满意的进展。现在，线性方程组的数值解法在计算数学中占有重要地位。

4.1　用消元法解线性方程组

在第1章介绍了 n 阶行列式以及应用行列式解线性方程组的克莱姆法则。但是应用克莱姆法则是有条件的，它要求线性方程组中未知量的个数与方程的个数相等，并且要求方程组的系数行列式不等于零。然而，许多线性方程组并不能同时满足这两个条件。因此，必须讨论一般情况下线性方程组的求解方法和解的各种情况。

考虑一般的线性方程组：

$$\begin{cases} a_{11}x_1 + a_{12}x_2 + \cdots + a_{1n}x_n = b_1 \\ a_{21}x_1 + a_{22}x_2 + \cdots + a_{2n}x_n = b_2 \\ \qquad\vdots \\ a_{m1}x_1 + a_{m2}x_2 + \cdots + a_{mn}x_n = b_m \end{cases} \tag{4-1}$$

根据第2章所学知识，线性方程组(4-1)的矩阵形式为

$$\boldsymbol{AX} = \boldsymbol{b}$$

其中

$$\boldsymbol{A}=\begin{pmatrix} a_{11} & a_{12} & \cdots & a_{1n} \\ a_{21} & a_{22} & \cdots & a_{2n} \\ \vdots & \vdots & & \vdots \\ a_{m1} & a_{m2} & \cdots & a_{mn} \end{pmatrix}$$

称为式(4－1)的系数矩阵。而

$$\boldsymbol{X}=\begin{pmatrix} x_1 \\ x_2 \\ \vdots \\ x_n \end{pmatrix},\ \boldsymbol{b}=\begin{pmatrix} b_1 \\ b_2 \\ \vdots \\ b_m \end{pmatrix}$$

可分别称为式(4－1)的未知量矩阵和常数项矩阵。

同时,将系数矩阵 $\boldsymbol{A}$ 和常数项矩阵 $\boldsymbol{b}$ 并在一起构成如下矩阵:

$$\overline{\boldsymbol{A}}=\begin{pmatrix} a_{11} & a_{12} & \cdots & a_{1n} & b_1 \\ a_{21} & a_{22} & \cdots & a_{2n} & b_2 \\ \vdots & \vdots & & \vdots & \vdots \\ a_{m1} & a_{m2} & \cdots & a_{mn} & b_m \end{pmatrix}$$

称$\overline{\boldsymbol{A}}$为线性方程组(4－1)的增广矩阵。

在实际问题中,经常要研究一个线性方程组的解,解线性方程组最常用的方法就是消元法,其步骤是逐步消除变元的系数,把原方程组化为等价的三角形方程组,再用回代过程解此等价的方程组,从而得出原方程组的解。

例 4－1　解线性方程组

$$\begin{cases} 2x_1+2x_2+3x_3=3 \\ -2x_1+4x_2+5x_3=-7 \\ 4x_1+7x_2+7x_3=1 \end{cases}$$

解　将第一个方程加到第二个方程,再将第一个方程乘以－2 加到第三个方程得

$$\begin{cases} 2x_1+2x_2+3x_3=3 \\ \quad 6x_2+8x_3=-4 \\ \quad 3x_2+x_3=-5 \end{cases}$$

在上式中交换第二个和第三个方程,然后把第二个方程乘以－2 加到第三个方程得

$$\begin{cases} 2x_1+2x_2+3x_3=3 \\ \quad 3x_2+x_3=-5 \\ \quad\quad 6x_3=6 \end{cases}$$

再回代,得 $x_1=2, x_2=-2, x_3=1$。

分析上述例子,可以得出两个结论:

(1) 对方程施行了三种变换:

① 交换两个方程的位置。

② 用一个不等于0的数乘某个方程。

③ 用一个数乘某一个方程加到另一个方程上。

把这三种变换叫作线性方程组的初等变换。

显然通过初等变换把一个线性方程组变为一个与它同解的线性方程组,解这个同解的线性方程组即可求得原方程组的解。

(2) 线性方程组有没有解,以及有些什么样的解完全取决于它的系数和常数项,因此在讨论线性方程组时,主要是研究它的系数和常数项。因此,用方程组的增广矩阵的初等行变换表示例4-1的求解过程,有

$$\overline{\boldsymbol{A}}=\begin{pmatrix}2&2&3&3\\-2&4&5&-7\\4&7&7&1\end{pmatrix}\rightarrow\begin{pmatrix}2&2&3&3\\0&6&8&-4\\0&3&1&-5\end{pmatrix}$$

$$\rightarrow\begin{pmatrix}2&2&3&3\\0&3&1&-5\\0&6&8&-4\end{pmatrix}\rightarrow\begin{pmatrix}2&2&3&3\\0&3&1&-5\\0&0&6&6\end{pmatrix}$$

$$\rightarrow\begin{pmatrix}2&2&0&0\\0&1&0&-2\\0&0&1&1\end{pmatrix}\rightarrow\begin{pmatrix}1&0&0&2\\0&1&0&-2\\0&0&1&1\end{pmatrix}$$

由最后一个矩阵即得到方程组的解

$$x_1=2, x_2=-2, x_3=1$$

可以看到,方程组(4-1)与其增广矩阵$\overline{\boldsymbol{A}}$是相互对应的,而对方程组作某种初等变换就相当于对它的增广矩阵做相应的初等行变换,故方程组的三种初等变换对应其增广矩阵的三种初等行变换。换言之,用消元法解方程组(4-1)的过程,就是对$\overline{\boldsymbol{A}}$进行初等行变换的过程。其中,消元过程就是把$\overline{\boldsymbol{A}}$化为阶梯矩阵的过程,回代过程就是再把阶梯矩阵进一步化为行最简形矩阵(这是一种特殊的阶梯矩阵,其特点是:非零行的第一个非零元素为1,且非零行的第一个非零元素所在列的其余元素都为0)的过程。相对于线性方程组的初等变换,对增广矩阵进行初等行变换,其过程更加简明,因此用消元法求解线性方程组时往往只写出方程组的增广矩阵的变换过程即可。

例4-2 解线性方程组

$$\begin{cases}2x_1-x_2+3x_3=1\\4x_1-2x_2+5x_3=4\\2x_1-x_2+4x_3=0\end{cases}$$

解

$$\overline{\boldsymbol{A}}=\begin{pmatrix}2 & -1 & 3 & 1\\ 4 & -2 & 5 & 4\\ 2 & -1 & 4 & 0\end{pmatrix}\to\begin{pmatrix}2 & -1 & 3 & 1\\ 0 & 0 & -1 & 2\\ 0 & 0 & 1 & -1\end{pmatrix}\to\begin{pmatrix}2 & -1 & 3 & 1\\ 0 & 0 & -1 & 2\\ 0 & 0 & 0 & 1\end{pmatrix}$$

从最后一行(0　0　0　1)可以看出原方程组无解。

例 4-3　解线性方程组

$$\begin{cases}x_1+\ \ x_2-3x_3-\ \ x_4=1\\ 3x_1-\ \ x_2-3x_3+4x_4=4\\ x_1+5x_2-9x_3-8x_4=0\end{cases}$$

解

$$\overline{\boldsymbol{A}}=\begin{pmatrix}1 & 1 & -3 & -1 & 1\\ 3 & -1 & -3 & 4 & 4\\ 1 & 5 & -9 & 8 & 0\end{pmatrix}\to\begin{pmatrix}1 & 1 & -3 & -1 & 1\\ 0 & -4 & 6 & 7 & 1\\ 0 & 4 & -6 & -7 & -1\end{pmatrix}$$

$$\to\begin{pmatrix}1 & 1 & -3 & -1 & 1\\ 0 & -4 & 6 & 7 & 1\\ 0 & 0 & 0 & 0 & 0\end{pmatrix}$$

最后得到的阶梯矩阵对应的阶梯方程组为

$$\begin{cases}x_1+x_2-3x_3-x_4=1\\ -4x_2+6x_3+7x_4=1\end{cases}$$

其中,原来的第 3 个方程化为“0 = 0”,说明这个方程为原方程组中的多余方程,不再写出。

若将该方程组改写为

$$\begin{cases}x_1+x_2=1+3x_3+x_4\\ -4x_2=1-6x_3-7x_4\end{cases}$$

则可以看出:只要任意给定 x_3 和 x_4 的值,就可以唯一地确定 x_1 与 x_2 的值,从而得到原方程组的一个解。因此,原方程组有无穷多个解。这时,称 x_3 和 x_4 为自由未知量。

在前面已得到的阶梯矩阵的基础上继续回代,将增广矩阵化为行最简形,即

$$\overline{\boldsymbol{A}}\to\begin{pmatrix}1 & 1 & -3 & -1 & 1\\ 0 & -4 & 6 & 7 & 1\\ 0 & 0 & 0 & 0 & 0\end{pmatrix}\to\begin{pmatrix}1 & 1 & -3 & -1 & 1\\ 0 & 1 & -\frac{3}{2} & -\frac{7}{4} & -\frac{1}{4}\\ 0 & 0 & 0 & 0 & 0\end{pmatrix}$$

$$\to\begin{pmatrix}1 & 0 & -\frac{3}{2} & \frac{3}{4} & \frac{5}{4}\\ 0 & 1 & -\frac{3}{2} & -\frac{7}{4} & -\frac{1}{4}\\ 0 & 0 & 0 & 0 & 0\end{pmatrix}$$

故原方程组的同解方程组为

$$\begin{cases} x_1 - \dfrac{3}{2}x_3 + \dfrac{3}{4}x_4 = \dfrac{5}{4} \\ x_2 - \dfrac{3}{2}x_3 - \dfrac{7}{4}x_4 = -\dfrac{1}{4} \end{cases}$$

即为

$$\begin{cases} x_1 = \dfrac{5}{4} + \dfrac{3}{2}x_3 - \dfrac{3}{4}x_4 \\ x_2 = -\dfrac{1}{4} + \dfrac{3}{2}x_3 + \dfrac{7}{4}x_4 \end{cases}$$

称上式为原方程组的一般解,其中 x_3 和 x_4 为自由未知量。

若令 $x_3 = c_1, x_4 = c_2$(c_1, c_2 为任意常数),则原方程组的一般解可表示为

$$\begin{cases} x_1 = \dfrac{5}{4} + \dfrac{3}{2}c_1 - \dfrac{3}{4}c_2 \\ x_2 = -\dfrac{1}{4} + \dfrac{3}{2}c_1 + \dfrac{7}{4}c_2 \\ x_3 = c_1 \\ x_4 = c_2 \end{cases}$$

实际上,也可以选取另外的两个自由未知量(比如选取 x_2 和 x_4),可获得与上面形式不同的一般解,求解过程与前面完全类似。读者可以自行验证。

4.2 线性方程组有解的判别定理

4.1 节讨论了用消元法解方程组

$$\begin{cases} a_{11}x_1 + a_{12}x_2 + \cdots + a_{1n}x_n = b_1 \\ a_{21}x_1 + a_{22}x_2 + \cdots + a_{2n}x_n = b_2 \\ \qquad\vdots \\ a_{m1}x_1 + a_{m2}x_2 + \cdots + a_{mn}x_n = b_m \end{cases} \tag{4-2}$$

这个方法在实际解线性方程组时比较方便,但是我们还有几个问题没有解决,就是方程组(4-2)在什么时候无解?在什么时候有解?有解时,又有多少解?这一节将对这些问题予以解答。

显然,式(4-2)可以写成以向量 $\boldsymbol{x}$ 为未知元的向量方程

$$\boldsymbol{AX} = \boldsymbol{b} \tag{4-3}$$

第 2 章中已经说明,线性方程组(4-2)和向量方程组(4-3)将混同使用而不加区分,解与解向量的名称亦不加区别。

线性方程组(4-2)如果有解,就称它是相容的,如果无解就称它不相容。利用系数

矩阵 $\boldsymbol{A}$ 和增广矩阵$\overline{\boldsymbol{A}}$的秩,可以方便地讨论线性方程组是否有解(即是否相容)以及有解时解是否唯一等问题,其结论如下:

定理1 n 元线性方程组 $\boldsymbol{AX}=\boldsymbol{b}$:

(1) 无解的充分必要条件是 $R(\boldsymbol{A})<R(\overline{\boldsymbol{A}})$;

(2) 有唯一解的充分必要条件是 $R(\boldsymbol{A})=R(\overline{\boldsymbol{A}})=n$;

(3) 有无限多解的充分必要条件是 $R(\boldsymbol{A})=R(\overline{\boldsymbol{A}})<n$。

证 只需证明条件的充分性,因为(1)、(2)、(3)中条件的必要性依次是(2)、(3),(1)、(3),(1)、(3)中条件的充分性的逆否命题。

设 $R(\boldsymbol{A})=r$。为叙述方便,无妨设$\overline{\boldsymbol{A}}$的行最简形为

$$\boldsymbol{B}=\begin{bmatrix} 1 & 0 & \cdots & 0 & b_{11} & \cdots & b_{1,n-r} & d_1 \\ 0 & 1 & \cdots & 0 & b_{21} & \cdots & b_{2,n-r} & d_2 \\ \vdots & \vdots & & \vdots & \vdots & & \vdots & \vdots \\ 0 & 0 & \cdots & 1 & b_{r1} & \cdots & b_{r,n-r} & d_r \\ 0 & 0 & \cdots & \cdots & \cdots & \cdots & 0 & d_{r+1} \\ 0 & 0 & \cdots & \cdots & \cdots & \cdots & 0 & 0 \\ \vdots & \vdots & & & & & \vdots & \vdots \\ 0 & 0 & \cdots & \cdots & \cdots & \cdots & 0 & 0 \end{bmatrix}$$

(1) 若 $R(\boldsymbol{A})<R(\overline{\boldsymbol{A}})$,则 $\boldsymbol{B}$ 中的 $d_{r+1}=1$,于是 $\boldsymbol{B}$ 的第 $r+1$ 行对应矛盾方程 $0=1$,故方程(4-2)无解。

(2) 若 $R(\boldsymbol{A})=R(\boldsymbol{B})=r=n$,则 $\boldsymbol{B}$ 中的 $d_{r+1}=0$(或 d_{r+1} 不出现),且 b_{ij} 都不出现,于是 $\boldsymbol{B}$ 对应方程组

$$\begin{cases} x_1=d_1 \\ x_2=d_2 \\ \quad\vdots \\ x_n=d_n \end{cases}$$

故方程组(4-2)有唯一解。

(3) 若 $R(\boldsymbol{A})=R(\boldsymbol{B})=r<n$,则 $\boldsymbol{B}$ 中的 $d_{r+1}=0$(或 d_{r+1} 不出现),$\boldsymbol{B}$ 对应方程组

$$\begin{cases} x_1=-b_{11}x_{r+1}-\cdots-b_{1,n-r}x_n+d_1 \\ x_2=-b_{21}x_{r+1}-\cdots-b_{2,n-r}x_n+d_2 \\ \quad\vdots \\ x_r=-b_{r1}x_{r+1}-\cdots-b_{r,n-r}x_n+d_r \end{cases} \tag{4-4}$$

令自由未知数 $x_{r+1}=c_1,x_{r+2}=c_2,\cdots,x_n=c_{n-r}$,即得方程组(4-2)的含 $n-r$ 个参数的解

$$\begin{pmatrix} x_1 \\ \vdots \\ x_r \\ x_{r+1} \\ \vdots \\ x_n \end{pmatrix} = \begin{pmatrix} -b_{11}c_1 - \cdots - b_{1,n-r}c_{n-r} + d_1 \\ \vdots \\ -b_{r1}c_1 - \cdots - b_{r,n-r}c_{n-r} + d_2 \\ c_1 \\ \vdots \\ c_{n-r} \end{pmatrix}$$

即

$$\begin{pmatrix} x_1 \\ \vdots \\ x_r \\ x_{r+1} \\ \vdots \\ x_n \end{pmatrix} = c_1 \begin{pmatrix} -b_{11} \\ \vdots \\ -b_{r1} \\ 1 \\ \vdots \\ 0 \end{pmatrix} + \cdots + c_{n-r} \begin{pmatrix} -b_{1,n-r} \\ \vdots \\ -b_{r,n-r} \\ \vdots \\ 1 \\ \vdots \\ 0 \end{pmatrix} + \begin{pmatrix} d_1 \\ \vdots \\ d_r \\ d_{r+1} \\ \vdots \\ d_n \end{pmatrix} \tag{4-5}$$

由于参数 $c_1, c_2, \cdots, c_{n-r}$ 可任意取值,故方程组(4-2)有无限多解。 证毕

当 $R(\boldsymbol{A}) = R(\boldsymbol{B}) = r < n$ 时,由于含 $n-r$ 个参数的解(4-5)可表示线性方程组(4-4)的任意解,从而也可表示线性方程组(4-2)的任意解,因此解(4-5)称为线性方程组(4-2)的通解。

定理1的证明过程给出了求解线性方程组的步骤,这个步骤在例4-1中已显示了出来,现将它归纳如下:

(1) 用初等行变换把式(4-2)的增广矩阵$\overline{\boldsymbol{A}}$化成行阶梯形,从$\overline{\boldsymbol{A}}$的行阶梯形可同时看出 $R(\boldsymbol{A})$ 和 $R(\overline{\boldsymbol{A}})$。若 $R(\boldsymbol{A}) < R(\overline{\boldsymbol{A}})$,则方程组无解。

(2) 若 $R(\boldsymbol{A}) = R(\overline{\boldsymbol{A}})$,则进一步把$\overline{\boldsymbol{A}}$化成行最简形矩阵。而对于齐次线性方程组,则把系数矩阵 $\boldsymbol{A}$ 化成行最简形。

(3) 设 $R(\boldsymbol{A}) = R(\overline{\boldsymbol{A}}) = r$,把行最简中的 r 个非零行的非零首元所对应的未知数取作自由未知数,其余 $n-r$ 个未知数取作自由未知数,并令自由未知数分别等于 $c_1, \cdots, c_{n-r}$,由 $\overline{\boldsymbol{A}}$(或 $\boldsymbol{A}$)的行最简形,即可写出含 $n-r$ 个参数的通解。

例4-4 解齐次线性方程组

$$\begin{cases} x_1 + 2x_2 + x_3 - x_4 = 0 \\ 3x_1 + 6x_2 - x_3 - 3x_4 = 0 \\ 5x_1 + 10x_2 + x_3 - 5x_4 = 0 \end{cases}$$

解

$$\boldsymbol{A} = \begin{pmatrix} 1 & 2 & 1 & -1 \\ 3 & 6 & -1 & -3 \\ 5 & 10 & 1 & -5 \end{pmatrix} \to \begin{pmatrix} 1 & 2 & 1 & -1 \\ 0 & 0 & -4 & 0 \\ 0 & 0 & -4 & 0 \end{pmatrix} \to \begin{pmatrix} 1 & 2 & 1 & -1 \\ 0 & 0 & 1 & 0 \\ 0 & 0 & 0 & 0 \end{pmatrix}$$

因 $R(\boldsymbol{A})=2<3$，所以原方程组有非零解。对增广矩阵继续$\overline{\boldsymbol{A}}$施以初等行变换，接上式有

$$\boldsymbol{A}\to\begin{pmatrix}1&2&0&-1\\0&0&1&0\\0&0&0&0\end{pmatrix}$$

故原方程组的同解方程组为

$$\begin{cases}x_1+2x_2-x_4=0\\ \quad x_3\quad=0\end{cases}\quad(x_2,x_4\text{ 为自由未知量})$$

令 $x_2=c_1,x_4=c_2$，得原方程组的一般解为

$$\begin{cases}x_1=-2c_1+c_2\\x_2=c_1\\x_3=0\\x_4=c_2\end{cases}\quad(c_1,c_2\text{ 为任意常数})$$

或写成向量形式：

$$\begin{pmatrix}x_1\\x_2\\x_3\\x_4\end{pmatrix}=c_1\begin{pmatrix}-2\\1\\0\\0\end{pmatrix}+c_2\begin{pmatrix}1\\0\\0\\1\end{pmatrix}$$

例 4-5 求下面非齐次线性方程组的通解

$$\begin{cases}2x_1-x_2+3x_3-x_4=1\\3x_1-2x_2-2x_3+3x_4=3\\x_1-x_2-5x_3+4x_4=2\\7x_1-5x_2-9x_3+10x_4=8\end{cases}$$

解 对增广矩阵$\overline{\boldsymbol{A}}$施行行初等变换

$$\overline{\boldsymbol{A}}=\begin{pmatrix}2&-1&3&-1&1\\3&-2&-2&3&3\\1&-1&-5&4&2\\7&-5&-9&10&8\end{pmatrix}\longrightarrow\begin{pmatrix}1&-1&-5&4&2\\0&1&13&-9&-3\\0&0&0&0&0\\0&0&0&0&0\end{pmatrix}$$

因为 $r(\boldsymbol{A})=r(\overline{\boldsymbol{A}})$，所以方程组有解，继续施行行初等变换

$$\overline{\boldsymbol{A}}\longrightarrow\begin{pmatrix}1&0&8&-5&-1\\0&1&13&-9&-3\\0&0&0&0&0\\0&0&0&0&0\end{pmatrix}$$

与原方程组同解的齐次线性方程组为

$$\begin{cases}x_1+8x_3-5x_4=-1\\x_2+13x_3-9x_4=-3\end{cases}$$

取 x_3、x_4 为自由未知量,求得原方程组的一般解为

$$\begin{cases}x_1=-1-8c_1+5c_2\\x_2=-3-13c_1+9c_2\\x_3=c_1\\x_4=c_2\end{cases}\quad(\text{其中 } c_1,c_2 \text{ 为自由未知量})$$

或写成向量形式:

$$\begin{pmatrix}x_1\\x_2\\x_3\\x_4\end{pmatrix}=\begin{pmatrix}-1\\-3\\0\\0\end{pmatrix}+c_1\begin{pmatrix}-8\\-13\\1\\0\end{pmatrix}+c_2\begin{pmatrix}5\\9\\0\\1\end{pmatrix}$$

例 4-6 设$\begin{cases}\lambda x_1+x_2+x_3=1\\x_1+\lambda x_2+x_3=\lambda\\x_1+x_2+\lambda x_3=\lambda^2\end{cases}$,$\lambda$ 取何值时,方程组无解?有唯一解?有无穷多解?有无穷多解时解出其通解。

解法一 这是方形的方程组,考虑克莱姆法则常常较方便:

$$|\boldsymbol{A}|=\begin{vmatrix}\lambda&1&1\\1&\lambda&1\\1&1&\lambda\end{vmatrix}=\begin{vmatrix}\lambda+2&\lambda+2&\lambda+2\\1&\lambda&1\\1&1&\lambda\end{vmatrix}$$

$$=(\lambda+2)\begin{vmatrix}1&1&1\\0&\lambda-1&0\\0&0&\lambda-1\end{vmatrix}=(\lambda+2)(\lambda-1)^2$$

当 $\lambda\neq1,\lambda\neq-2$ 时,$|\boldsymbol{A}|\neq0$,方程组有唯一解。

当 $\lambda=-2$ 时,$\overline{\boldsymbol{A}}=\begin{pmatrix}-2&1&1&1\\1&-2&1&-2\\1&1&-2&4\end{pmatrix}\rightarrow\begin{pmatrix}1&1&-2&4\\0&-3&3&-6\\0&3&-3&9\end{pmatrix}\rightarrow\begin{pmatrix}1&1&-2&4\\0&1&-1&3\\0&0&0&3\end{pmatrix}$

此时 $r=2<\tilde{r}=3$,方程组无解。

当 $\lambda=1$ 时,$\overline{\boldsymbol{A}}=\begin{pmatrix}1&1&1&1\\1&1&1&1\\1&1&1&1\end{pmatrix}\rightarrow\begin{pmatrix}1&1&1&1\\0&0&0&0\\0&0&0&0\end{pmatrix}$,$r=\tilde{r}=1<n=3$,有无穷多解;

与原方程组同解的齐次线性方程组为

$$x_1+x_2+x_3=1$$

令 $x_2=c_1,x_3=c_2$,求得原方程组的一般解为

$$\begin{cases}x_1=1-c_2-c_3\\x_2=\qquad c_2\\x_3=\qquad c_3\end{cases},\quad\begin{pmatrix}x_1\\x_2\\x_3\end{pmatrix}=\begin{pmatrix}1\\0\\0\end{pmatrix}+\begin{pmatrix}-1\\1\\0\end{pmatrix}c_1+\begin{pmatrix}-1\\0\\1\end{pmatrix}c_2\quad(c_1,c_2\in R)$$

解法二 直接用增广矩阵做初等变换,此时应小心防止出现增根或失根:

$$\widetilde{A}=\begin{pmatrix}\lambda&1&1&1\\1&\lambda&1&\lambda\\1&1&\lambda&\lambda^2\end{pmatrix}\to\begin{pmatrix}1&\lambda&1&\lambda\\0&1-\lambda^2&1-\lambda&1-\lambda^2\\0&1-\lambda&\lambda-1&\lambda^2-\lambda\end{pmatrix}\xrightarrow{\lambda\neq1}\begin{pmatrix}1&\lambda&1&\lambda\\0&1+\lambda&1&1+\lambda\\0&-1&1&\lambda\end{pmatrix}\to$$

$$\to\begin{pmatrix}1&0&1+\lambda&\lambda(1+\lambda)\\0&1&-1&-\lambda\\0&0&2+\lambda&(1+\lambda)^2\end{pmatrix}\xrightarrow{\lambda\neq-2}\begin{pmatrix}1&0&-1&-(1+\lambda)\\0&1&-1&-\lambda\\0&0&1&\dfrac{(1+\lambda)^2}{(2+\lambda)}\end{pmatrix}$$

于是当 $\lambda\neq1$ 且 $\lambda\neq-2$ 时,方程组有唯一解;而当 $\lambda=1$,或 $\lambda=-2$ 时,方程组分别有无穷多解和无解,如解法一。

比较解法一与解法二,显然解法一比较简单,但解法一只使用于系数矩阵为方阵的情形。

如果方程组中的常数项全部为零,即 $b_i=0(i=1,2,\cdots,m)$,这样的方程组称为齐次线性方程组,否则将其称为非齐次线性方程组。齐次线性方程组的一般形式为

$$\begin{cases}a_{11}x_1+a_{12}x_2+\cdots+a_{1n}x_n=0\\a_{21}x_1+a_{22}x_2+\cdots+a_{2n}x_n=0\\\quad\vdots\\a_{m1}x_1+a_{m2}x_2+\cdots+a_{mn}x_n=0\end{cases}\tag{4-6}$$

其矩阵形式为

$$\boldsymbol{AX}=\boldsymbol{0}\tag{4-7}$$

齐次线性方程组(4-6)恒有解,因为它至少有零解。由定理4.1可知,当 $R(\boldsymbol{A})=n$ 时,式(4-6)只有零解;当 $R(\boldsymbol{A})<n$ 时,式(4-6)有无穷多个解,即除零解外还有非零解。于是有以下定理:

定理2 齐次线性方程组(4-6)有非零解的充分必要条件是 $R(\boldsymbol{A})<n$。

由于对 $m\times n$ 矩阵 $\boldsymbol{A}$ 有 $R(\boldsymbol{A})\leqslant\min(m,n)$,故有

推论1 当 $m<n$ 时,齐次线性方程组(4-6)有非零解。

当齐次线性方程组(4-6)中的 $m=n$ 时,解的情况与其系数行列式有关,根据前面所学知识:

推论2 当 $m=n$ 时,齐次线性方程组(4-6)有非零解的充分必要条件是其系数行列式 $|\boldsymbol{A}|=0$。

4.3 线性方程组解的结构

4.2 节已经指出线性方程组有解时解得情况只有两种可能:有唯一解或有无穷多解。这节将讨论线性方程组有无穷多个解时解的结构。所谓解的结构问题就是解与解之间的关系问题。

4.3.1 齐次线性方程组的解的结构

设齐次线性方程组

$$\begin{cases} a_{11}x_1 + a_{12}x_2 + \cdots + a_{1n}x_n = 0 \\ a_{21}x_1 + a_{22}x_2 + \cdots + a_{2n}x_n = 0 \\ \qquad\vdots \\ a_{s1}x_1 + a_{s2}x_2 + \cdots + a_{sn}x_n = 0 \end{cases} \tag{4-8}$$

记

$$\boldsymbol{A} = \begin{pmatrix} a_{11} & a_{12} & \cdots & a_{1n} \\ a_{21} & a_{22} & \cdots & a_{2n} \\ \vdots & \vdots & & \vdots \\ a_{m1} & a_{m2} & \cdots & a_{mn} \end{pmatrix} \quad \boldsymbol{X} = \begin{pmatrix} x_1 \\ x_2 \\ \vdots \\ x_n \end{pmatrix}$$

则式(4－8)可写成向量方程:

$$\boldsymbol{AX} = \boldsymbol{0} \tag{4-9}$$

若 $x_1 = \xi_{11}, x_2 = \xi_{21}, \cdots, x_n = \xi_{n1}$ 为(4－8)的解,则

$$\boldsymbol{x} = \boldsymbol{\xi} = \begin{pmatrix} \xi_{11} \\ \xi_{21} \\ \vdots \\ \xi_{n1} \end{pmatrix}$$

称为方程组(4－8)的解向量,也即向量方程(4－9)的解向量。

根据向量方程,来讨论解向量的性质。

性质1 如果 $\boldsymbol{\xi}_1, \boldsymbol{\xi}_2$ 是齐次方程组(4－8)的两个解,则 $\boldsymbol{\xi}_1 + \boldsymbol{\xi}_2$ 也是它的解。

证 因为 $\boldsymbol{\xi}_1, \boldsymbol{\xi}_2$ 是方程组(4－9)的解,因此有

$$\boldsymbol{A\xi}_1 = \boldsymbol{0}, \boldsymbol{A\xi}_2 = \boldsymbol{0}$$

$$\boldsymbol{A}(\boldsymbol{\xi}_1 + \boldsymbol{\xi}_2) = \boldsymbol{A\xi}_1 + \boldsymbol{A\xi}_2 = \boldsymbol{0} + \boldsymbol{0} = \boldsymbol{0}$$

即 $\boldsymbol{\xi}_1 + \boldsymbol{\xi}_2$ 也是方程组(4－9)的解。

性质2 如果 $\boldsymbol{\xi}$ 是齐次方程组(4－8)的解,则 $c\boldsymbol{\xi}$ 也是它的解(c 是常数)。

证 由 $\boldsymbol{A\xi} = \boldsymbol{0}$

得

$$A(c\boldsymbol{\xi}) = cA\boldsymbol{\xi} = c0 = \mathbf{0}$$

即 $c\xi$ 也是方程组(4-9)的解。

性质3 如果 $\xi_1,\xi_2,\cdots,\xi_S$ 是齐次方程组(4-8)的解,则其线性组合

$$c_1\xi_1 + c_2\xi_2 + \cdots + c_S\xi_S$$

也是它的解。其中 $c_1,c_2,\cdots,c_S$ 是任意常数。

由此可知,如果一个齐次线性方程组有非零解,则它有无穷多解,这无穷多解就构成了一个 n 维向量组。如果能求出这个向量组的一个极大无关组,就能用它的线性组合来表示它的全部解。

定义 如果 $\xi_1,\xi_2,\cdots,\xi_S$ 是齐次线性方程组(4-8)的解向量组的一个最大无关组,则称 $\xi_1,\xi_2,\cdots,\xi_S$ 是方程组(4-8)的一个基础解系。

定理3 如果齐次方程组(4-8)的系数矩阵 $\boldsymbol{A}$ 的秩 $r(\boldsymbol{A}) = r < n$,则方程组的基础解系存在,且每个基础解系中,恰含有 $n-r$ 个解。

证 因为 $R(\boldsymbol{A}) = r < n$,所以对方程组(4-8)的增广矩阵$(\boldsymbol{A} \vdots 0)$施以初等行变换,可化为如下形式:

$$\begin{pmatrix} 1 & 0 & \cdots & 0 & b_{11} & \cdots & b_{1,n-r} & 0 \\ 0 & 1 & \cdots & 0 & b_{21} & \cdots & b_{2,n-r} & 0 \\ \vdots & \vdots & & \vdots & \vdots & & \vdots & \vdots \\ 0 & 0 & \cdots & 1 & b_{r1} & \cdots & b_{r,n-r} & 0 \\ 0 & 0 & \cdots & \cdots & \cdots & \cdots & 0 & 0 \\ 0 & 0 & \cdots & \cdots & \cdots & \cdots & 0 & 0 \\ \vdots & \vdots & & & & & \vdots & \vdots \\ 0 & 0 & \cdots & \cdots & \cdots & \cdots & 0 & 0 \end{pmatrix}$$

即方程组与下面的方程组同解:

$$\begin{cases} x_1 = -b_{11}x_{r+1} - \cdots - b_{1,n-r}x_n \\ x_2 = -b_{21}x_{r+1} - \cdots - b_{2,n-r}x_n \\ \quad\vdots \\ x_r = -b_{r1}x_{r+1} - \cdots - b_{r,n-r}x_n \end{cases}$$

令 $x_{r+1} = c_1, x_{r+2} = c_2, \cdots, x_n = c_{n-r}$ 得方程组的通解:

$$\begin{pmatrix} x_1 \\ \vdots \\ x_r \\ x_{r+1} \\ \vdots \\ x_n \end{pmatrix} = c_1 \begin{pmatrix} -b_{11} \\ \vdots \\ -b_{r1} \\ 1 \\ \vdots \\ 0 \end{pmatrix} + \cdots + c_{n-r} \begin{pmatrix} -b_{1,n-r} \\ \vdots \\ -b_{r,n-r} \\ 0 \\ \vdots \\ 1 \end{pmatrix} \quad (c_1, c_2, \cdots, c_{n-r} \in R)$$

将此式记作

$$\boldsymbol{x}=c_1\boldsymbol{\xi}_1+c_2\boldsymbol{\xi}_2+\cdots+c_{n-r}\boldsymbol{\xi}_{n-r}$$

则有以下结论：

(1) 方程组的解集中的任一向量 $\boldsymbol{x}$ 可由 $\boldsymbol{\xi}_1,\boldsymbol{\xi}_2,\cdots,\boldsymbol{\xi}_{n-r}$ 线性表示；

(2) $\boldsymbol{\xi}_1,\boldsymbol{\xi}_2,\cdots,\boldsymbol{\xi}_{n-r}$ 线性无关。

所以 $\boldsymbol{\xi}_1,\boldsymbol{\xi}_2,\cdots,\boldsymbol{\xi}_{n-r}$ 是解集 S 的最大无关组，即 $\boldsymbol{\xi}_1,\boldsymbol{\xi}_2,\cdots,\boldsymbol{\xi}_{n-r}$ 是方程 $\boldsymbol{Ax}=\boldsymbol{0}$ 的基础解系。

定理的证明过程给我们指出了求齐次线性方程组的基础解系的方法。

例 4－7　求下列方程组的结构解

$$\begin{cases}x_1+2x_2+x_3-x_4=0\\3x_1+6x_2-x_3-3x_4=0\\5x_1+10x_2+x_3-5x_4=0\end{cases}$$

解　首先用初等行变换把系数矩阵 $\boldsymbol{A}$ 化为阶梯形矩阵：

$$\boldsymbol{A}=\begin{pmatrix}1&2&1&-1\\3&6&-1&-3\\5&10&1&-5\end{pmatrix}\to\begin{pmatrix}1&2&1&-1\\0&0&-4&0\\0&0&-4&0\end{pmatrix}$$

$$\to\begin{pmatrix}1&2&1&-1\\0&0&-4&0\\0&0&0&0\end{pmatrix}\to\begin{pmatrix}1&2&0&-1\\0&0&1&0\\0&0&0&0\end{pmatrix}$$

即原方程与下面的方程组同解：

$$\begin{cases}x_1=-2x_2+x_4\\x_3=0\end{cases}\qquad(x_2,x_4\text{ 为自由未知量})$$

分别令

$$\begin{pmatrix}x_2\\x_4\end{pmatrix}=\begin{pmatrix}1\\0\end{pmatrix},\begin{pmatrix}x_2\\x_4\end{pmatrix}=\begin{pmatrix}0\\1\end{pmatrix}$$

依次可解得

$$\begin{pmatrix}x_1\\x_3\end{pmatrix}=\begin{pmatrix}-2\\0\end{pmatrix},\begin{pmatrix}x_1\\x_3\end{pmatrix}=\begin{pmatrix}1\\0\end{pmatrix}$$

于是得到方程组的一个基础解系：

$$\boldsymbol{\xi}_1=\begin{pmatrix}-2\\1\\0\\0\end{pmatrix},\boldsymbol{\xi}_2=\begin{pmatrix}1\\0\\0\\1\end{pmatrix}$$

例 4-8 $\begin{cases} x_1+x_2+x_3+x_4+x_5=0 \\ 3x_1+2x_2+x_3+x_4-3x_5=0 \\ x_2+2x_3+2x_4+6x_5=0 \\ 5x_1+4x_2+3x_3+3x_4-x_5=0 \end{cases}$ 求其基础解系及结构解。

解 首先用初等行变换把系数矩阵 $\boldsymbol{A}$ 化为阶梯形矩阵：

$$\boldsymbol{A}=\begin{pmatrix} 1 & 1 & 1 & 1 & 1 \\ 3 & 2 & 1 & 1 & -3 \\ 0 & 1 & 2 & 2 & 6 \\ 5 & 4 & 3 & 3 & -1 \end{pmatrix} \to \begin{pmatrix} 1 & 1 & 1 & 1 & 1 \\ 0 & -1 & -1 & -2 & -6 \\ 0 & 1 & 2 & 2 & 6 \\ 0 & -1 & -2 & -2 & -6 \end{pmatrix}$$

$$\to \begin{pmatrix} 1 & 1 & 1 & 1 & 1 \\ 0 & -1 & -2 & -2 & -6 \\ 0 & 0 & 0 & 0 & 0 \\ 0 & 0 & 0 & 0 & 0 \end{pmatrix} \to \begin{pmatrix} 1 & 0 & -1 & -1 & -5 \\ 0 & 1 & 2 & 2 & 6 \\ 0 & 0 & 0 & 0 & 0 \\ 0 & 0 & 0 & 0 & 0 \end{pmatrix}$$

原方程组的同解方程组为

$$\begin{cases} x_1=x_3+x_4+5x_5 \\ x_2=-2x_3-2x_4-6x_5 \end{cases}$$

其中 x_3,x_4,x_5 为自由未知量。

分别令

$$\begin{pmatrix} x_3 \\ x_4 \\ x_5 \end{pmatrix}=\begin{pmatrix} 1 \\ 0 \\ 0 \end{pmatrix},\begin{pmatrix} x_3 \\ x_4 \\ x_5 \end{pmatrix}=\begin{pmatrix} 0 \\ 1 \\ 0 \end{pmatrix},\begin{pmatrix} x_3 \\ x_4 \\ x_5 \end{pmatrix}=\begin{pmatrix} 0 \\ 0 \\ 1 \end{pmatrix}$$

得方程组的解为

$$\boldsymbol{\xi}_1=\begin{pmatrix} 1 \\ -2 \\ 1 \\ 0 \\ 0 \end{pmatrix},\boldsymbol{\xi}_2=\begin{pmatrix} 1 \\ -2 \\ 0 \\ 1 \\ 0 \end{pmatrix},\boldsymbol{\xi}_3=\begin{pmatrix} 5 \\ -6 \\ 0 \\ 0 \\ 1 \end{pmatrix}$$

$\boldsymbol{\xi}_1,\boldsymbol{\xi}_2,\boldsymbol{\xi}_3$ 就是方程组的一个基础解系。因此方程组的通解为

$$\boldsymbol{x}=c_1\boldsymbol{\xi}_1+c_2\boldsymbol{\xi}_2+c_2\boldsymbol{\xi}_3$$

其中：c_1,c_2,c_3 是常数。

应注意，但齐次线性方程组 $\boldsymbol{Ax}=\boldsymbol{0}$ 的系数矩阵 $\boldsymbol{A}_{m\times n}$的秩 $R(\boldsymbol{A})=n$ 时，方程组不存在基础解系，方程组 $\boldsymbol{Ax}=\boldsymbol{0}$ 仅有零解；而但 $R(\boldsymbol{A})=0$，任意 n 个线性无关的 n 维列向量都可以构成方程组 $\boldsymbol{Ax}=\boldsymbol{0}$ 的基础解系。

例 4-9 设矩阵 $\boldsymbol{A}=(a_{ij})_{m\times n}$，$\boldsymbol{B}=(b_{ij})_{n\times l}$满足 $\boldsymbol{AB}=\boldsymbol{0}$，并且 $R(\boldsymbol{A})=r$，试证：$R(\boldsymbol{B})\leqslant n-r$。

证明 记 $\boldsymbol{B}=(b_1,b_2,\cdots,b_l)$,则由 $\boldsymbol{A}_{m\times n}\boldsymbol{B}_{n\times l}=\boldsymbol{0}$ 知

$$\boldsymbol{A}(b_1,b_2,\cdots,b_l)=(0,0,\cdots,0),$$

即

$$\boldsymbol{A}\boldsymbol{b}_i=\boldsymbol{0}\quad(i=1,2\cdots,l)$$

故矩阵 $\boldsymbol{B}$ 的 l 个列向量均为齐次线性方程组 $\boldsymbol{A}\boldsymbol{x}=0$ 的解向量。

记方程 $\boldsymbol{A}\boldsymbol{x}=\boldsymbol{0}$ 的解集为 S,则 $R(\boldsymbol{B})=R(b_1,b_2,\cdots,b_l)\leqslant R_S=n-R(\boldsymbol{A})$ 即 $R(\boldsymbol{B})\leqslant n-r$。

本例还可叙述为:若 $\boldsymbol{A}_{m\times n}\boldsymbol{B}_{n\times l}=\boldsymbol{0}$,则 $R(\boldsymbol{A})+R(\boldsymbol{B})\leqslant n$。这一结论可作为定理使用。

4.3.2 非齐次线性方程组的解的结构

非齐次线性方程组(4-8)可以表示为

$$\boldsymbol{A}\boldsymbol{x}=\boldsymbol{b}\tag{4-10}$$

取 $\boldsymbol{b}=\boldsymbol{0}$,得到齐次线性方程组

$$\boldsymbol{A}\boldsymbol{x}=\boldsymbol{0}\tag{4-11}$$

则称式(4-11)为非齐次线性方程组的对应齐次线性方程组,亦称式(4-11)为方程组(4-10)的导出组。

性质4 如果 $\boldsymbol{\beta}$ 是非齐次线性方程组 $\boldsymbol{A}\boldsymbol{x}=\boldsymbol{b}$ 的解,而 $\boldsymbol{\alpha}$ 是对应的齐次线性方程组 $\boldsymbol{A}\boldsymbol{x}=\boldsymbol{0}$ 的解,则 $\boldsymbol{\alpha}+\boldsymbol{\beta}$ 也是方程 $\boldsymbol{A}\boldsymbol{x}=\boldsymbol{b}$ 的解。

证 因为 $\boldsymbol{\beta}$ 是方程 $\boldsymbol{A}\boldsymbol{x}=\boldsymbol{b}$ 的一个解,所以有 $\boldsymbol{A}\boldsymbol{\beta}=\boldsymbol{b}$,同理 $\boldsymbol{A}\boldsymbol{\alpha}=\boldsymbol{0}$,则由

$$\boldsymbol{A}(\boldsymbol{\alpha}+\boldsymbol{\beta})=\boldsymbol{A}\boldsymbol{\alpha}+\boldsymbol{A}\boldsymbol{\beta}=\boldsymbol{0}+\boldsymbol{b}=\boldsymbol{b}$$

可知 $\boldsymbol{\alpha}+\boldsymbol{\beta}$ 是非齐次线性方程组的解。

性质5 如果 $\boldsymbol{\beta}_1,\boldsymbol{\beta}_2$ 是方程 $\boldsymbol{A}\boldsymbol{x}=\boldsymbol{b}$ 的解,则 $\boldsymbol{\beta}_1-\boldsymbol{\beta}_2$ 是对应的齐次线性方程组 $\boldsymbol{A}\boldsymbol{x}=\boldsymbol{0}$ 的解。

证 由 $\boldsymbol{A}\boldsymbol{\beta}_1=\boldsymbol{b},\boldsymbol{A}\boldsymbol{\beta}_2=\boldsymbol{b}$,得

$$\boldsymbol{A}(\boldsymbol{\beta}_1-\boldsymbol{\beta}_2)=\boldsymbol{A}\boldsymbol{\beta}_1-\boldsymbol{A}\boldsymbol{\beta}_2=\boldsymbol{b}-\boldsymbol{b}=\boldsymbol{0}$$

故 $\boldsymbol{\beta}_1-\boldsymbol{\beta}_2$ 是对应的齐次线性方程组 $\boldsymbol{A}\boldsymbol{x}=\boldsymbol{0}$ 的解。

定理4 设 $\boldsymbol{\beta}$ 是非齐次线性方程组 $\boldsymbol{A}\boldsymbol{x}=\boldsymbol{b}$ 的一个特解,$\boldsymbol{\alpha}_1,\boldsymbol{\alpha}_2,\cdots,\boldsymbol{\alpha}_{n-r}$ 是其对应的齐次线性方程组 $\boldsymbol{A}\boldsymbol{x}=\boldsymbol{0}$ 的基础解系,则方程组 $\boldsymbol{A}\boldsymbol{x}=\boldsymbol{b}$ 的任何一个解 $\boldsymbol{x}$ 均可表示为 $\boldsymbol{x}=k_1\boldsymbol{\alpha}_1+k_2\boldsymbol{\alpha}_2+\cdots+k_{n-r}\boldsymbol{\alpha}_{n-r}+\boldsymbol{\beta}$。

证明 设 $\boldsymbol{x}$ 是方程组 $\boldsymbol{A}\boldsymbol{x}=\boldsymbol{b}$ 的任何一个解,由已知 $\boldsymbol{\beta}$ 也是方程组 $\boldsymbol{A}\boldsymbol{x}=\boldsymbol{b}$ 的解,故知 $\boldsymbol{x}-\boldsymbol{\beta}$ 是其对应的齐次线性方程组 $\boldsymbol{A}\boldsymbol{x}=\boldsymbol{0}$ 的解,又已知方程 $\boldsymbol{A}\boldsymbol{x}=\boldsymbol{0}$ 的基础解系为 $\boldsymbol{\alpha}_1,\boldsymbol{\alpha}_2,\cdots,\boldsymbol{\alpha}_{n-r}$,故存在 $k_1,k_2,\cdots,k_{n-r}\in R$ 使 $x-\beta=k_1\boldsymbol{\alpha}_1+k_2\boldsymbol{\alpha}_2+\cdots+k_{n-r}\boldsymbol{\alpha}_{n-r}$,即 $x=k_1\boldsymbol{\alpha}_1+k_2\boldsymbol{\alpha}_2+\cdots+k_{n-r}\boldsymbol{\alpha}_{n-r}+\boldsymbol{\beta}$。

本定理表明:非齐次线性方程组的某个已知解向量(称为特解)加上齐次方程组的全部解向量(称为齐次通解)便得到非齐次方程组的全部解向量(称为非齐次通解,或称一般解),并且还可以推出下面的结论。

推论 在非齐次线性方程组有解的条件下,解是唯一的充要条件是它的导出组只有零解。

例 4-10 用基础解系表示如下线性方程组的全部解。

$$\begin{cases}2x_1-4x_2+5x_3+3x_4=7\\3x_1-6x_2+4x_3+2x_4=7\\4x_1-8x_2+17x_3+11x_4=21\end{cases}$$

解 $\overline{\boldsymbol{A}}=\begin{pmatrix}2&-4&5&3&7\\3&-6&4&2&7\\4&-8&17&11&21\end{pmatrix}\to\begin{pmatrix}1&-2&-1&-1&0\\0&0&7&5&7\\0&0&7&5&7\end{pmatrix}$

$$\to\begin{pmatrix}1&-2&-1&-1&0\\0&0&1&\frac{5}{7}&1\\0&0&0&0&0\end{pmatrix}\to\begin{pmatrix}1&-2&0&-\frac{2}{7}&1\\0&0&1&\frac{5}{7}&1\\0&0&0&0&0\end{pmatrix}$$

原方程组等价于方程组:

$$\begin{cases}x_1=1+2x_2+\frac{2}{7}x_4\\x_3=1\qquad\quad-\frac{5}{7}x_4\end{cases}$$

令自由未知量$\begin{pmatrix}x_2\\x_4\end{pmatrix}=\begin{pmatrix}0\\0\end{pmatrix}$,得方程组的一个解

$$\boldsymbol{\beta}=\begin{pmatrix}1\\0\\1\\0\end{pmatrix}$$

令$\begin{pmatrix}x_2\\x_4\end{pmatrix}=\begin{pmatrix}1\\0\end{pmatrix}$,$\begin{pmatrix}x_2\\x_4\end{pmatrix}=\begin{pmatrix}0\\1\end{pmatrix}$,分别代入等价方程组对应的齐次方程组中求得基础解系

$$\boldsymbol{\alpha}_1=\begin{pmatrix}2\\1\\0\\0\end{pmatrix},\boldsymbol{\alpha}_2=\begin{pmatrix}\frac{2}{7}\\0\\-\frac{5}{7}\\1\end{pmatrix}$$

因此所给方程组的全部解为

$$\boldsymbol{x}=\boldsymbol{\beta}+c_1\boldsymbol{\alpha}_1+c_2\boldsymbol{\alpha}_2=\begin{pmatrix}1\\0\\1\\0\end{pmatrix}+c_2\begin{pmatrix}2\\1\\0\\0\end{pmatrix}+c_2\begin{pmatrix}\frac{2}{7}\\0\\-\frac{5}{7}\\1\end{pmatrix}\quad(c_1,c_2\text{ 为任意常数})$$

4.4 线性方程组的应用

本节中的数学模型都是线性的,即每个模型都用线性方程组来表示,通常写成向量或矩阵的形式。由于自然现象通常都是线性的,或者当变量取值在合理范围内时近似于线性,因此线性模型的研究非常重要。此外,线性模型比复杂的非线性模型更易于用计算机进行计算。

4.4.1 网络流模型

网络流模型广泛应用于交通、运输、通信、电力分配、城市规划、任务分派以及计算机辅助设计等众多领域。当科学家、工程师和经济学家研究某种网络中的流量问题时,线性方程组就自然产生了,如城市规划设计人员和交通工程师监控城市道路网格内的交通流量、电气工程师计算电路中流经的电流、经济学家分析产品通过批发商和零售商网络从生产者到消费者的分配等。大多数网络流模型中的方程组都包含了数百甚至上千未知量和线性方程。

一个网络由一个点集以及连接部分或全部点的直线或弧线构成。网络中的点称作连接点(或节点),网络中的连接线称作分支。每一分支中的流量方向已经指定,并且流量(或流速)已知或者已标为变量。

网络流的基本假设是网络中流入与流出的总量相等,并且每个连接点流入和流出的总量也相等。例如,图4-1分别说明了的流量从一个或两个分支流入连接点,x_1,x_2 和 x_3 分别表示从其他分支流出的流量,x_4 和 x_5 表示从其他分支流入的流量。因为流量在每个连接点守恒,所以有 $x_1+x_2=60$ 和 $x_4+x_5=x_3+80$。在类似的网络模式中,每个连接点的流量都可以用一个线性方程来表示。网络分析要解决的问题就是:在部分信息(如网络的输入量)已知的情况下,确定每一分支中的流量。

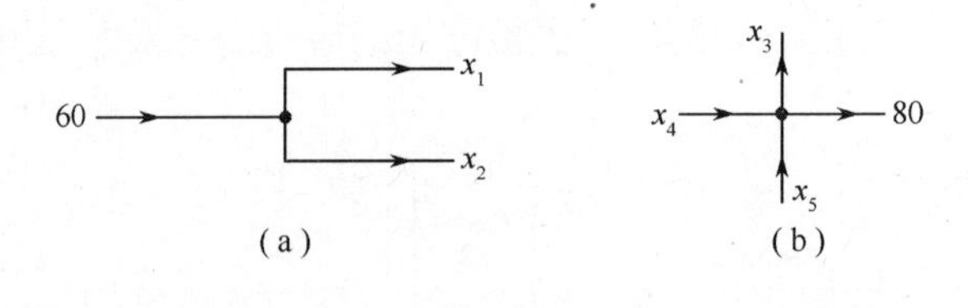

图4-1

例4-11 图4-2中的网络给出了在下午一两点钟,某市区部分单行道的交通流量(以每刻钟通过的汽车数量来度量)。试确定网络的流量模式。

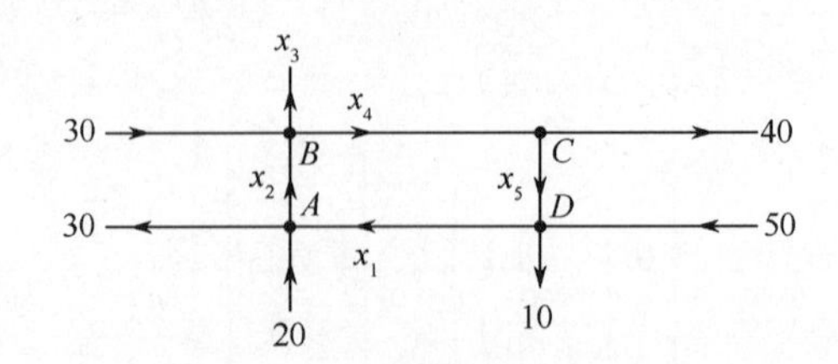

图4-2

解 根据网络流模型的基本假设,在节点(交叉口)A,B,C,D处,可以分别得到下列方程:

$$A: x_1 + 20 = 30 + x_2$$

$$B: x_2 + 30 = x_3 + x_4$$

$$C: \quad x_4 = 40 + x_5$$

$$D: x_5 + 50 = 10 + x_1$$

此外,该网络的总流入$(20+30+50)$等于网络的总流出$(30+x_3+40+10)$,化简得$x_3 = 20$。把这个方程与整理后的前四个方程联立,得如下方程组:

$$\begin{cases} x_1 - x_2 = 10 \\ x_2 - x_3 - x_4 = -30 \\ x_4 - x_5 = 40 \\ x_1 - x_5 = 40 \\ x_3 = 20 \end{cases}$$

取$x_5 = c$(c为任意常数),则网络的流量模式表示为

$$x_1 = 40 + c, x_2 = 30 + c, x_3 = 20, x_4 = 40 + c, x_5 = c$$

网络分支中的负流量表示与模型中指定的方向相反。由于街道是单行道,因此变量不能取负值。这导致变量在取正值时也有一定的局限。

4.4.2 人口迁移模型

在生态学、经济学和工程学等许多领域中经常需要对随时间变化的动态系统进行数学建模,此类系统中的某些量常按离散时间间隔来测量,这样就产生了与时间间隔相应的向量序列$x_0, x_1, x_2, \cdots$,其中x_k表示第k次测量时系统状态的有关信息,而x_0常称为初始向量。

如果存在矩阵$\boldsymbol{A}$,并给定初始向量$\boldsymbol{x}_0$,使得$\boldsymbol{x}_1 = \boldsymbol{A}\boldsymbol{x}_0, \boldsymbol{x}_2 = \boldsymbol{A}\boldsymbol{x}_1, \cdots$,即

$$\boldsymbol{x}_{n+1} = \boldsymbol{A}\boldsymbol{x}_n (n = 0, 1, 2, \cdots) \tag{4-12}$$

则称式(4-12)为一个线性差分方程或者递归方程。

人口迁移模型考虑的问题是人口的迁移或人群的流动。但是这个模型还可以广泛应用于生态学、经济学和工程学的许多领域。这里考察一个简单的模型,即某城市及其周边郊区在若干年内的人口变化的情况。该模型显然可用于研究我国当前农村的城镇化与城市化过程中农村人口与城市人口的变迁问题。

设定一个初始的年份,比如说2000年,用r_0, s_0分别表示这一年城市和农村的人口。设x_0为初始人口向量,即$\boldsymbol{x}_0 = \begin{pmatrix} r_0 \\ s_0 \end{pmatrix}$,对2001年以及后面的年份,用向量

$$\boldsymbol{x}_1 = \begin{pmatrix} r_1 \\ s_1 \end{pmatrix}, \boldsymbol{x}_2 = \begin{pmatrix} r_2 \\ s_2 \end{pmatrix}, \boldsymbol{x}_3 = \begin{pmatrix} r_3 \\ s_3 \end{pmatrix}, \cdots$$

表示出每一年城市和农村的人口。我们的目标是用数学公式表示出这些向量之间的关系。

假设每年约有 5% 的城市人口迁移到农村(95% 仍然留在城市),有 12% 的郊区人口迁移到城市(88% 仍然留在郊区),如图 4－3 所示,忽略其他因素对人口规模的影响,则一年之后,城市与郊区人口的分布分别为

$$r_0\begin{pmatrix}0.95\\0.05\end{pmatrix}\begin{matrix}\text{留在城市}\\\text{移居农村}\end{matrix},\quad s_0\begin{pmatrix}0.12\\0.88\end{pmatrix}\begin{matrix}\text{移居城市}\\\text{留在农村}\end{matrix}$$

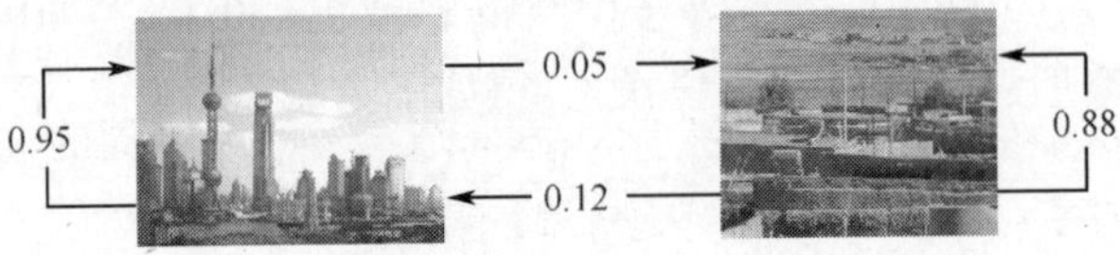

图 4－3

因此,2001 年全部人口的分布为

$$\begin{pmatrix}r_1\\s_1\end{pmatrix}=r_0\begin{pmatrix}0.95\\0.05\end{pmatrix}+r_1\begin{pmatrix}0.12\\0.88\end{pmatrix}=\begin{pmatrix}0.95 & 0.12\\0.05 & 0.88\end{pmatrix}\begin{pmatrix}r_0\\s_0\end{pmatrix}$$

即

$$\boldsymbol{x}_1=\boldsymbol{M}\boldsymbol{x}_0$$

其中 $\boldsymbol{M}=\begin{pmatrix}0.95 & 0.12\\0.05 & 0.88\end{pmatrix}$称为迁移矩阵。

如果人口迁移的百分比保持不变,则可以继续得到 2002 年,2003 年,…的人口分布公式:

$$\boldsymbol{x}_2=\boldsymbol{M}\boldsymbol{x}_1,\boldsymbol{x}_3=\boldsymbol{M}\boldsymbol{x}_2,\cdots$$

一般地,有

$$\boldsymbol{x}_{n+1}=\boldsymbol{A}\boldsymbol{x}_n(n=0,1,2,\cdots)$$

这里,向量序列$\{\boldsymbol{x}_0,\boldsymbol{x}_1,\boldsymbol{x}_2,\cdots\}$描述了城市与郊区人口在若干年内的分布变化。

例 4－12 已知某城市 2009 年的城市人口为 600000000,农村人口为 750000000。计算 2011 年的人口分布。

解 因 2009 年的初始人口为 $\boldsymbol{x}_0=\begin{pmatrix}600000000\\750000000\end{pmatrix}$,故对 2010 年,有

$$\boldsymbol{x}_1=\begin{pmatrix}0.95 & 0.12\\0.05 & 0.88\end{pmatrix}\begin{pmatrix}600000000\\750000000\end{pmatrix}=\begin{pmatrix}660000000\\690000000\end{pmatrix}$$

对 2011 年,有

$$\boldsymbol{x}_2=\begin{pmatrix}0.95 & 0.12\\0.05 & 0.88\end{pmatrix}\begin{pmatrix}660000000\\690000000\end{pmatrix}=\begin{pmatrix}709800000\\640200000\end{pmatrix}$$

即 2011 年中国的人口分布为城市人口为 709800000,农村人口为 640200000。

注:如果一个人口迁移模型经验证基本符合实际情况,就可以利用它进一步预测未来一段时间内人口分布变化的情况,从而为政府决策提供有力的依据。

4.4.3 电网模型

一个简单电网中的电流可以用线性方程组来描述并确定,本段将通过实例展示线性方程组在确定回路电流中的应用。电压电源(如电池等)迫使电子在电网中流动形成电流。当电流经过电阻(如灯泡或者发动机等)时,一些电压被“消耗”。根据欧姆定律,流经电阻时的“电压降”由下列公式给出:

$$U = IR$$

式中:电压 U、电阻 R 和电流 I 分别以 V、Ω 和 A 为单位。

对于电路网络,任何一个闭合回路的电流服从希尔霍夫电压定律:沿某个方向环绕回路一周的所有电压降 U 的代数和等于沿同一方向环绕该回路一周的电源电压的代数和。

例 4-13 确定图 4-4 所示电网中的回路电流。

解 在回路 1 中,电流 I_1 流经三个电阻,其电压降为

$$I_1 + 7I_1 + 4I_1 = 12I_1$$

回路 2 中的电流 I_2 也流经回路 1 的一部分,即从 A 到 B 的分支,对应的电压降为 $4I_2$;同样,回路 3 中的电流 I_3 也流经回路 1 的一部分,即从 B 到 C 的分支,对应的电压降为 $7I_3$。然而,回路 1 中的电流在 AB 段的方向与回路 2 中选定的方向相反,回路 1 中的电流在 BC 段的方向与回路 3 中选定的方向相反,因此回路 1 所有电压降的代数和为 $12I_1 - 4I_2 - 7I_3$。由于回路 1 中电源电压为 40V,由希尔霍夫定律可得

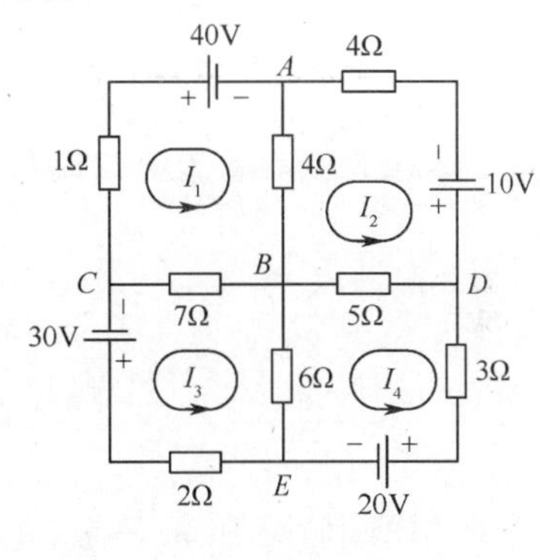

图 4-4

回路 1 的方程为

$$12I_1 - 4I_2 - 7I_3 = 40$$

同理:

回路 2 的电路方程为

$$-4I_1 + 13I_2 - 5I_4 = -10$$

回路 3 的电路方程为

$$-7I_1 + 15I_3 - 6I_4 = 30$$

回路 4 的电路方程为

$$-5I_2 - 6I_3 + 14I_4 = 20$$

于是,回路电流所满足的线性方程组为

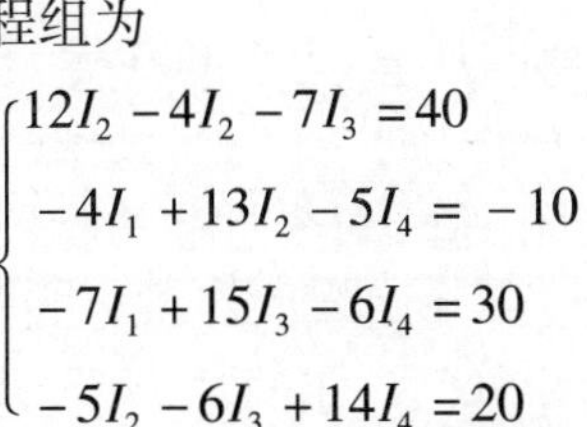

$$\begin{cases} 12I_2 - 4I_2 - 7I_3 = 40 \\ -4I_1 + 13I_2 - 5I_4 = -10 \\ -7I_1 + 15I_3 - 6I_4 = 30 \\ -5I_2 - 6I_3 + 14I_4 = 20 \end{cases}$$

解得 $I_1 \approx 11.43$A,$I_2 \approx 5.84$A,$I_3 \approx 10.55$A,$I_4 \approx 8.04$A,其中的电流方向均如图 4-4 所示。

4.4.4 经济系统的平衡

平衡现象、概念和分析方法,常见于自然科学(尤其是力学),而经济学在研究人受利益驱动力的作用下的各种行为及结果时借鉴和引入了平衡分析法(此方法也为分析非平衡问题提供了一个基准点和参照系),由此发展成为经济分析的基本方法,将其集中、系

统地用于分析经济利益关系问题所形成的一般均衡体系是现代经济学大厦的理论基石和主体构架,对经济学的发展起到了划时代的重要作用。

例 4-14 假设一个经济系统由三个行业:五金化工、能源(如燃料、电力等)、机械组成,每个行业的产出在各个行业中的分配见表 4-1,每一列中的元素表示占该行业总产出的比例。以第二列为例,能源行业的总产出的分配如下:80% 分配到五金化工行业,10% 分配到机械行业,余下的供本行业使用。因为考虑了所有的产出,所以每一列的小数加起来必须等于 1。把五金化工、能源、机械行业每年总产出的价格(即货币价值)分别用 $\boldsymbol{p}_1,\boldsymbol{p}_2,\boldsymbol{p}_3$ 表示。试求出使得每个行业的投入与产出都相等的平衡价格。

表 4-1 经济系统的平衡

产出分配			购买者
五金化工	能源	机械	
0.2	0.8	0.4	五金化工
0.3	0.1	0.4	能源
0.5	0.1	0.2	机械

解从表 1-1 可以看出,沿列表示每个行业的产出分配到何处,沿行表示每个行业所需的投入。例如,第 1 行说明五金化工行业购买了 80% 的能源产出、40% 的机械产出以及 20% 的本行业产出,由于三个行业的总产出价格分别是 $\boldsymbol{p}_1,\boldsymbol{p}_2,\boldsymbol{p}_3$,因此五金化工行业必须分别向三个行业支付 $0.2\boldsymbol{p}_1,0.8\boldsymbol{p}_2,0.4\boldsymbol{p}_3$ 元。五金化工行业的总支出为 $0.2\boldsymbol{p}_1+0.8\boldsymbol{p}_2+0.4\boldsymbol{p}_3$。为了使五金化工行业的收入 $\boldsymbol{p}_1$ 等于它的支出,因此希望

$$\boldsymbol{p}_1=0.2\boldsymbol{p}_1+0.8\boldsymbol{p}_2+0.4\boldsymbol{p}_3$$

采用类似的方法处理表 1-1 中第 2、3 行,同上式一起构成齐次线性方程组

$$\begin{cases}\boldsymbol{p}_1=0.2\boldsymbol{p}_1+0.8\boldsymbol{p}_2+0.4\boldsymbol{p}_3\\ \boldsymbol{p}_2=0.3\boldsymbol{p}_1+0.1\boldsymbol{p}_2+0.4\boldsymbol{p}_3\\ \boldsymbol{p}_1=0.5\boldsymbol{p}_1+0.1\boldsymbol{p}_2+0.2\boldsymbol{p}_3\end{cases}$$

该方程组的通解为 $\begin{bmatrix}\boldsymbol{p}_1\\ \boldsymbol{p}_2\\ \boldsymbol{p}_3\end{bmatrix}=\boldsymbol{p}_3\begin{bmatrix}1.417\\ 0.917\\ 1.000\end{bmatrix}$,此即经济系统的平衡价格向量,每个 $\boldsymbol{p}_3$ 的非负取值都确定一个平衡价格的取值。例如,取 $\boldsymbol{p}_3$ 为 1.000 亿元,则 $\boldsymbol{p}_1=1.417$ 亿元,$\boldsymbol{p}_2=0.917$ 亿元。即如果五金化工行业产出价格为 1.417 亿元,则能源行业产出价格为 0.917 亿元,机械行业的产出价格为 1.000 亿元,那么每个行业的收入和支出相等。

列昂惕夫的"交换模型":假设一个国家的经济分为很多行业,如制造业、通信业、娱乐业和服务行业等。我们知道每个部门一年的总产出,并准确了解其产出如何在经济的其他部门之间分配或"交易"。把一个部门产出的总货币价值称为该产出的价格(price)。列昂惕夫证明了如下结论:

存在赋给各部门总产出的平衡价格,使得每个部门的投入与产出都相等。

4.4.5 配平化学方程式

化学方程式表示化学反应中消耗和产生的物质的量。配平化学反应方程式就是必须

找出一组数使得方程式左右两端的各类原子的总数对应相等。一个系统的方法就是建立能够描述反应过程中每种原子数目的向量方程,然后找出该方程组的最简的正整数解。下面利用此思路来配平化学反应方程式。

例 4-15 配平下面化学方程式

$$\boldsymbol{x}_1 KMnO_4 + \boldsymbol{x}_2 MnSO_4 + \boldsymbol{x}_3 H_2O \rightarrow \boldsymbol{x}_4 MnO_2 + \boldsymbol{x}_5 K_2SO_4 + \boldsymbol{x}_6 H_2SO_4$$

其中:$\boldsymbol{x}_1,\boldsymbol{x}_2,\cdots,\boldsymbol{x}_6$ 均取正整数。

解 上述化学反应式中包含 5 种不同的原子(钾、锰、氧、硫、氢),于是在 $\boldsymbol{R}^5$ 中为每一种反应物和生成物构成如下向量:

$$KMnO_4:\begin{bmatrix}1\\1\\4\\0\\0\end{bmatrix},MnSO_4:\begin{bmatrix}0\\1\\4\\1\\0\end{bmatrix},H_2O:\begin{bmatrix}0\\0\\1\\0\\2\end{bmatrix},MnO_2:\begin{bmatrix}0\\1\\2\\0\\0\end{bmatrix},K_2SO_4:\begin{bmatrix}2\\0\\4\\1\\0\end{bmatrix},H_2SO_4:\begin{bmatrix}0\\0\\4\\1\\2\end{bmatrix}$$

其中,每一个向量的各个分量依次表示反应物和生成物中钾、锰、氧、硫、氢的原子数目。为了配平化学方程式,系数 $\boldsymbol{x}_1,\boldsymbol{x}_2,\cdots,\boldsymbol{x}_6$ 必须满足方程组

$$\boldsymbol{x}_1\begin{bmatrix}1\\1\\4\\0\\0\end{bmatrix}+\boldsymbol{x}_2\begin{bmatrix}0\\1\\4\\1\\0\end{bmatrix}+\boldsymbol{x}_3\begin{bmatrix}0\\0\\1\\0\\2\end{bmatrix}=\boldsymbol{x}_4\begin{bmatrix}0\\1\\2\\0\\0\end{bmatrix}+\boldsymbol{x}_5\begin{bmatrix}2\\0\\4\\1\\0\end{bmatrix}+\boldsymbol{x}_6\begin{bmatrix}0\\0\\4\\1\\2\end{bmatrix}$$

求解该齐次线性方程组,得到通解

$$\begin{bmatrix}\boldsymbol{x}_1\\\boldsymbol{x}_2\\\boldsymbol{x}_3\\\boldsymbol{x}_4\\\boldsymbol{x}_5\\\boldsymbol{x}_6\end{bmatrix}=\boldsymbol{c}\begin{bmatrix}2\\3\\2\\5\\1\\2\end{bmatrix},\boldsymbol{c}\in\boldsymbol{R}$$

由于化学方程式通常取最简的正整数,因此在通解中取 $\boldsymbol{c}=1$ 即得配平后的化学方程式:

$$2KMnO_4 + 3MnSO_4 + 2H_2O \rightarrow 5MnO_2 + K_2SO_4 + 2H_2SO_4$$

例 4-16 营养食谱问题 一个饮食专家计划一份膳食,提供一定量的维生素 C、钙和镁。其中用到 3 种食物,它们的质量用适当的单位计量。这些食品提供的营养以及食谱需要的营养见表 4-2。

表 4-2　营养食谱问题

营养	单位食谱所含的营养/mg			需要的营养总量/mg
	食物 1	食物 2	食物 3	
维生素 C	10	20	20	100
钙	50	40	10	300
镁	30	10	40	200

针对这个问题写出一个向量方程。说明方程中的变量表示什么，然后求解这个方程。

解　设 $\boldsymbol{x}_1,\boldsymbol{x}_2,\boldsymbol{x}_3$ 分别表示这三种食物的量。对每一种食物考虑一个向量，其分量依次表示每单位食物中营养成分维生素 C、钙和镁的含量：

$$\text{食物 }1:\boldsymbol{\alpha}_1=\begin{bmatrix}10\\50\\30\end{bmatrix},\text{食物 }2:\boldsymbol{\alpha}_2=\begin{bmatrix}20\\40\\10\end{bmatrix},\text{食物 }3:\boldsymbol{\alpha}_3=\begin{bmatrix}20\\10\\40\end{bmatrix},\text{需求}:\boldsymbol{\beta}=\begin{bmatrix}100\\300\\200\end{bmatrix};$$

则 $\boldsymbol{x}_1\boldsymbol{\alpha}_1,\boldsymbol{x}_2\boldsymbol{\alpha}_2,\boldsymbol{x}_3\boldsymbol{\alpha}_3$ 分别表示三种食物提供的营养成分，所以，需要的向量方程为

$$\boldsymbol{x}_1\boldsymbol{\alpha}_1+\boldsymbol{x}_2\boldsymbol{\alpha}_2+\boldsymbol{x}_3\boldsymbol{\alpha}_3=\boldsymbol{\beta}$$

解此方程组，得到 $\boldsymbol{x}_1=\frac{50}{11},\boldsymbol{x}_2=\frac{50}{33},\boldsymbol{x}_3=\frac{40}{33}$，因此食谱中应该包含$\frac{50}{11}$个单位的食物 1，$\frac{50}{33}$个单位的食物 2，$\frac{40}{33}$个单位的食物 3。

习　题

1. 写出下列方程组的矩阵形式：

(1) $\begin{cases}2x_1+3x_2-x_3+5x_4=0\\3x_1+x_2-2x_3-7x_4=0\\4x_1+x_2-3x_3+6x_4=0\\x_1-2x_2+4x_3-7x_4=0\end{cases}$　　(2) $\begin{cases}x_1+3x_2-x_3+2x_4=1\\3x_1+2x_2+2x_3-x_4=2\\5x_1+4x_2+3x_3+7x_4=3\end{cases}$

(3) $\begin{cases}2x+y-z+w=1\\3x-2y+z-3w=4\\x+4y-3z+5w=-2\end{cases}$　　(4) $\begin{cases}\lambda x_1+\lambda x_2+2x_3=1\\\lambda x_1+(2\lambda-1)x_2+3x_3=1\\\lambda x_1+\lambda x_2+(\lambda+3)x_3=2\lambda-1\end{cases}$

2. 求下列齐次线性方程组的一个基础解系和通解：

(1) $\begin{cases}x_1-x_2+5x_3-x_4=0\\x_1+x_2-2x_3+3x_4=0\\x_1+3x_2-9x_3+7x_4=0\\3x_1-x_2+8x_3+x_4=0\end{cases}$　　(2) $\begin{cases}x_1+x_3=0\\x_1+3x_2+4x_3=0\\x_1+2x_2+3x_3=0\\x_1+x_2+2x_3=0\end{cases}$

(3) $\begin{cases}2x+y-z+w=0\\4x+2y-2z+w=0\\2x+y-z-w=0\end{cases}$　　(4) $\begin{cases}x_1+x_2+x_3+4x_4-3x_5=0\\x_1-x_2+3x_3-2x_4-x_5=0\\2x_1+x_2+3x_3+5x_4-5x_5=0\\3x_1+x_2+5x_3+6x_4-7x_5=0\end{cases}$

3. 求下列非齐次线性方程组的解:

(1) $\begin{cases}2x_1+x_2-x_3=1\\x_1-3x_2+4x_3=2\\11x_1-12x_2+17x_3=13\end{cases}$　　(2) $\begin{cases}2x_1+x_2-x_3+x_4=1\\x_1+2x_2+x_3-x_4=2\\x_1+x_2+2x_3+x_4=3\end{cases}$

(3) $\begin{cases}2x_1-x_2+3x_3-x_4=1\\3x_1-2x_2-2x_3+3x_4=3\\x_1-x_2-5x_3+4x_4=2\\7x_1-5x_2-9x_3+10x_4=8\end{cases}$　　(4) $\begin{cases}x_1+x_2-3x_3=-1\\2x_1+x_2-2x_3=1\\x_1+2x_2-3x_3=1\\x_1+x_2+x_3=100\end{cases}$

4. λ 为何值时,此方程组有唯一解、无解或有无穷多解?并在有无穷多解时求解。

(1) $\begin{cases}-2x_1+x_2+x_3=-2\\x_1-2x_2+x_3=\lambda\\x_1+x_2-2x_3=\lambda^2\end{cases}$　　(2) $\begin{cases}(2-\lambda)x_1+2x_2-2x_3=1\\2x_1+(5-\lambda)x_2-4x_3=2\\-2x_1-4x_2+(5-\lambda)x_3=-\lambda-1\end{cases}$

5. 写出一个以 $x=c_1\begin{pmatrix}2\\-3\\1\\0\end{pmatrix}+c_2\begin{pmatrix}-2\\4\\0\\1\end{pmatrix}$为通解的齐次线性方程组。

6. 若 $\boldsymbol{\eta}_1,\boldsymbol{\eta}_2,\boldsymbol{\eta}_3$ 是某齐次线性方程组的一个基础解系,证明:$\boldsymbol{\eta}_1+\boldsymbol{\eta}_2,\boldsymbol{\eta}_2+\boldsymbol{\eta}_3,\boldsymbol{\eta}_3+\boldsymbol{\eta}_1$ 也是该方程组的一个基础解系。

7. 设四元非齐次线性方程组的系数矩阵的秩为 3,已知 $\boldsymbol{\xi}_1,\boldsymbol{\xi}_2,\boldsymbol{\xi}_3$ 是它的三个解向量,且

$$\boldsymbol{\xi}_1=\begin{pmatrix}2\\3\\4\\5\end{pmatrix},\boldsymbol{\xi}_2+\boldsymbol{\xi}_3=\begin{pmatrix}1\\2\\3\\4\end{pmatrix}$$

求该方程组的通解。

8. 设四阶方阵 $\boldsymbol{A}$ 的秩为 2,且 $\boldsymbol{A\eta}_i=\boldsymbol{b}(i=1,2,3,4)$,其中

$$\boldsymbol{\eta}_1+\boldsymbol{\eta}_2=\begin{pmatrix}1\\1\\0\\0\end{pmatrix},\boldsymbol{\eta}_2+\boldsymbol{\eta}_3=\begin{pmatrix}1\\-1\\1\\0\end{pmatrix},\boldsymbol{\eta}_3+\boldsymbol{\eta}_4=\begin{pmatrix}2\\2\\2\\2\end{pmatrix}$$

求非齐次方程组 $\boldsymbol{AX}=\boldsymbol{b}$ 的通解。

9. 已知方程组(Ⅰ)的通解为

$$X = k_1(0,1,1,0)^T + k_2(-1,2,2,1)^T \quad k_1, k_2 \in \mathbf{R}$$

设方程组(Ⅱ)为

$$\begin{cases} x_1 + x_2 = 0 \\ x_2 - x_4 = 0 \end{cases}$$

问方程组(Ⅰ)、(Ⅱ)是否有非零公共解,若有,求其所有公共解。

10. 设四元齐次方程组(Ⅰ)为

$$\begin{cases} 2x_1 + 3x_2 - x_3 = 0 \\ x_1 + 2x_2 + x_3 - x_4 = 0 \end{cases}$$

且已知另一四元齐次方程组(Ⅱ)的一个基础解系为 $\boldsymbol{\alpha}_1 = (2, -1, a+2, 1)^T$, $\boldsymbol{\alpha}_2 = (-1, 2, 4, a+8)^T$,

(1) 求方程组(Ⅰ)的一个基础解系。

(2) 当 a 为何值时,方程组(Ⅰ)与(Ⅱ)有非零公共解?在有非零公共解时,求出全部非零公共解。

11. 设 ξ^* 是非齐次线性方程组 $\boldsymbol{AX} = \boldsymbol{B}$ 的一个解, $\boldsymbol{\eta}_1, \boldsymbol{\eta}_2, \cdots, \boldsymbol{\eta}_{n-r}$ 是它对应的齐次线性方程组的一个基础解系,证明:

(1) $\xi^*, \boldsymbol{\eta}_1, \boldsymbol{\eta}_2, \cdots, \boldsymbol{\eta}_{n-r}$ 线性无关;

(2) $\xi^*, \xi^* + \boldsymbol{\eta}_1, \xi^* + \boldsymbol{\eta}_2, \cdots, \xi^* + \boldsymbol{\eta}_{n-r}$ 线性无关。

12. 已知 4 阶方阵 $\boldsymbol{A} = (\boldsymbol{\alpha}_1, \boldsymbol{\alpha}_2, \boldsymbol{\alpha}_3, \boldsymbol{\alpha}_4)$,其中 $\boldsymbol{\alpha}_2, \boldsymbol{\alpha}_3, \boldsymbol{\alpha}_4$ 线性无关, $\boldsymbol{\alpha}_1 = 2\boldsymbol{\alpha}_2 - \boldsymbol{\alpha}_3$,如果 $\boldsymbol{\beta} = \boldsymbol{\alpha}_1 + \boldsymbol{\alpha}_2 + \boldsymbol{\alpha}_3 + \boldsymbol{\alpha}_4$,求线性方程组 $\boldsymbol{AB} = \boldsymbol{\beta}$ 的通解。

13. 设线性方程组

$$\begin{cases} a_{11}x_1 + a_{12}x_2 + \cdots + a_{1n}x_n = b_1 \\ a_{21}x_1 + a_{22}x_2 + \cdots + a_{2n}x_n = b_2 \\ \qquad\qquad \vdots \\ a_{n1}x_1 + a_{n2}x_2 + \cdots + a_{nn}x_n = b_n \end{cases}$$

的系数矩阵的秩等于矩阵

$$\begin{pmatrix} a_{11} & a_{12} & \cdots & a_{1n} & b_1 \\ a_{21} & a_{22} & \cdots & a_{2n} & b_2 \\ \vdots & \vdots & & \vdots & \vdots \\ a_{n1} & a_{n2} & \cdots & a_{nn} & b_n \\ b_1 & b_2 & \cdots & b_n & 0 \end{pmatrix}$$

的秩,试证这个方程组有解。

14. 设 $\boldsymbol{A}$ 是 $m \times n$ 阶方阵,证明: $\boldsymbol{AX} = \boldsymbol{AY}$,且 $r_A = n$,则 $\boldsymbol{X} = \boldsymbol{Y}$。

15. 设 $\boldsymbol{A} = (a_{ij})_{n \times 2n}$, $\boldsymbol{X} = (x_1, x_2, \cdots, x_{2n})^T$,方程组 $\boldsymbol{AX} = 0$ 的一个基础解系为 $(b_{i1}, b_{i2}, b_{i,2n})^T$, $i = 1, 2, \cdots, n$ 求方程组

$$
\begin{cases}
b_{11}y_1 + b_{12}y_2 + \cdots + b_{1,2n}y_{2n} = 0 \\
b_{21}y_1 + b_{22}y_2 + \cdots + b_{2,2n}y_{2n} = 0 \\
\vdots \\
b_{n1}y_1 + b_{n2}y_2 + \cdots + b_{n,2n}y_{2n} = 0
\end{cases}
$$

的通解。

16. 设 $\boldsymbol{AX}=\boldsymbol{0}$ 的解都是 $\boldsymbol{BX}=\boldsymbol{0}$ 的解，则 $\boldsymbol{AX}=\boldsymbol{0}$ 与 $\boldsymbol{BX}=\boldsymbol{0}$ 同解 $\Leftrightarrow r(\boldsymbol{A})=r(\boldsymbol{B})$。

17. 设 $\boldsymbol{A}$ 为 $n\times(n-1)$ 阵，$\boldsymbol{b}\in\boldsymbol{R}^n$，$\boldsymbol{B}=(\boldsymbol{A}\ \vdots\ \boldsymbol{b})$，若 $\boldsymbol{AX}=b$ 有解，则 $|\boldsymbol{B}|=\boldsymbol{0}$。又当 $r(\boldsymbol{A})=n-1$ 时，$\boldsymbol{AX}=b$ 有解 $\Leftrightarrow |\boldsymbol{B}|=\boldsymbol{0}$。

18. 设 $\boldsymbol{\alpha}_1,\boldsymbol{\alpha}_2,\cdots,\boldsymbol{\alpha}_t$ 是齐次线性方程组 $\boldsymbol{AX}=\boldsymbol{0}$ 的基础解系，向量 $\boldsymbol{\beta}$ 不是 $\boldsymbol{AX}=\boldsymbol{0}$ 的解，试证向量组 $\boldsymbol{\beta},\boldsymbol{\beta}+\boldsymbol{\alpha}_1,\boldsymbol{\beta}+\boldsymbol{\alpha}_2,\cdots,\boldsymbol{\beta}+\boldsymbol{\alpha}_t$ 线性无关。

19. 确定图 4－5 所示电网中的回路电流。

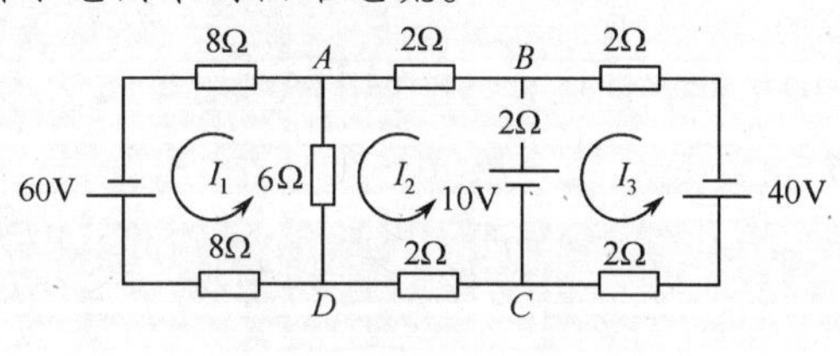

图 4－5

20. 利用例 4－12 的数据，计算 2012 年的人口分布。

21. 图 4－6 给出了某城市部分单行道的交通流量（每小时过车数）。假设：(1) 流入网络的流量等于全部流出网络的流量；(2) 全部流入一个节点的流量等于全部流出此节点的流量。确定该交通网络未知部分的具体流量。

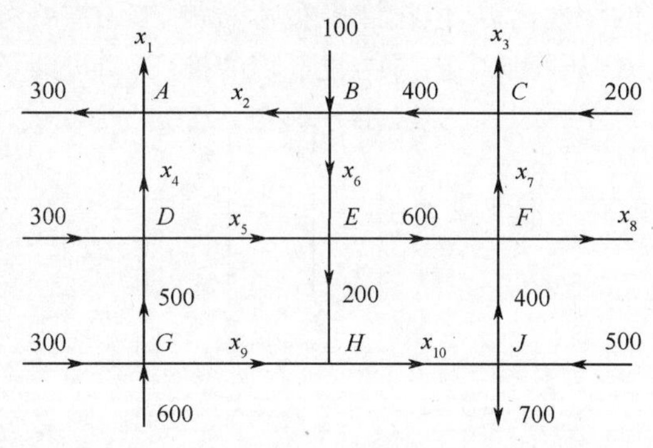

图 4－6

第5章　相似矩阵与二次型

本章主要讨论方阵的特征值、特征向量、方阵的相似对角化和二次型的化简等问题，这些内容在许多学科中都有非常重要的应用。其中涉及向量的内积、长度和正交等知识，下面先介绍这些知识。

5.1　向量的内积、长度及正交性

在第4章中，研究了向量的线性运算，并利用它讨论了向量之间的线性相关性，但尚未涉及向量的度量性质。

在空间解析几何中，向量 $\boldsymbol{x}=(x_1,x_2,x_3)$ 和 $\boldsymbol{y}=(y_1,y_2,y_3)$ 的长度与夹角等度量性质可以通过两个向量的数量积 $\boldsymbol{x}\cdot\boldsymbol{y}=|\boldsymbol{x}||\boldsymbol{y}|\cos\theta$（$\theta$ 为向量 $\boldsymbol{x},\boldsymbol{y}$ 的夹角）来表示，且在直角坐标系中，有 $\boldsymbol{x}\cdot\boldsymbol{y}=x_1y_1+x_2y_2+x_3y_3$，$|\boldsymbol{x}|=\sqrt{x_1^2+x_2^2+x_3^2}$。

本节中，要将数量积的概念推广到 n 维向量空间中，引入内积的概念，并由此进一步定义 n 维向量空间中的长度、正交等概念。

5.1.1　向量的内积

前面曾介绍过向量的线性运算，但在许多实际问题中，还需要考虑向量的长度等方面的度量性质。在此，作为解析几何中向量的数量积的推广，引进向量的内积运算。

定义1　在 R^n 中，设有 n 维向量 $\boldsymbol{x}=\begin{pmatrix}x_1\\x_2\\\vdots\\x_n\end{pmatrix}$，$\boldsymbol{y}=\begin{pmatrix}y_1\\y_2\\\vdots\\y_n\end{pmatrix}$

令

$$[\boldsymbol{x},\boldsymbol{y}]=x_1y_1+x_2y_2+\cdots+x_ny_n$$

$[\boldsymbol{x},\boldsymbol{y}]$ 称为向量 $\boldsymbol{x}$ 与 $\boldsymbol{y}$ 的内积。

注：(1) 内积是一种运算，结果是一个实数；

(2) 向量内积的矩阵表示：

$$[\boldsymbol{x},\boldsymbol{y}]=\boldsymbol{x}^{\mathrm{T}}\boldsymbol{y}$$

性质1　（其中 $\boldsymbol{x},\boldsymbol{y},\boldsymbol{z}$ 是 n 维向量，λ 是实数）：

(1) 对称性：$[\boldsymbol{x},\boldsymbol{y}]=[\boldsymbol{y},\boldsymbol{x}]$

(2) 线性：$[\boldsymbol{x}+\boldsymbol{y},\boldsymbol{z}]=[\boldsymbol{x},\boldsymbol{z}]+[\boldsymbol{y},\boldsymbol{z}]$

$$[\lambda\boldsymbol{x},\boldsymbol{y}]=\lambda[\boldsymbol{x},\boldsymbol{y}]$$

(3) 正定性:$[\boldsymbol{x},\boldsymbol{x}]\geqslant 0$,当且仅当 $\boldsymbol{x}=\boldsymbol{0}$ 时等号成立。

利用内积的正定性,可以定义长度。

定义 2 设有 n 维向量 $\boldsymbol{x}=\begin{pmatrix}x_1\\x_2\\\vdots\\x_n\end{pmatrix}$, 称 $\|\boldsymbol{x}\|=\sqrt{[\boldsymbol{x},\boldsymbol{x}]}=x_1^2+x_2^2+\cdots+x_n^2$ 为向量 $\boldsymbol{x}$ 的长度(也称模或范数),当 $\|\boldsymbol{x}\|=1$ 称向量 $\boldsymbol{x}$ 为单位向量。

例:在 R^2 中,向量 $\boldsymbol{x}=\begin{pmatrix}-3\\4\end{pmatrix}$的长度为 $\sqrt{[\boldsymbol{x},\boldsymbol{x}]}=\sqrt{(-3)^2+4^2}=5$。

向量的长度具有下列性质:

(1) 非负性:$\|\boldsymbol{x}\|\geqslant 0$ 当且仅当 $\boldsymbol{x}=\boldsymbol{0}$ 时等号成立;

(2) 齐次性:$\|\lambda\boldsymbol{x}\|=|\lambda|\,\|\boldsymbol{x}\|$;

(3) 柯西—施瓦兹不等式:$|[\boldsymbol{x},\boldsymbol{y}]|\leqslant\|\boldsymbol{x}\|\cdot\|\boldsymbol{y}\|$;

(4) 三角不等式:$\|\boldsymbol{x}+\boldsymbol{y}\|\leqslant\|\boldsymbol{x}\|+\|\boldsymbol{y}\|$。

性质(3)的证明:(其他略)

证 设 k 为任意实属数,$\boldsymbol{z}=\boldsymbol{x}+k\boldsymbol{y}$,则

$$[\boldsymbol{z},\boldsymbol{z}]=[\boldsymbol{x}+k\boldsymbol{y},\boldsymbol{x}+k\boldsymbol{y}]=[\boldsymbol{x},\boldsymbol{x}]+2k[\boldsymbol{x},\boldsymbol{y}]+k^2[\boldsymbol{y},\boldsymbol{y}]\geqslant 0$$

这是个关于 k 的二次三项式的判别式:$\Delta\leqslant 0$

即有$[\boldsymbol{x},\boldsymbol{y}]^2\leqslant[\boldsymbol{x},\boldsymbol{x}][\boldsymbol{y},\boldsymbol{y}]=\|\boldsymbol{x}\|^2\|\boldsymbol{y}\|^2$

即有$|[\boldsymbol{x},\boldsymbol{y}]|\leqslant\|\boldsymbol{x}\|\cdot\|\boldsymbol{y}\|$

由此,定义两个向量的夹角。

定义 3 $\cos\theta=\dfrac{[\boldsymbol{x},\boldsymbol{y}]}{\|\boldsymbol{x}\|\cdot\|\boldsymbol{y}\|}(0\leqslant\theta\leqslant\pi)$

其中:θ 就称为 n 维非零向量 $\boldsymbol{x}$ 与 $\boldsymbol{y}$ 的夹角。特别,当$[\boldsymbol{x},\boldsymbol{y}]=0$ 时,称 $\boldsymbol{x}$ 与 $\boldsymbol{y}$ 是正交的,此时,$\theta=\dfrac{\pi}{2}$,显然,零向量与任何向量都正交。

5.1.2 正交向量组

定义 4 若非零向量组 $\boldsymbol{\alpha}_1,\boldsymbol{\alpha}_2,\cdots,\boldsymbol{\alpha}_r$ 中任意两个向量都是正交的,则称该向量组为正交向量组。

例 5-1 n 维基本单位向量组 $\boldsymbol{e}_1=\begin{pmatrix}1\\0\\\vdots\\0\end{pmatrix},\boldsymbol{e}_2=\begin{pmatrix}0\\1\\\vdots\\0\end{pmatrix},\cdots,\boldsymbol{e}_n=\begin{pmatrix}0\\0\\\vdots\\1\end{pmatrix}$是正交的向量组。

证 因为$[\boldsymbol{e}_i,\boldsymbol{e}_j]=\begin{cases}1, & i=j\\0, & i\neq j\end{cases}$, $(i,j=1,2,\cdots,n)$,故 $\boldsymbol{e}_1,\boldsymbol{e}_2,\cdots,\boldsymbol{e}_n$ 是正交的向量组。

例 5-2 证明正交向量组 $\boldsymbol{\alpha}_1,\boldsymbol{\alpha}_2,\cdots,\boldsymbol{\alpha}_r$ 是线性无关的。

证 设有实数 $\lambda_1,\lambda_2,\cdots,\lambda_r$ 使得 $\lambda_1\boldsymbol{\alpha}_1+\lambda_2\boldsymbol{\alpha}_2+\cdots+\lambda_r\boldsymbol{\alpha}_r=0$

由正交向量组的定义,当 $i\neq j$ 时,$[\boldsymbol{\alpha}_i,\boldsymbol{\alpha}_j]=0$,上式两边同时与 $\boldsymbol{\alpha}_i(i=1,2,\cdots,r)$ 作内积,得 $[\lambda_1\boldsymbol{\alpha}_1+\lambda_2\boldsymbol{\alpha}_2+\cdots+\lambda_r\boldsymbol{\alpha}_r,\boldsymbol{\alpha}_i]=[0,\boldsymbol{\alpha}_i]=0$

但由内积运算的性质,上式的左边等于 $\lambda_i[\boldsymbol{\alpha}_i,\boldsymbol{\alpha}_i]$,所以得 $\lambda_i[\boldsymbol{\alpha}_i,\boldsymbol{\alpha}_i]=0$,又 $[\boldsymbol{\alpha}_i,\boldsymbol{\alpha}_i]>0$,则 $\lambda_i=0(i=1,2,\cdots,r)$,这就证明了向量组 $\boldsymbol{\alpha}_1,\boldsymbol{\alpha}_2,\cdots,\boldsymbol{\alpha}_r$ 是线性无关的。

应该指出:从上面结论中看到,正交向量组是线性无关的向量组,但线性无关的向量组不一定是正交的向量组,如向量组 $\begin{pmatrix}1\\0\end{pmatrix}$、$\begin{pmatrix}1\\1\end{pmatrix}$,但可以把线性无关的向量组组合成正交的向量组。

例 5-3 已知 R^3 中两向量 $\boldsymbol{\alpha}_1=\begin{pmatrix}1\\1\\1\end{pmatrix}$,$\boldsymbol{\alpha}_2=\begin{pmatrix}1\\-2\\1\end{pmatrix}$ 正交,求一个非零向量 $\boldsymbol{\alpha}_3$,使 $\boldsymbol{\alpha}_1,\boldsymbol{\alpha}_2,\boldsymbol{\alpha}_3$ 为正交的向量组。

解 设 $\boldsymbol{\alpha}_3=\begin{pmatrix}x_1\\x_2\\x_3\end{pmatrix}$,由已知 $\boldsymbol{\alpha}_3$ 应满足 $\begin{cases}[\boldsymbol{\alpha}_1,\boldsymbol{\alpha}_3]=0\\[\boldsymbol{\alpha}_2,\boldsymbol{\alpha}_3]=0\end{cases}$

则得方程组

$$\begin{cases}x_1+x_2+x_3=0\\x_1-2x_2+x_3=0\end{cases}$$

由系数矩阵 $\begin{pmatrix}1&1&1\\1&-2&1\end{pmatrix}\to\begin{pmatrix}1&1&1\\0&-3&0\end{pmatrix}\to\begin{pmatrix}1&0&1\\0&1&0\end{pmatrix}$ 得同解方程组 $\begin{cases}x_1=-x_3\\x_2=0\end{cases}$

从而得基础解系:$\begin{pmatrix}-1\\0\\1\end{pmatrix}$,取 $\boldsymbol{\alpha}_3=\begin{pmatrix}-1\\0\\1\end{pmatrix}$ 即可。

5.1.3 线性无关向量组的正交化方法

对任意一个线性无关的向量组,可以找到一个与其等价的正交单位向量组,具体做法如下:

设 $\boldsymbol{\alpha}_1,\boldsymbol{\alpha}_2,\cdots,\boldsymbol{\alpha}_r$ 是线性无关的向量组。先取 $\boldsymbol{\beta}_1=\boldsymbol{\alpha}_1$,

令 $\boldsymbol{\beta}_2=\boldsymbol{\alpha}_2+k\boldsymbol{\beta}_1$($k$ 待定),使 $\boldsymbol{\beta}_2,\boldsymbol{\beta}_1$ 正交,即有

$$[\boldsymbol{\beta}_2,\boldsymbol{\beta}_1]=[\boldsymbol{\alpha}_2+k\boldsymbol{\beta}_1,\boldsymbol{\beta}_1]=[\boldsymbol{\alpha}_2,\boldsymbol{\beta}_1]+k[\boldsymbol{\beta}_1,\boldsymbol{\beta}_1]=0$$

得

$$k=-\frac{[\boldsymbol{\alpha}_2,\boldsymbol{\beta}_1]}{[\boldsymbol{\beta}_1,\boldsymbol{\beta}_1]}$$

于是得

$$\boldsymbol{\beta}_2=\boldsymbol{\alpha}_2-\frac{[\boldsymbol{\alpha}_2,\boldsymbol{\beta}_1]}{[\boldsymbol{\beta}_1,\boldsymbol{\beta}_1]}\boldsymbol{\beta}_1$$

这样求得的两个向量$\boldsymbol{\beta}_1,\boldsymbol{\beta}_2$是正交的,且与向量$\boldsymbol{\alpha}_1,\boldsymbol{\alpha}_2$等价。再令$\boldsymbol{\beta}_3=\boldsymbol{\alpha}_3+k_1\boldsymbol{\beta}_1+k_2\boldsymbol{\beta}_2$($k_1,k_2$待定)使$\boldsymbol{\beta}_3,\boldsymbol{\beta}_2,\boldsymbol{\beta}_1$彼此正交,即$[\boldsymbol{\beta}_1,\boldsymbol{\beta}_3]=0,[\boldsymbol{\beta}_2,\boldsymbol{\beta}_3]=0$,则

$$\begin{cases}[\boldsymbol{\beta}_3,\boldsymbol{\beta}_1]=[\boldsymbol{\alpha}_3,\boldsymbol{\beta}_1]+k_1[\boldsymbol{\beta}_1,\boldsymbol{\beta}_1]=0\\ [\boldsymbol{\beta}_3,\boldsymbol{\beta}_2]=[\boldsymbol{\alpha}_3,\boldsymbol{\beta}_2]+k_2[\boldsymbol{\beta}_2,\boldsymbol{\beta}_2]=0\end{cases}$$

得

$$k_1=-\frac{[\boldsymbol{\alpha}_3,\boldsymbol{\beta}_1]}{[\boldsymbol{\beta}_1,\boldsymbol{\beta}_1]},k_2=-\frac{[\boldsymbol{\alpha}_3,\boldsymbol{\beta}_2]}{[\boldsymbol{\beta}_2,\boldsymbol{\beta}_2]}$$

于是得

$$\boldsymbol{\beta}_3=\boldsymbol{\alpha}_3-\frac{[\boldsymbol{\alpha}_3,\boldsymbol{\beta}_1]}{[\boldsymbol{\beta}_1,\boldsymbol{\beta}_1]}\boldsymbol{\beta}_1-\frac{[\boldsymbol{\alpha}_3,\boldsymbol{\beta}_2]}{[\boldsymbol{\beta}_2,\boldsymbol{\beta}_2]}\boldsymbol{\beta}_2$$

这样求得的两个向量$\boldsymbol{\beta}_1,\boldsymbol{\beta}_2,\boldsymbol{\beta}_3$是正交的,且与向量$\boldsymbol{\alpha}_1,\boldsymbol{\alpha}_2,\boldsymbol{\alpha}_3$等价。

以此类推,一般有

$$\boldsymbol{\beta}_j=\boldsymbol{\alpha}_j-\frac{[\boldsymbol{\alpha}_j,\boldsymbol{\beta}_1]}{[\boldsymbol{\beta}_1,\boldsymbol{\beta}_1]}\boldsymbol{\beta}_1-\frac{[\boldsymbol{\alpha}_j,\boldsymbol{\beta}_2]}{[\boldsymbol{\beta}_2,\boldsymbol{\beta}_2]}\boldsymbol{\beta}_2-\cdots-\frac{[\boldsymbol{\alpha}_j,\boldsymbol{\beta}_{j-1}]}{[\boldsymbol{\beta}_{j-1},\boldsymbol{\beta}_{j-1}]}\boldsymbol{\beta}_{j-1}(j=4,5,\cdots,r)$$

可以证明这样得到的正交向量组$\boldsymbol{\beta}_1,\boldsymbol{\beta}_2,\cdots,\boldsymbol{\beta}_r$是正交的,且与向量$\boldsymbol{\alpha}_1,\boldsymbol{\alpha}_2,\cdots,\boldsymbol{\alpha}_r$等价。

如果再要求与$\boldsymbol{\alpha}_1,\boldsymbol{\alpha}_2,\cdots,\boldsymbol{\alpha}_r$等价的单位向量组,只须取

$$p_1=\frac{\boldsymbol{\beta}_1}{\|\boldsymbol{\beta}_1\|},p_2=\frac{\boldsymbol{\beta}_2}{\|\boldsymbol{\beta}_2\|},\cdots,p_r=\frac{\boldsymbol{\beta}_r}{\|\boldsymbol{\beta}_r\|}$$

上面介绍的正交化过程称为施密特正交化过程。

例 5-4 试用施密特正交化过程,求与向量组$\boldsymbol{\alpha}_1=\begin{pmatrix}2\\0\end{pmatrix},\boldsymbol{\alpha}_2=\begin{pmatrix}1\\1\end{pmatrix}$等价的正交单位向量组。

解 令$\boldsymbol{\beta}_1=\boldsymbol{\alpha}_1,\boldsymbol{\beta}_2=\boldsymbol{\alpha}_2-\frac{[\boldsymbol{\beta}_1,\boldsymbol{\alpha}_2]}{[\boldsymbol{\beta}_1,\boldsymbol{\beta}_1]}\boldsymbol{\beta}_1=\begin{pmatrix}1\\1\end{pmatrix}-\frac{2}{4}\begin{pmatrix}2\\0\end{pmatrix}=\begin{pmatrix}0\\1\end{pmatrix}$

则$\boldsymbol{\beta}_1,\boldsymbol{\beta}_2$正交,再把它们单位化。

$$\boldsymbol{p}_1=\frac{\boldsymbol{\beta}_1}{\|\boldsymbol{\beta}_1\|}=\begin{pmatrix}1\\0\end{pmatrix},\boldsymbol{p}_2=\frac{\boldsymbol{\beta}_2}{\|\boldsymbol{\beta}_2\|}=\begin{pmatrix}0\\1\end{pmatrix},\text{即 }\boldsymbol{p}_1,\boldsymbol{p}_2\text{ 即为所求。}$$

5.1.4 正交阵

定义 5 设n阶方阵$\boldsymbol{A}$满足$\boldsymbol{A}^{\mathrm{T}}\boldsymbol{A}=\boldsymbol{E}$(即$\boldsymbol{A}^{\mathrm{T}}=\boldsymbol{A}^{-1}$),则$\boldsymbol{A}$称为正交矩阵,如$\begin{pmatrix}1&0\\0&-1\end{pmatrix}$。

正交矩阵有下列性质:

性质 2 设$\boldsymbol{A}$为正交阵,则$\boldsymbol{A}$为可逆阵,且$\boldsymbol{A}^{\mathrm{T}}=\boldsymbol{A}^{-1}$。

性质3 $\boldsymbol{A}$ 为正交阵的充分必要条件是 $\boldsymbol{A}$ 的列(行)向量组是单位正交的向量组。

证 设 $\boldsymbol{A}$ 为 n 阶正交阵,记 $\boldsymbol{A}=(\boldsymbol{\alpha}_1,\boldsymbol{\alpha}_2,\cdots,\boldsymbol{\alpha}_n)$,则由定义

$$\boldsymbol{A}^{\mathrm{T}}\boldsymbol{A}=\begin{pmatrix}\boldsymbol{\alpha}_1^{\mathrm{T}}\\\boldsymbol{\alpha}_2^{\mathrm{T}}\\\vdots\\\boldsymbol{\alpha}_n^{\mathrm{T}}\end{pmatrix}(\boldsymbol{\alpha}_1,\boldsymbol{\alpha}_2,\cdots,\boldsymbol{\alpha}_n)=\begin{pmatrix}\boldsymbol{\alpha}_1^{\mathrm{T}}\boldsymbol{\alpha}_1 & \boldsymbol{\alpha}_1^{\mathrm{T}}\boldsymbol{\alpha}_2 & \cdots & \boldsymbol{\alpha}_1^{\mathrm{T}}\boldsymbol{\alpha}_n\\\boldsymbol{\alpha}_2^{\mathrm{T}}\boldsymbol{\alpha}_1 & \boldsymbol{\alpha}_2^{\mathrm{T}}\boldsymbol{\alpha}_2 & \cdots & \boldsymbol{\alpha}_2^{\mathrm{T}}\boldsymbol{\alpha}_n\\\vdots & \vdots & & \vdots\\\boldsymbol{\alpha}_n^{\mathrm{T}}\boldsymbol{\alpha}_1 & \boldsymbol{\alpha}_n^{\mathrm{T}}\boldsymbol{\alpha}_2 & \cdots & \boldsymbol{\alpha}_n^{\mathrm{T}}\boldsymbol{\alpha}_n\end{pmatrix}$$

$$=\begin{pmatrix}1 & & & \\ & 1 & & \\ & & \ddots & \\ & & & 1\end{pmatrix}$$

因此,$\boldsymbol{A}$ 的列向量满足 $\boldsymbol{\alpha}_i^{\mathrm{T}}\boldsymbol{\alpha}_j=\begin{cases}1, & i\neq j\\0, & i=j\end{cases}\ (i,j=1,2,\cdots,n)$

即 $\boldsymbol{A}$ 的 n 个列向量是单位正交向量组。

由于上述过程可逆,因此,当 n 个列向量是单位正交向量组,则它们构成的矩阵一定是正交阵。

性质4 设 $\boldsymbol{A},\boldsymbol{B}$ 都是正交阵,则 $\boldsymbol{AB}$ 也是正交阵。

定义6 若 $\boldsymbol{P}$ 是正交阵,则线性变换 $\boldsymbol{y}=\boldsymbol{Px}$ 称为正交变换。

设 $\boldsymbol{y}=\boldsymbol{Px}$ 为正交变换,则有

$$\|\boldsymbol{y}\|=\sqrt{\boldsymbol{y}^{\mathrm{T}}\boldsymbol{y}}=\sqrt{\boldsymbol{x}^{\mathrm{T}}\boldsymbol{P}^{\mathrm{T}}\boldsymbol{Px}}=\sqrt{\boldsymbol{x}^{\mathrm{T}}\boldsymbol{x}}=\|\boldsymbol{x}\|$$

由于 $\|\boldsymbol{x}\|$ 表示向量的长度,相当于线段的长度,因此 $\|\boldsymbol{y}\|=\|\boldsymbol{x}\|$ 说明经过正交变换线段长度保持不变。

5.2 方阵的特征值和特征向量

工程技术中有些实际问题,如振动问题和稳定性问题,往往可归结为如下的数学问题:对 n 阶方阵 $\boldsymbol{A}$,求数 λ 和非零的列向量 $\boldsymbol{x}$,使 $\boldsymbol{Ax}=\lambda\boldsymbol{x}$。这样的数 λ 和向量 $\boldsymbol{x}$ 就是 $\boldsymbol{A}$ 的特征值和特征向量。

在数学中解微分方程时,以及在下面要讨论的对角化问题,二次型化标准形问题中,也都要用到特征值和特征向量的理论。这里先介绍它们的基本概念和一些性质,然后在此基础上讨论矩阵的对角化问题。

5.2.1 特征值和特征向量的概念

1. 定义

对 n 阶方阵 $\boldsymbol{A}$,若存在数 λ 和非零的列向量 $\boldsymbol{x}=\begin{pmatrix}x_1\\x_2\\\vdots\\x_n\end{pmatrix}$,使 $\boldsymbol{Ax}=\lambda\boldsymbol{x}$,则称数 λ 是方阵 $\boldsymbol{A}$

的特征值,非零向量 $\boldsymbol{x}$ 就是 $\boldsymbol{A}$ 的属于特征值 λ 的特征向量。

2. 求法

对上式也可以写成 $(\boldsymbol{A}-\lambda\boldsymbol{E})\boldsymbol{x}=\boldsymbol{0}$,即

$$\begin{pmatrix} a_{11}-\lambda & a_{12} & \cdots & a_{1n} \\ a_{21} & a_{22}-\lambda & \cdots & a_{2n} \\ \vdots & \vdots & & \vdots \\ a_{n1} & a_{n2} & \cdots & a_{nn}-\lambda \end{pmatrix}\begin{pmatrix} x_1 \\ x_2 \\ \vdots \\ x_n \end{pmatrix}=\begin{pmatrix} 0 \\ 0 \\ \vdots \\ 0 \end{pmatrix}$$

这是 n 个未知数,n 个方程的齐次线性方程组,方阵 $\boldsymbol{A}$ 的属于特征值 λ 的特征向量就是这个齐次线性方程组的非零解。齐次线性方程组有非零解的充分必要条件就是系数矩阵的行列式等于零,即得 $|\boldsymbol{A}-\lambda\boldsymbol{E}|=\begin{vmatrix} a_{11}-\lambda & a_{12} & \cdots & a_{1n} \\ a_{21} & a_{22}-\lambda & \cdots & a_{2n} \\ \vdots & \vdots & & \vdots \\ a_{n1} & a_{n2} & \cdots & a_{nn}-\lambda \end{vmatrix}=0$

等式左边是一个关于 λ 的 n 次多项式,记 $f(\lambda)=|\boldsymbol{A}-\lambda\boldsymbol{E}|$,称 $f(\lambda)$ 为方阵 $\boldsymbol{A}$ 的特征多项式。称 $f(\lambda)=|\boldsymbol{A}-\lambda\boldsymbol{E}|=0$ 为方阵 $\boldsymbol{A}$ 的特征方程。因此,方阵 $\boldsymbol{A}$ 的特征值就是它的特征方程的根。由于 n 次多项式在复数范围内总有 n 个根(重根按重数计算),所以 n 阶方阵 $\boldsymbol{A}$ 恰有 n 个特征值设为 $\lambda_1,\lambda_2,\cdots,\lambda_n$,把 $\lambda=\lambda_i$ 代入方程组

$$(\boldsymbol{A}-\lambda_i\boldsymbol{E})\boldsymbol{x}=0$$

可求得非零解 $\boldsymbol{x}=\boldsymbol{p}_i$,那么 $\boldsymbol{p}_i$ 便是 $\boldsymbol{A}$ 的对应于特征值 λ_i 的特征向量(若 λ_i 为实数,$\boldsymbol{p}_i$ 可取实向量;若 λ_i 为复数,$\boldsymbol{p}_i$ 可取复向量)。

例 5-5 求矩阵 $\boldsymbol{A}=\begin{pmatrix} 3 & -1 \\ -1 & 3 \end{pmatrix}$的特征值和特征向量。

解 $\boldsymbol{A}$ 的特征多项式为

$$|\boldsymbol{A}-\lambda\boldsymbol{E}|=\begin{vmatrix} 3-\lambda & -1 \\ -1 & 3-\lambda \end{vmatrix}=(3-\lambda)^2-1=8-6\lambda+\lambda^2=(4-\lambda)(2-\lambda)$$

所以 $\boldsymbol{A}$ 的特征值为

$$\lambda_1=2,\lambda_2=4$$

当 $\lambda_1=2$ 时,对应的特征向量应满足

$$\begin{pmatrix} 3-2 & -1 \\ -1 & 3-2 \end{pmatrix}\begin{pmatrix} x_1 \\ x_2 \end{pmatrix}=\begin{pmatrix} 0 \\ 0 \end{pmatrix},\text{即}\begin{pmatrix} 1 & -1 \\ -1 & 1 \end{pmatrix}\begin{pmatrix} x_1 \\ x_2 \end{pmatrix}=\begin{pmatrix} 0 \\ 0 \end{pmatrix}$$

解得 $x_1=x_2$,所对应的特征向量可取为 $\boldsymbol{p}_1=\begin{pmatrix} 1 \\ 1 \end{pmatrix}$

当 $\lambda_1=4$ 时,对应的特征向量应满足

$$\begin{pmatrix} 3-4 & -1 \\ -1 & 3-4 \end{pmatrix}\begin{pmatrix} x_1 \\ x_2 \end{pmatrix}=\begin{pmatrix} 0 \\ 0 \end{pmatrix},\text{即}\begin{pmatrix} -1 & -1 \\ -1 & -1 \end{pmatrix}\begin{pmatrix} x_1 \\ x_2 \end{pmatrix}=\begin{pmatrix} 0 \\ 0 \end{pmatrix}$$

解得 $x_1=-x_2$,所对应的特征向量可取为 $\boldsymbol{p}_2=\begin{pmatrix}-1\\1\end{pmatrix}$

显然,若 $\boldsymbol{p}_i$ 是矩阵 $\boldsymbol{A}$ 的对应于特征值 λ_i 的特征向量,则 $k\boldsymbol{p}_i(k\neq0)$ 也是对应于特征值 λ_i 的特征向量。

例 5-6 求矩阵 $\boldsymbol{A}=\begin{pmatrix}-1&1&0\\-4&3&0\\1&0&2\end{pmatrix}$的特征值和特征向量。

解 $\boldsymbol{A}$ 的特征多项式为

$$|\boldsymbol{A}-\lambda\boldsymbol{E}|=\begin{vmatrix}-1-\lambda&1&0\\-4&3-\lambda&0\\1&0&2-\lambda\end{vmatrix}=(2-\lambda)(1-\lambda)^2$$

所以 $\boldsymbol{A}$ 的特征值为

$$\lambda_1=2,\lambda_2=\lambda_3=1$$

当 $\lambda_1=2$ 时,解方程 $(\boldsymbol{A}-2\boldsymbol{E})\boldsymbol{x}=0$,由

$\boldsymbol{A}-2\boldsymbol{E}=\begin{pmatrix}-3&1&0\\-4&1&0\\1&0&0\end{pmatrix}\to\begin{pmatrix}1&1&0\\0&1&0\\0&0&0\end{pmatrix}$,得基础解系 $\boldsymbol{p}_1=\begin{pmatrix}0\\0\\1\end{pmatrix}$,则 $k\boldsymbol{p}_1(k\neq0)$ 是对应于特征值 $\lambda_1=2$ 的全部特征向量。

当 $\lambda_2=\lambda_3=1$ 时,解方程 $(\boldsymbol{A}-\boldsymbol{E})\boldsymbol{x}=0$,由

$\boldsymbol{A}-\boldsymbol{E}=\begin{pmatrix}-2&1&0\\-4&2&0\\1&0&1\end{pmatrix}\to\begin{pmatrix}1&0&1\\0&1&2\\0&0&0\end{pmatrix}$,得基础解系 $\boldsymbol{p}_2=\begin{pmatrix}-1\\-2\\1\end{pmatrix}$,则 $k\boldsymbol{p}_2(k\neq0)$ 是对应于特征值 $\lambda_2=\lambda_3=1$ 的全部特征向量。

例 5-7 求矩阵 $\boldsymbol{A}=\begin{pmatrix}-2&1&1\\0&2&0\\-4&1&3\end{pmatrix}$的特征值和特征向量。

解 $\boldsymbol{A}$ 的特征多项式为

$$|\boldsymbol{A}-\lambda\boldsymbol{E}|=\begin{vmatrix}-2-\lambda&1&1\\0&2-\lambda&0\\-4&1&3-\lambda\end{vmatrix}=(2-\lambda)\begin{vmatrix}-2-\lambda&1\\-4&3-\lambda\end{vmatrix}$$
$$=-(\lambda+1)(\lambda-2)^2$$

所以 $\boldsymbol{A}$ 的特征值为

$$\lambda_1=-1,\lambda_2=\lambda_3=2$$

当 $\lambda_1=-1$ 时,解方程 $(\boldsymbol{A}+\boldsymbol{E})\boldsymbol{x}=0$,由

$\boldsymbol{A}+\boldsymbol{E}=\begin{pmatrix}-1&1&1\\0&3&0\\-4&1&4\end{pmatrix}\to\begin{pmatrix}1&0&-1\\0&1&0\\0&0&0\end{pmatrix}$,得基础解系 $\boldsymbol{p}_1=\begin{pmatrix}1\\0\\1\end{pmatrix}$,则 $k\boldsymbol{p}_1(k\neq0)$ 是对应于特征值

$\lambda_1=-1$ 的全部特征向量。

当 $\lambda_2=\lambda_3=2$ 时，解方程$(\boldsymbol{A}-2\boldsymbol{E})\boldsymbol{x}=0$,由

$$\boldsymbol{A}-2\boldsymbol{E}=\begin{pmatrix}-4&1&1\\0&0&0\\-4&1&1\end{pmatrix}\rightarrow\begin{pmatrix}-4&1&1\\0&0&0\\0&0&0\end{pmatrix}, \text{得基础解系 } \boldsymbol{p}_2=\begin{pmatrix}0\\1\\-1\end{pmatrix},\boldsymbol{p}_3=\begin{pmatrix}1\\0\\4\end{pmatrix},$$

则 $k_2\boldsymbol{p}_2+k_3\boldsymbol{p}_3$($k_2,k_3$ 不同时为0)是对应于特征值 $\lambda_2=\lambda_3=2$ 的全部特征向量。

5.3.2 特征值和特征向量的性质

定理1 设 λ 是方阵 $\boldsymbol{A}$ 的特征值,则

(1) λ^2 是 $\boldsymbol{A}^2$ 的特征值。

(2) $k\lambda$ 是 $k\boldsymbol{A}$ 的特征值($k\neq0$)。

(3) 当 $\boldsymbol{A}$ 可逆时,$\dfrac{1}{\lambda}$是 $\boldsymbol{A}^{-1}$的特征值($\lambda\neq0$)。

证 (1) 因 λ 是方阵 $\boldsymbol{A}$ 的特征值,故有非零向量 $\boldsymbol{p}$,使得 $\boldsymbol{Ap}=\lambda\boldsymbol{p}$,则有 $\boldsymbol{A}^2\boldsymbol{p}=\boldsymbol{A}(\boldsymbol{Ap})=\boldsymbol{A}(\lambda\boldsymbol{p})=\lambda(\boldsymbol{Ap})=\lambda^2\boldsymbol{p}$,故 λ^2 是 $\boldsymbol{A}^2$ 的特征值。

(2) $(k\boldsymbol{A})\boldsymbol{p}=k(\boldsymbol{Ap})=k(\lambda\boldsymbol{p})=(k\lambda)\boldsymbol{p}$,故 $k\lambda$ 是 $k\boldsymbol{A}$ 的特征值($k\neq0$)。

(3) $\boldsymbol{A}^{-1}\boldsymbol{Ap}=\lambda\boldsymbol{A}^{-1}\boldsymbol{p}$,则 $\boldsymbol{A}^{-1}\boldsymbol{p}=\dfrac{1}{\lambda}\boldsymbol{p}$,所以$\dfrac{1}{\lambda}$是 $\boldsymbol{A}^{-1}$的特征值。

一般地:设$f(\boldsymbol{x})=a_0+a_1\lambda+\cdots+a_m\lambda^m$ 是关于 λ 的多项式,$\boldsymbol{A}$ 为 n 阶方阵。

规定

$$f(\boldsymbol{A})=a_0\boldsymbol{E}+a_1\boldsymbol{A}+\cdots+a_m\boldsymbol{A}^m$$

可以证明:若 λ 是方阵 $\boldsymbol{A}$ 的特征值,则$f(\lambda)$是$f(\boldsymbol{A})$的特征值。

定理2 设 n 阶矩阵 $\boldsymbol{A}=(a_{ij})_{n\times n}$,$\boldsymbol{A}$ 的全部特征值为 $\lambda_1,\lambda_2,\cdots,\lambda_n$(其中可能有重根,可能有复根),则

$$\sum_{i=1}^{n}\lambda_i=\sum_{i=1}^{n}a_{ii},\ \prod_{i=1}^{n}\lambda_i=|\boldsymbol{A}|$$

即 $\boldsymbol{A}$ 的所有特征值之和等于 $\boldsymbol{A}$ 的主对角线元素之和,所有特征值之积等于 $\boldsymbol{A}$ 的行列式。

例5-8 设3阶矩阵 $\boldsymbol{A}$ 的特征值为1,-1,2,求 $\boldsymbol{A}^*+3\boldsymbol{A}-2E$ 的特征值。

解 因 $\boldsymbol{A}$ 的特征值全不为0,知 $\boldsymbol{A}$ 可逆,故 $\boldsymbol{A}^*=|\boldsymbol{A}|\boldsymbol{A}^{-1}$,而$|\boldsymbol{A}|=\lambda_1\lambda_2\lambda_3=-2$

所以 $\boldsymbol{A}^*+3\boldsymbol{A}-2\boldsymbol{E}=-2\boldsymbol{A}^{-1}+3\boldsymbol{A}-2\boldsymbol{E}$,把上式记作 $\varphi(\boldsymbol{A})$,有 $\varphi(\lambda)=-\dfrac{2}{\lambda}+3\lambda-2$。

这里,$\varphi(\boldsymbol{A})$虽不是矩阵多项式,但也具有矩阵多项式的特性,从而可得 $\varphi(\boldsymbol{A})$的特征值为

$$\varphi(1)=-1,\varphi(-1)=-3,\varphi(2)=3$$

定理3 n 阶矩阵 $\boldsymbol{A}$ 互不相同的特征值 $\lambda_1,\lambda_2,\cdots,\lambda_m$ 对应的特征向量 $\boldsymbol{\alpha}_1,\boldsymbol{\alpha}_2,\cdots,\boldsymbol{\alpha}_m$ 线性无关。

证 用数学归纳法证明。

当 $m=1$ 时,由于特征向量不为零,因此定理成立。

设 $\boldsymbol{A}$ 的 $m-1$ 个互不相同的特征值 $\lambda_1,\lambda_2,\cdots,\lambda_{m-1}$,其对应的特征向量 $\boldsymbol{\alpha}_1,\boldsymbol{\alpha}_2,\cdots,$

$\boldsymbol{\alpha}_{m-1}$线性无关。现证明对 m 个互不相同的特征值 $\lambda_1,\lambda_2,\cdots,\lambda_{m-1},\lambda_m$,其对应的特征向量 $\boldsymbol{\alpha}_1,\boldsymbol{\alpha}_2,\cdots,\boldsymbol{\alpha}_{m-1},\boldsymbol{\alpha}_m$ 线性无关。

设

$$k_1\boldsymbol{\alpha}_1+\cdots+k_{m-1}\boldsymbol{\alpha}_{m-1}+k_m\boldsymbol{\alpha}_m=0 \tag{5-1}$$

成立,以矩阵 $\boldsymbol{A}$ 乘式(5-1)的两端,由 $\boldsymbol{A}\boldsymbol{\alpha}_i=\lambda\boldsymbol{\alpha}_i$,整理后得

$$k_1\lambda_1\boldsymbol{\alpha}_1+\cdots+k_{m-1}\lambda_{m-1}\boldsymbol{\alpha}_{m-1}+k_m\lambda_m\boldsymbol{\alpha}_m=0 \tag{5-2}$$

由式(5-1)、式(5-2)消去 $\boldsymbol{\alpha}_m$,得

$$k_1(\lambda_1-\lambda_m)\boldsymbol{\alpha}_1+\cdots+k_{m-1}(\lambda_{m-1}-\lambda_m)\boldsymbol{\alpha}_{m-1}=0$$

由归纳法所设,$\boldsymbol{\alpha}_1,\boldsymbol{\alpha}_2,\cdots,\boldsymbol{\alpha}_{m-1}$线性无关,于是 $k_i(\lambda_i-\lambda_m)=0(i=1,2,\cdots,m-1)$

因 $\lambda_i-\lambda_m\neq0(i=1,2,\cdots,m-1)$,因此 $k_1=k_2=\cdots=k_{m-1}=0$,于是式(5-1)为 $k_m\boldsymbol{\alpha}_m=0$,又因 $\boldsymbol{\alpha}_m\neq0$,应有 $k_m=0$,因而 $\boldsymbol{\alpha}_1,\boldsymbol{\alpha}_2,\cdots,\boldsymbol{\alpha}_{m-1},\boldsymbol{\alpha}_m$ 线性无关。

例5-9 设 λ_1,λ_2 是矩阵 $\boldsymbol{A}$ 的两个不同的特征值,对应的特征向量依次为 $\boldsymbol{p}_1,\boldsymbol{p}_2$,证明 $\boldsymbol{p}_1+\boldsymbol{p}_2$ 不是 $\boldsymbol{A}$ 的特征向量。

证 按题设有 $\boldsymbol{A}\boldsymbol{p}_1=\lambda_1\boldsymbol{p}_1,\boldsymbol{A}\boldsymbol{p}_1=\lambda_1\boldsymbol{p}_1$,故有

$$\boldsymbol{A}(\boldsymbol{p}_1+\boldsymbol{p}_2)=\lambda_1\boldsymbol{p}_1+\lambda_2\boldsymbol{p}_2$$

用反证法,假设 $\boldsymbol{p}_1+\boldsymbol{p}_2$ 是 $\boldsymbol{A}$ 的特征向量,则存在 λ,使 $\boldsymbol{A}(\boldsymbol{p}_1+\boldsymbol{p}_2)=\lambda(\boldsymbol{p}_1+\boldsymbol{p}_2)$,故

$$\lambda(\boldsymbol{p}_1+\boldsymbol{p}_2)=\lambda_1\boldsymbol{p}_1+\lambda_2\boldsymbol{p}_2$$

即$(\lambda_1-\lambda)\boldsymbol{p}_1+(\lambda_2-\lambda)\boldsymbol{p}_2=0$,因 $\lambda_1\neq\lambda_2$,故 $\boldsymbol{p}_1,\boldsymbol{p}_2$ 线性无关。
则 $\lambda_1-\lambda=\lambda_2-\lambda=0$,则 $\lambda_1=\lambda_2$(矛盾),故 $\boldsymbol{p}_1+\boldsymbol{p}_2$ 不是 $\boldsymbol{A}$ 的特征向量。

5.3 相似矩阵

5.3.1 相似矩阵

定义7 设 $\boldsymbol{A},\boldsymbol{B}$ 都是 n 阶方阵,如果存在 n 阶可逆矩阵 $\boldsymbol{P}$,使 $\boldsymbol{P}^{-1}\boldsymbol{A}\boldsymbol{P}=\boldsymbol{B}$,则称 $\boldsymbol{B}$ 是 $\boldsymbol{A}$ 的相似矩阵,或称方阵 $\boldsymbol{A}$ 与 $\boldsymbol{B}$ 相似。

性质5 如果 n 阶方阵 $\boldsymbol{A},\boldsymbol{B}$ 相似,则$|\boldsymbol{A}|=|\boldsymbol{B}|$。

证 因为 $\boldsymbol{A},\boldsymbol{B}$ 相似,即存在可逆矩阵 $\boldsymbol{P}$,使 $\boldsymbol{P}^{-1}\boldsymbol{A}\boldsymbol{P}=\boldsymbol{B}$,于是

$$|\boldsymbol{B}|=|\boldsymbol{P}^{-1}\boldsymbol{A}\boldsymbol{P}|=|\boldsymbol{P}^{-1}||\boldsymbol{A}||\boldsymbol{P}|=|\boldsymbol{A}|$$

性质6 如果 n 阶方阵 $\boldsymbol{A},\boldsymbol{B}$ 相似,则 $\boldsymbol{A}$ 与 $\boldsymbol{B}$ 的特征多项式相同,故 $\boldsymbol{A}$ 与 $\boldsymbol{B}$ 的特征值也相同。

证 因为 $\boldsymbol{A},\boldsymbol{B}$ 相似,即存在可逆矩阵 $\boldsymbol{P}$,使 $\boldsymbol{P}^{-1}\boldsymbol{A}\boldsymbol{P}=\boldsymbol{B}$,于是

$$\begin{aligned}|\boldsymbol{B}-\lambda\boldsymbol{E}|&=|\boldsymbol{P}^{-1}\boldsymbol{A}\boldsymbol{P}-\lambda\boldsymbol{P}^{-1}\boldsymbol{E}\boldsymbol{P}|=|\boldsymbol{P}^{-1}(\boldsymbol{A}-\lambda E)\boldsymbol{P}|\\&=|\boldsymbol{P}^{-1}||\boldsymbol{A}-\lambda\boldsymbol{E}||\boldsymbol{P}|=|\boldsymbol{A}-\lambda\boldsymbol{E}|\end{aligned}$$

推论 若 n 阶方阵 $\boldsymbol{A}$ 与对角阵 $\boldsymbol{\Lambda}=\begin{pmatrix}\lambda_1 & & & \\ & \lambda_2 & & \\ & & \ddots & \\ & & & \lambda_n\end{pmatrix}$ 相似，则 $\lambda_1,\lambda_2,\cdots,\lambda_n$ 就是 $\boldsymbol{A}$ 的 n 个特征值。

证 因为 $\lambda_1,\lambda_2,\cdots,\lambda_n$ 就是对角阵 $\boldsymbol{\Lambda}$ 的 n 个特征值，且因为 $\boldsymbol{A}$ 与 $\boldsymbol{\Lambda}$ 相似，则 $\lambda_1,\lambda_2,\cdots,\lambda_n$ 也就是 $\boldsymbol{A}$ 的 n 个特征值。

设 n 阶方阵 $\boldsymbol{A}$ 与对角阵 $\boldsymbol{\Lambda}$ 相似，则存在可逆矩阵 $\boldsymbol{P}$，使 $\boldsymbol{P}^{-1}\boldsymbol{AP}=\boldsymbol{\Lambda}$ 为对角阵，有

$$\boldsymbol{P}^{-1}\boldsymbol{A}^2\boldsymbol{P}=\boldsymbol{P}^{-1}\boldsymbol{A}(\boldsymbol{PP}^{-1})\boldsymbol{AP}=(\boldsymbol{P}^{-1}\boldsymbol{AP})(\boldsymbol{P}^{-1}\boldsymbol{AP})=\boldsymbol{\Lambda}^2$$

从而 $\boldsymbol{A}^2$ 与 $\boldsymbol{\Lambda}^2$ 相似；同理，$\boldsymbol{A}^k$ 与 $\boldsymbol{\Lambda}^k$ 相似，即 $\boldsymbol{P}^{-1}\boldsymbol{A}^k\boldsymbol{P}=\boldsymbol{\Lambda}^k$。

其中

$$\boldsymbol{\Lambda}^2=\begin{pmatrix}\lambda_1 & & & \\ & \lambda_2 & & \\ & & \ddots & \\ & & & \lambda_n\end{pmatrix}\begin{pmatrix}\lambda_1 & & & \\ & \lambda_2 & & \\ & & \ddots & \\ & & & \lambda_n\end{pmatrix}=\begin{pmatrix}\lambda_1 & & & \\ & \lambda_2 & & \\ & & \ddots & \\ & & & \lambda_n\end{pmatrix},$$

$$\boldsymbol{\Lambda}^k=\begin{pmatrix}\lambda_1^k & & & \\ & \lambda_2^k & & \\ & & \ddots & \\ & & & \lambda_n^k\end{pmatrix}$$

从而得 $\boldsymbol{A}^k=\boldsymbol{P\Lambda}^k\boldsymbol{P}^{-1}$，这样可以很方便地求出 $\boldsymbol{A}^k$。

5.3.2 矩阵可与对角阵相似的条件

相似的矩阵具有很许多共同的性质，因此，对于 n 阶方阵 $\boldsymbol{A}$，希望在与 $\boldsymbol{A}$ 相似的矩阵中寻找一个较简单的矩阵。在研究 $\boldsymbol{A}$ 的性质时，只须先研究这一较简单矩阵的同类性质。一般地，考虑 n 阶方阵是否与一个对角阵相似的问题。若矩阵 $\boldsymbol{A}$ 可与一个对角阵相似，就称矩阵 $\boldsymbol{A}$ 可对角化。

定理 4 n 阶矩阵 $\boldsymbol{A}$ 与 n 阶对角矩阵 $\boldsymbol{\Lambda}=\begin{pmatrix}\lambda_1 & & & \\ & \lambda_2 & & \\ & & \ddots & \\ & & & \lambda_n\end{pmatrix}$ 相似的充分必要条件为矩阵 $\boldsymbol{A}$ 有 n 个线性无关的特征向量。

证 必要性

如果 $\boldsymbol{A}$ 与对角阵 $\boldsymbol{\Lambda}$ 相似，则存在可逆矩阵 $\boldsymbol{P}$，使 $\boldsymbol{P}^{-1}\boldsymbol{AP}=\boldsymbol{\Lambda}$

设 $\boldsymbol{P}=(\boldsymbol{p}_1,\boldsymbol{p}_2,\cdots,\boldsymbol{p}_n)$，由 $\boldsymbol{P}^{-1}\boldsymbol{AP}=\boldsymbol{\Lambda}$ 得

$$\boldsymbol{AP}=\boldsymbol{P\Lambda}$$

即

$$\boldsymbol{A}(\boldsymbol{p}_1,\boldsymbol{p}_2,\cdots,\boldsymbol{p}_n)=(\boldsymbol{p}_1,\boldsymbol{p}_2,\cdots,\boldsymbol{p}_n)\begin{pmatrix}\lambda_1 & & & \\ & \lambda_2 & & \\ & & \ddots & \\ & & & \lambda_n\end{pmatrix}$$

可得

$$\boldsymbol{A}\boldsymbol{p}_i=\lambda_i\boldsymbol{p}_i(i=1,2,\cdots,n)$$

因为 $\boldsymbol{P}$ 可逆，有 $|\boldsymbol{P}|\neq 0$，所以 $\boldsymbol{p}_i(i=1,2,\cdots,n)$ 都是非零向量，因而 $\boldsymbol{p}_1,\boldsymbol{p}_2,\cdots,\boldsymbol{p}_n$ 都是 $\boldsymbol{A}$ 的特征向量，并且线性无关。

充分性

设 $\boldsymbol{p}_1,\boldsymbol{p}_2,\cdots,\boldsymbol{p}_n$ 为 $\boldsymbol{A}$ 的 n 个线性无关的特征向量，它们所对应的特征值依次是 $\lambda_1,\lambda_2,\cdots,\lambda_n$，则有

$$\boldsymbol{A}\boldsymbol{p}_i=\lambda_i\boldsymbol{p}_i(i=1,2,\cdots,n)$$

令 $\boldsymbol{P}=(\boldsymbol{p}_1,\boldsymbol{p}_2,\cdots,\boldsymbol{p}_n)$，因为 $\boldsymbol{p}_1,\boldsymbol{p}_2,\cdots,\boldsymbol{p}_n$ 线性无关，所以 $\boldsymbol{P}$ 可逆。

$$\boldsymbol{AP}=\boldsymbol{A}(\boldsymbol{p}_1,\boldsymbol{p}_2,\cdots,\boldsymbol{p}_n)=(\boldsymbol{A}\boldsymbol{p}_1,\boldsymbol{A}\boldsymbol{p}_2,\cdots,\boldsymbol{A}\boldsymbol{p}_n)=(\lambda_1\boldsymbol{p}_1,\lambda_2\boldsymbol{p}_2,\cdots,\lambda_n\boldsymbol{p}_n)$$

$$=(\boldsymbol{p}_1,\boldsymbol{p}_2,\cdots,\boldsymbol{p}_n)\begin{pmatrix}\lambda_1 & & & \\ & \lambda_2 & & \\ & & \ddots & \\ & & & \lambda_n\end{pmatrix}=\boldsymbol{P\Lambda}$$

用 $\boldsymbol{P}^{-1}$ 左乘上式两端得 $\boldsymbol{P}^{-1}\boldsymbol{AP}=\boldsymbol{\Lambda}$，即矩阵 $\boldsymbol{A}$ 与 n 阶对角矩阵 $\boldsymbol{\Lambda}$ 相似。

推论 若 n 阶矩阵 $\boldsymbol{A}$ 有 n 个相异的特征值 $\lambda_1,\lambda_2,\cdots,\lambda_n$，则 $\boldsymbol{A}$ 与 n 阶对角矩阵 $\boldsymbol{\Lambda}=\begin{pmatrix}\lambda_1 & & & \\ & \lambda_2 & & \\ & & \ddots & \\ & & & \lambda_n\end{pmatrix}$ 相似。

注：$\boldsymbol{A}$ 有 n 个相异的特征值只是 $\boldsymbol{A}$ 相似于对角矩阵的充分条件而不是必要条件。

例 5－10 $\boldsymbol{A}=\begin{pmatrix}3 & -1\\ -1 & 3\end{pmatrix}$，求可逆矩阵 $\boldsymbol{P}$，使 $\boldsymbol{P}^{-1}\boldsymbol{AP}=\boldsymbol{\Lambda}$，并求出对角阵 $\boldsymbol{\Lambda}$。

解 例 5－1 已求出 $\boldsymbol{A}$ 的 2 个线性无关的特征向量，$\boldsymbol{p}_1=\begin{pmatrix}1\\1\end{pmatrix}$，$\boldsymbol{p}_2=\begin{pmatrix}-1\\1\end{pmatrix}$

于是 $\boldsymbol{P}=(\boldsymbol{p}_1,\boldsymbol{p}_2)=\begin{pmatrix}1 & -1\\ 1 & 1\end{pmatrix}$ 且有 $\boldsymbol{P}^{-1}\boldsymbol{AP}=\boldsymbol{\Lambda}=\begin{pmatrix}2 & \\ & 4\end{pmatrix}$

若取 $\boldsymbol{P}=(\boldsymbol{p}_2,\boldsymbol{p}_1)=\begin{pmatrix}-1 & 1\\ 1 & 1\end{pmatrix}$ 且有 $\boldsymbol{P}^{-1}\boldsymbol{AP}=\boldsymbol{\Lambda}=\begin{pmatrix}4 & \\ & 2\end{pmatrix}$

例 5-11 设矩阵 $A=\begin{pmatrix}-2&1&1\\0&2&0\\-4&1&3\end{pmatrix}$:

(1) 判断它是否能对角化,若能,求可逆矩阵 P,使 $P^{-1}AP=\Lambda$,并求出对角阵 Λ。

(2) 求 A^5。

解 (1) 例 5-7 中解出 A 的三个线性无关的特征向量 $p_1=\begin{pmatrix}1\\0\\1\end{pmatrix}$,$p_2=\begin{pmatrix}0\\1\\-1\end{pmatrix}$,$p_3=\begin{pmatrix}1\\0\\4\end{pmatrix}$,故 A 可对角化。

取 $P=(p_1,p_2,p_3)=\begin{pmatrix}1&0&1\\0&1&0\\1&-1&4\end{pmatrix}$且有 $P^{-1}AP=\Lambda=\begin{pmatrix}-1&&\\&2&\\&&2\end{pmatrix}$

(2) $$A^5=P\begin{pmatrix}-1&&\\&2&\\&&2\end{pmatrix}^5P^{-1}=\begin{pmatrix}1&0&1\\0&1&0\\1&-1&4\end{pmatrix}\begin{pmatrix}(-1)^5&&\\&2^5&\\&&2^5\end{pmatrix}\begin{pmatrix}1&0&1\\0&1&0\\1&-1&4\end{pmatrix}$$

$$=\begin{pmatrix}-12&11&11\\0&32&0\\-44&11&43\end{pmatrix}$$

例 5-12 设矩阵 $A=\begin{pmatrix}-1&1&0\\-4&3&0\\1&0&2\end{pmatrix}$,判断它是否能对角化?

解 例5-6中,知 A 只有两个线性无关的特征向量,故 A 不可对角化。

例 5-13 设 $A=\begin{pmatrix}0&0&1\\1&1&x\\1&0&0\end{pmatrix}$,问 x 为何值时,方阵 A 可对角化?

解 $$|A-\lambda E|=\begin{vmatrix}-\lambda&0&1\\1&1-\lambda&x\\1&0&-\lambda\end{vmatrix}=(1-\lambda)\begin{vmatrix}-\lambda&1\\1&-\lambda\end{vmatrix}=-(\lambda-1)^2(\lambda+1)$$

得 $$\lambda_1=-1,\lambda_2=\lambda_3=1$$

对应单根 $\lambda_1=-1$,可求得线性无关的特征向量恰有 1 个,故方阵 A 可对角化的充分必要条件是对应重根 $\lambda_2=\lambda_3=1$,有 2 个线性无关的特征向量,即方程 $(A-E)x=0$ 有 2 个线性无关的解,也即系数矩阵 $A-E$ 的秩 $R(A-E)=1$

由 $$A-E=\begin{pmatrix}-1&0&1\\1&0&x\\1&0&-1\end{pmatrix}\rightarrow\begin{pmatrix}1&0&-1\\0&0&x+1\\0&0&0\end{pmatrix}$$

要 $R(A-E)=1$,得 $x+1=0$,即 $x=-1$

因此,当 $x=-1$ 时,方阵 $\boldsymbol{A}$ 能对角化。

一个 n 阶矩阵具备什么条件才能对角化?这是个复杂的问题。这里,对这个问题不作进一步讨论,但在5.4节将讨论 n 阶对称阵一定有 n 个线性无关的特征向量,从而一定和对角阵相似。

5.4 对称阵的对角化

这里讲的对称矩阵,都是指实对称矩阵。

在5.3节的讨论中,我们看到:并不是任何方阵都可以对角化。但是,有一类矩阵却是一定可以对角化的。这就是对称矩阵。

5.4.1 对称阵的特征值和特征向量

实对称矩阵的特征值和特征向量具有许多特殊的性质。

性质7 对称矩阵的特征值必为实数。

这个定理,这里不证。它反映了对称阵的一个很重要的性质。其他矩阵不一定具有这个性质。

当特征值 λ 为实数时,齐次线性方程组 $(\boldsymbol{A}-\lambda\boldsymbol{E})\boldsymbol{x}=\boldsymbol{0}$ 是实系数线性方程组,由 $|\boldsymbol{A}-\lambda\boldsymbol{E}|=0$ 知,必有实的基础解系,所以对应的特征向量全是实向量。

性质8 对称阵的属于不同特征值的特征向量是正交的。

证 设 λ_1,λ_2 是实对称矩阵 $\boldsymbol{A}$ 的两个不同的特征值,$\boldsymbol{p}_1,\boldsymbol{p}_2$ 是所对应的特征向量,于是

$$\boldsymbol{A}\boldsymbol{p}_1=\lambda_1\boldsymbol{p}_1,(p_1\neq 0)$$

$$\boldsymbol{A}\boldsymbol{p}_2=\lambda_2\boldsymbol{p}_2,(p_2\neq 0)$$

所以 $\boldsymbol{p}_2^{\mathrm{T}}\boldsymbol{A}\boldsymbol{p}_1=\lambda_1\boldsymbol{p}_2^{\mathrm{T}}\boldsymbol{p}_1;\boldsymbol{p}_1^{\mathrm{T}}\boldsymbol{A}\boldsymbol{p}_2=\lambda_2\boldsymbol{p}_1^{\mathrm{T}}\boldsymbol{p}_2$

因为 $\boldsymbol{A}$ 是实对称矩阵,$\boldsymbol{p}_2^{\mathrm{T}}\boldsymbol{A}\boldsymbol{p}_1$ 是一个数,所以

$$\boldsymbol{p}_2^{\mathrm{T}}\boldsymbol{A}\boldsymbol{p}_1=(\boldsymbol{p}_2^{\mathrm{T}}\boldsymbol{A}\boldsymbol{p}_1)^{\mathrm{T}}=\boldsymbol{p}_1^{\mathrm{T}}\boldsymbol{A}\boldsymbol{p}_2$$

由此可得 $\lambda_1\boldsymbol{p}_2^{\mathrm{T}}\boldsymbol{p}_1=\lambda_2\boldsymbol{p}_1^{\mathrm{T}}\boldsymbol{p}_2$,而 $\boldsymbol{p}_2^{\mathrm{T}}\boldsymbol{p}_1=\boldsymbol{p}_1^{\mathrm{T}}\boldsymbol{p}_2$,所以 $(\lambda_1-\lambda_2)\boldsymbol{p}_2^{\mathrm{T}}\boldsymbol{p}_1=0$

由 $\lambda_1\neq\lambda_2$,可得 $\boldsymbol{p}_2^{\mathrm{T}}\boldsymbol{p}_1=0$,即 $\boldsymbol{p}_1,\boldsymbol{p}_2$ 正交。

5.4.2 对称阵的相似对角化

设 n 阶实对称矩阵 $\boldsymbol{A}$ 有 m 个不同的特征值 $\lambda_1,\lambda_2,\cdots,\lambda_m$,其中 λ_i 为 $\boldsymbol{A}$ 的 k_i 重特征值 $(i=1,2,\cdots,m)$,且 $k_1+k_2+\cdots+k_m=n$。可以证明:对于 $\boldsymbol{A}$ 的 k_i 重特征 $\boldsymbol{\lambda}_i$,$\boldsymbol{A}$ 恰有 k_i 个对应于特征值 λ_i 的线性无关的特征向量(证明略)。利用施密特正交化方法把这 k_i 个特征向量正交化,正交化后的这 k_i 个向量仍是 $\boldsymbol{A}$ 的对应于特征值 $\boldsymbol{\lambda}_i$ 的特征向量。由于 $\boldsymbol{A}$ 的对应于不同特征值的特征向量相互正交,可求得 $k_1+k_2+\cdots+k_m=n$ 个正交化的特征向量组,把这些特征向量单位化,它们仍是正交向量组。把所得单位正交向量组排成矩阵 $\boldsymbol{P}$,则 $\boldsymbol{P}$ 是正交矩阵,且 $\boldsymbol{P}^{-1}\boldsymbol{A}\boldsymbol{P}=\boldsymbol{P}^{\mathrm{T}}\boldsymbol{A}\boldsymbol{P}$ 为对角阵。因此有下面的定理。

定理 5 设 $\boldsymbol{A}$ 为对称阵,则存在正交矩阵 $\boldsymbol{P}$,使 $\boldsymbol{P}^{-1}\boldsymbol{AP}$ 为对角矩阵。

例 5-14 设对称矩阵 $\boldsymbol{A}=\begin{pmatrix}3&-2&0\\-2&2&-2\\0&-2&1\end{pmatrix}$,求正交阵 $\boldsymbol{P}$ 使 $\boldsymbol{P}^{-1}\boldsymbol{AP}$ 为对角矩阵。

解 (1) 求 $\boldsymbol{A}$ 的特征值:

$$|\boldsymbol{A}-\boldsymbol{E}|=\begin{vmatrix}3-\lambda&-2&0\\-2&2-\lambda&-2\\0&-2&1-\lambda\end{vmatrix}=(1+\lambda)(2-\lambda)(\lambda-5)$$

得特征值 $\lambda_1=-1,\lambda_2=2,\lambda_3=5$

(2) 求 $\boldsymbol{A}$ 的属于不同特征值的特征向量:

当 $\lambda=-1$ 时,解方程 $(\boldsymbol{A}+\boldsymbol{E})\boldsymbol{x}=\boldsymbol{0}$,由

$$\boldsymbol{A}+\boldsymbol{E}=\begin{pmatrix}4&-2&0\\-2&3&-2\\0&-2&2\end{pmatrix}\to\begin{pmatrix}4&-2&0\\0&2&-2\\0&0&0\end{pmatrix}\to\begin{pmatrix}2&0&-1\\0&1&-1\\0&0&0\end{pmatrix}$$

得特征向量 $\boldsymbol{\xi}_1=\begin{pmatrix}1\\2\\2\end{pmatrix}$

当 $\lambda=2$ 时,解方程 $(\boldsymbol{A}-2\boldsymbol{E})\boldsymbol{x}=\boldsymbol{0}$,由

$$\boldsymbol{A}-2\boldsymbol{E}=\begin{pmatrix}1&-2&0\\-2&0&-2\\0&-2&-1\end{pmatrix}\to\begin{pmatrix}1&-2&0\\0&-4&-2\\0&0&0\end{pmatrix}\to\begin{pmatrix}1&0&1\\0&-2&-1\\0&0&0\end{pmatrix}$$

得特征向量 $\boldsymbol{\xi}_2=\begin{pmatrix}2\\1\\-2\end{pmatrix}$

当 $\lambda=5$ 时,解方程 $(\boldsymbol{A}-5\boldsymbol{E})\boldsymbol{x}=\boldsymbol{0}$,由

$$\boldsymbol{A}-5\boldsymbol{E}=\begin{pmatrix}-2&-2&0\\-2&-3&-2\\0&-2&-4\end{pmatrix}\to\begin{pmatrix}-2&-2&0\\0&-1&-2\\0&-2&-4\end{pmatrix}\to\begin{pmatrix}1&0&-2\\0&-1&-2\\0&0&0\end{pmatrix}$$

得特征向量 $\boldsymbol{\xi}_3=\begin{pmatrix}2\\-2\\1\end{pmatrix}$

(3) 将特征向量正交化,单位化。

因 $\lambda_1,\lambda_2,\lambda_3$ 互不相等,则 $\boldsymbol{\xi}_1,\boldsymbol{\xi}_2,\boldsymbol{\xi}_3$ 是正交的向量组,所以只需单位化,取

$$\boldsymbol{p}_1=\frac{\boldsymbol{\xi}_1}{\|\boldsymbol{\xi}_1\|}=\frac{1}{3}\begin{pmatrix}1\\2\\2\end{pmatrix},\boldsymbol{p}_2=\frac{\boldsymbol{\xi}_2}{\|\boldsymbol{\xi}_2\|}=\frac{1}{3}\begin{pmatrix}2\\1\\-2\end{pmatrix},\boldsymbol{p}_3=\frac{\boldsymbol{\xi}_3}{\|\boldsymbol{\xi}_3\|}=\frac{1}{3}\begin{pmatrix}2\\-2\\1\end{pmatrix}$$

(4) 作正交阵 $\boldsymbol{P}=(\boldsymbol{p}_1,\boldsymbol{p}_2,\boldsymbol{p}_3)=\begin{pmatrix}\frac{1}{3} & \frac{2}{3} & \frac{2}{3}\\ \frac{2}{3} & \frac{1}{3} & -\frac{2}{3}\\ \frac{2}{3} & -\frac{2}{3} & \frac{1}{3}\end{pmatrix}$

有 $\boldsymbol{P}^{-1}\boldsymbol{A}\boldsymbol{P}=\begin{pmatrix}-1 & 0 & 0\\ 0 & 2 & 0\\ 0 & 0 & 5\end{pmatrix}$

例 5-15 设对称矩阵 $\boldsymbol{A}=\begin{pmatrix}0 & -1 & 1\\ -1 & 0 & 1\\ 1 & 1 & 0\end{pmatrix}$,把它化为对角阵。

解 (1) 求 $\boldsymbol{A}$ 的特征值:

$$|\boldsymbol{A}-\lambda\boldsymbol{E}|=\begin{vmatrix}-\lambda & -1 & 1\\ -1 & -\lambda & 1\\ 1 & 1 & -\lambda\end{vmatrix}=-(\lambda-1)^2(\lambda+2),$$

得特征值 $\lambda_1=-2,\lambda_2=\lambda_3=1$

(2) 求 $\boldsymbol{A}$ 的属于不同特征值的特征向量:

当 $\lambda=-2$ 时,解方程 $(\boldsymbol{A}+2\boldsymbol{E})\boldsymbol{x}=\boldsymbol{0}$,由

$$\boldsymbol{A}+2\boldsymbol{E}=\begin{pmatrix}2 & -1 & 1\\ -1 & 2 & 1\\ 1 & 1 & 2\end{pmatrix}\to\begin{pmatrix}1 & 0 & 1\\ 0 & 1 & 1\\ 0 & 0 & 0\end{pmatrix}$$

得特征向量 $\boldsymbol{\xi}_1=\begin{pmatrix}-1\\ -1\\ 1\end{pmatrix}$

当 $\lambda_2=\lambda_3=1$ 时,解方程 $(\boldsymbol{A}-\boldsymbol{E})\boldsymbol{x}=\boldsymbol{0}$,由

$$\boldsymbol{A}-\boldsymbol{E}=\begin{pmatrix}-1 & -1 & 1\\ -1 & -1 & 1\\ 1 & 1 & -1\end{pmatrix}\to\begin{pmatrix}1 & 1 & -1\\ 0 & 0 & 0\\ 0 & 0 & 0\end{pmatrix}$$

得特征向量 $\boldsymbol{\xi}_2=\begin{pmatrix}-1\\ 1\\ 0\end{pmatrix},\boldsymbol{\xi}_3=\begin{pmatrix}1\\ 0\\ 1\end{pmatrix}$

将特征向量 $\boldsymbol{\xi}_2,\boldsymbol{\xi}_3$ 正交化:取 $\boldsymbol{\eta}_2=\boldsymbol{\xi}_2$,有

$$\boldsymbol{\eta}_3=\boldsymbol{\xi}_3-\frac{[\boldsymbol{\eta}_2,\boldsymbol{\xi}_3]}{\|\boldsymbol{\eta}_2\|^2}\boldsymbol{\eta}_2=\begin{pmatrix}1\\ 0\\ 1\end{pmatrix}+\frac{1}{2}\begin{pmatrix}-1\\ 1\\ 0\end{pmatrix}=\frac{1}{2}\begin{pmatrix}1\\ 1\\ 2\end{pmatrix}$$

(3) 将特征向量 $\boldsymbol{\xi}_1,\boldsymbol{\eta}_2,\boldsymbol{\eta}_3$ 单位化。

由于 $\boldsymbol{\xi}_1,\boldsymbol{\eta}_2,\boldsymbol{\eta}_3$ 已经是正交的向量组,所以只需单位化,取

$$\boldsymbol{p}_1=\frac{\boldsymbol{\xi}_1}{\|\boldsymbol{\xi}_1\|}=\frac{1}{\sqrt{3}}\begin{pmatrix}-1\\-1\\1\end{pmatrix},\boldsymbol{p}_2=\frac{\boldsymbol{\eta}_2}{\|\boldsymbol{\eta}_2\|}=\frac{1}{\sqrt{2}}\begin{pmatrix}-1\\1\\0\end{pmatrix},\boldsymbol{p}_3=\frac{\boldsymbol{\eta}_3}{\|\boldsymbol{\eta}_3\|}=\frac{1}{\sqrt{6}}\begin{pmatrix}1\\1\\2\end{pmatrix}$$

(4) 作正交阵 $\boldsymbol{P}=(\boldsymbol{p}_1,\boldsymbol{p}_2,\boldsymbol{p}_3)=\begin{pmatrix}-\frac{1}{\sqrt{3}} & -\frac{1}{\sqrt{2}} & \frac{1}{\sqrt{6}}\\-\frac{1}{\sqrt{3}} & \frac{1}{\sqrt{2}} & \frac{1}{\sqrt{6}}\\\frac{1}{\sqrt{3}} & 0 & \frac{2}{\sqrt{6}}\end{pmatrix}$

有 $\boldsymbol{P}^{-1}\boldsymbol{AP}=\begin{pmatrix}-2 & 0 & 0\\0 & 1 & 0\\0 & 0 & 1\end{pmatrix}$

5.5 二次型及其标准型

二次型就是二次齐次多项式,它起源于解析几何中化二次曲线、二次曲面方程为标准形的问题。例如在平面解析几何中,二次曲线的一般方程为

$$ax^2+bxy+cy^2=1$$

为了研究它的几何性质,看选择直角坐标系的一个适当变换

$$\begin{cases}x=x'\cos\theta-y'\sin\theta\\y=x'\sin\theta+y'\cos\theta\end{cases}$$

把二次曲线方程化为标准方程

$$mx'^2+ny'^2=1$$

左边只是变量 x',y'的平方项之和,而无交叉乘积 $x'y'$项。从代数的角度看,上述过程就是通过变量的一个特殊的变换把一个二次齐次多项式化简,使它只含平方项。然后根据平方项前得系数 m,n 对方程进行分类,可分为圆、椭圆、双曲线、抛物线等类型来讨论曲线的共性。这种类型的问题不仅在几何上遇到,在其他许多实际问题中也将遇到。因此,需要在一般情况下研究二次齐次多项式化为标准形的问题。

5.5.1 二次型及其矩阵表示式

定义 8 含有 n 个变量 $x_1,x_2,\cdots,x_n$ 的二次齐次多项式

$$f(x_1,x_2,\cdots,x_n)=a_{11}x_1^2+2a_{12}x_1x_2+\cdots+2a_{1n}x_1x_n+a_{22}x_2^2+\cdots+2a_{2n}x_2x_n+\cdots+a_{nn}x_n^2$$

称为 n 元二次型。其中系数 $a_{ij}(i,j=1,2,\cdots,n)$ 为实数时,称为实二次型,a_{ij} 为复数时称

为复二次型。本书只讨论实二次型。

取 $a_{ij}=a_{ji}$，那么 $2a_{ij}x_ix_j=a_{ij}x_ix_j+a_{ji}x_jx_i$，因此，二次型 $f(x_1,x_2,\cdots,x_n)$ 可以用矩阵形式来表示。

$$
\begin{aligned}
f(x_1,x_2,\cdots,x_n) &= a_{11}x_1^2+a_{12}x_1x_2+\cdots+a_{1n}x_1x_n \\
&\quad + a_{21}x_2x_1+a_{22}x_2^2+\cdots+a_{2n}x_2x_n \\
&\quad\quad \vdots \\
&\quad + a_{n1}x_nx_1+a_{n2}x_nx_2+\cdots+a_{nn}x_n^2
\end{aligned}
$$

$$
\sum_{i,j=1}^{n}a_{ij}x_ix_j=(x_1,x_2,\cdots,x_n)\begin{pmatrix}a_{11}&a_{12}&\cdots&a_{1n}\\a_{21}&a_{22}&\cdots&a_{2n}\\\vdots&\vdots&&\vdots\\a_{n1}&a_{n2}&\cdots&a_{nn}\end{pmatrix}\begin{pmatrix}x_1\\x_2\\\vdots\\x_n\end{pmatrix}
$$

记 $\boldsymbol{A}=\begin{pmatrix}a_{11}&a_{12}&\cdots&a_{1n}\\a_{21}&a_{22}&\cdots&a_{2n}\\\vdots&\vdots&&\vdots\\a_{n1}&a_{n2}&\cdots&a_{nn}\end{pmatrix}$，$\boldsymbol{x}=\begin{pmatrix}x_1\\x_2\\\vdots\\x_n\end{pmatrix}$，

得二次型的矩阵形式

$$
f=\boldsymbol{x}^{\mathrm{T}}\boldsymbol{A}\boldsymbol{x}
$$

其中，$\boldsymbol{A}$ 为对称阵。

只含平方项的二次型 $f=k_1y_1^2+k_2y_2^2+\cdots+k_ny_n^2$

称为二次型的标准形，它的矩阵形式为 $\boldsymbol{f}=\boldsymbol{x}^{\mathrm{T}}\boldsymbol{A}\boldsymbol{x}$

其中

$$
\boldsymbol{A}=\begin{pmatrix}k_1&&&\\&k_2&&\\&&\ddots&\\&&&k_n\end{pmatrix},\boldsymbol{y}=\begin{pmatrix}y_1\\y_2\\\vdots\\y_n\end{pmatrix}
$$

任给一个二次型，就唯一确定一个对称阵；反之，任给一个对称阵，也可以唯一确定一个二次型。因此，二次型与对称阵之间存在一一对应关系。称对称阵 $\boldsymbol{A}$ 为 $\boldsymbol{f}$ 的矩阵，矩阵 $\boldsymbol{A}$ 的秩也称为二次型 $\boldsymbol{f}$ 的秩。

例 5－16 把二次型 $f=x_1^2+3x_3^2-2x_1x_2+2x_1x_3+4x_2x_3$ 表示称矩阵形式。

解 二次型的矩阵为 $\boldsymbol{A}=\begin{pmatrix}1&-1&1\\-1&0&2\\1&2&3\end{pmatrix}$

于是得 $\boldsymbol{f}=\boldsymbol{x}^{\mathrm{T}}\boldsymbol{A}\boldsymbol{x}=(x_1,x_2,x_3)\begin{pmatrix}1&-1&1\\-1&0&2\\1&2&3\end{pmatrix}\begin{pmatrix}x_1\\x_2\\x_3\end{pmatrix}$

应该注意：二次型的矩阵表达式 $f=\boldsymbol{x}^{\mathrm{T}}\boldsymbol{A}\boldsymbol{x}$ 中，$\boldsymbol{A}$ 必须是对称阵。如：

$$f=x_1^2+3x_1x_2+3x_2^2=(x_1,x_2)\begin{pmatrix}1&3\\0&1\end{pmatrix}\begin{pmatrix}x_1\\x_2\end{pmatrix}$$

同时 $f=x_1^2+3x_1x_2+3x_2^2=(x_1,x_2)\begin{pmatrix}1&\frac{3}{2}\\\frac{3}{2}&1\end{pmatrix}\begin{pmatrix}x_1\\x_2\end{pmatrix}$

但只有下面这个式子才是二次型的矩阵表达式。在下面的讨论中，用正交变换化二次型为标准形，首先必须正确写出二次型的矩阵。

5.5.2 用正交变换化二次型为标准形

对于二次型研究的中心问题是：寻求可逆的线性变换 $\boldsymbol{x}=\boldsymbol{C}\boldsymbol{y}$，化二次型为标准形问题，用矩阵表示就是以 $\boldsymbol{x}=\boldsymbol{C}\boldsymbol{y}$ 代入，得

$f=\boldsymbol{x}^{\mathrm{T}}\boldsymbol{A}\boldsymbol{x}=(\boldsymbol{C}\boldsymbol{y})^{\mathrm{T}}\boldsymbol{A}(\boldsymbol{C}\boldsymbol{y})=\boldsymbol{y}^{\mathrm{T}}(\boldsymbol{C}^{\mathrm{T}}\boldsymbol{A}\boldsymbol{C})\boldsymbol{y}=\boldsymbol{y}^{\mathrm{T}}\boldsymbol{\Lambda}\boldsymbol{y}$，也就是寻找可逆阵 $\boldsymbol{C}$，使 $\boldsymbol{C}^{\mathrm{T}}\boldsymbol{A}\boldsymbol{T}=\boldsymbol{\Lambda}$ 为对角阵。

由于 $\boldsymbol{A}$ 是对称阵，则一定存在正交阵 $\boldsymbol{P}$，使 $\boldsymbol{P}^{-1}\boldsymbol{A}\boldsymbol{P}=\boldsymbol{\Lambda}$，即 $\boldsymbol{P}^{\mathrm{T}}\boldsymbol{A}\boldsymbol{P}=\boldsymbol{\Lambda}$，也就是说，任何二次型都可以通过正交变换 $\boldsymbol{x}=\boldsymbol{P}\boldsymbol{y}$ 化成标准形。

定理6 任给二次型 $f(\boldsymbol{x})=\boldsymbol{x}^{\mathrm{T}}\boldsymbol{A}\boldsymbol{x}$，必有正交变换 $\boldsymbol{x}=\boldsymbol{P}\boldsymbol{y}$，使 $f(\boldsymbol{P}\boldsymbol{y})=\boldsymbol{y}^{\mathrm{T}}(\boldsymbol{P}^{\mathrm{T}}\boldsymbol{A}\boldsymbol{P})\boldsymbol{y}$ 成标准形，即

$f(\boldsymbol{P}\boldsymbol{y})=\lambda_1y_1^2+\lambda_2y_2^2+\cdots+\lambda_ny_n^2$。这里，$\lambda_1,\lambda_2,\cdots,\lambda_n$ 正是 $\boldsymbol{A}$ 的特征值。

化二次型为标准形的具体步骤如下：

(1) 把二次型写成矩阵形式 $f=\boldsymbol{x}^{\mathrm{T}}\boldsymbol{A}\boldsymbol{x}$，注意 $\boldsymbol{A}$ 为对称阵。

(2) 对称阵 $\boldsymbol{A}$，求正交阵 $\boldsymbol{P}$，使 $\boldsymbol{P}^{-1}\boldsymbol{A}\boldsymbol{P}=\boldsymbol{\Lambda}$，即 $\boldsymbol{P}^{\mathrm{T}}\boldsymbol{A}\boldsymbol{P}=\boldsymbol{\Lambda}$。

(3) 在正交变换 $\boldsymbol{x}=\boldsymbol{P}\boldsymbol{y}$ 下，化二次型为标准形。

注：在这里，应该说(2)是关键步骤。

例5-17 求正交变换 $\boldsymbol{x}=\boldsymbol{P}\boldsymbol{y}$，化二次型 $f=3x_1^2+2x_2^2+2x_3^2+2x_2x_3$ 为标准形。

解 (1) 二次型的矩阵 $\boldsymbol{A}=\begin{pmatrix}3&0&0\\0&2&1\\0&1&2\end{pmatrix}$

(2) 求 $\boldsymbol{A}$ 的特征值，$|\boldsymbol{A}-\lambda\boldsymbol{E}|=\begin{vmatrix}3-\lambda&0&0\\0&2-\lambda&1\\0&1&2-\lambda\end{vmatrix}=(3-\lambda)^2(1-\lambda)$

得特征值 $\lambda_1=1,\lambda_2=\lambda_3=3$。

求 $\boldsymbol{A}$ 的属于不同特征值的特征向量。

当 $\lambda=1$ 时，解方程 $(\boldsymbol{A}-\boldsymbol{E})\boldsymbol{x}=\boldsymbol{0}$，由

$$\boldsymbol{A}-\boldsymbol{E}=\begin{pmatrix}2&0&0\\0&1&1\\0&1&1\end{pmatrix}\rightarrow\begin{pmatrix}2&0&0\\0&1&1\\0&0&0\end{pmatrix}$$

得特征向量 $\boldsymbol{\xi}_1=\begin{pmatrix}0\\1\\-1\end{pmatrix}$

当 $\lambda_2=\lambda_3=3$ 时,解方程 $(\boldsymbol{A}-3\boldsymbol{E})\boldsymbol{x}=\boldsymbol{0}$,由

$$\boldsymbol{A}-3\boldsymbol{E}=\begin{pmatrix}0&0&0\\0&-1&1\\0&1&-1\end{pmatrix}\to\begin{pmatrix}0&0&0\\0&0&0\\0&1&-1\end{pmatrix}$$

得特征向量 $\boldsymbol{\xi}_2=\begin{pmatrix}1\\0\\0\end{pmatrix},\boldsymbol{\xi}_3=\begin{pmatrix}0\\1\\1\end{pmatrix}$

由于特征向量 $\boldsymbol{\xi}_1,\boldsymbol{\xi}_2,\boldsymbol{\xi}_3$ 恰好是正交的,因此只需将它们单位化。取

$$\boldsymbol{p}_1=\frac{\boldsymbol{\xi}_1}{\|\boldsymbol{\xi}_1\|}=\frac{1}{\sqrt{2}}\begin{pmatrix}0\\1\\-1\end{pmatrix},\boldsymbol{p}_2=\frac{\boldsymbol{\xi}_2}{\|\boldsymbol{\xi}_2\|}=\begin{pmatrix}1\\0\\0\end{pmatrix},\boldsymbol{p}_3=\frac{\boldsymbol{\xi}_3}{\|\boldsymbol{\xi}_3\|}=\frac{1}{\sqrt{2}}\begin{pmatrix}0\\1\\1\end{pmatrix}$$

作正交阵 $\boldsymbol{P}=(\boldsymbol{p}_1,\boldsymbol{p}_2,\boldsymbol{p}_3)=\begin{pmatrix}0&1&0\\\frac{1}{\sqrt{2}}&0&\frac{1}{\sqrt{2}}\\-\frac{1}{\sqrt{2}}&0&\frac{1}{\sqrt{2}}\end{pmatrix}$

(3)于是,所给二次型 f 经正交变换:

$$\begin{pmatrix}x_1\\x_2\\x_3\end{pmatrix}=\begin{pmatrix}0&1&0\\\frac{1}{\sqrt{2}}&0&\frac{1}{\sqrt{2}}\\-\frac{1}{\sqrt{2}}&0&\frac{1}{\sqrt{2}}\end{pmatrix}\begin{pmatrix}y_1\\y_2\\y_3\end{pmatrix}$$

化成标准形

$$f=y_1^2+3y_2^2+3y_3^2$$

用正交变换化二次型为标准形,相当于求正交矩阵 $\boldsymbol{P}$,使 $\boldsymbol{P}^{-1}\boldsymbol{A}\boldsymbol{P}=\boldsymbol{\Lambda}$,即 $\boldsymbol{P}^{\mathrm{T}}\boldsymbol{A}\boldsymbol{P}=\boldsymbol{\Lambda}$ 为对角阵。在此过程中,对称阵的秩等于对角阵 $\boldsymbol{\Lambda}$ 的秩,也就等于对角阵 $\boldsymbol{\Lambda}$ 对角线上非零元素的个数。从而,二次型的标准形中平方项的项数是唯一确定的,等于对称阵 $\boldsymbol{A}$ 的秩,也就等于对称阵 $\boldsymbol{A}$ 的非零特征值的个数。

用正交变换化二次型为标准形,具有保持几何形状不变的优点。

5.6 正定二次型

科学技术中用的较多的二次型是正定二次型与负定二次型。

定义 9 设有实二次型 $\boldsymbol{f}=\boldsymbol{x}^{\mathrm{T}}\boldsymbol{A}\boldsymbol{x}$，如果对任何 $\boldsymbol{x}\neq 0$，都有 $f(\boldsymbol{x})>0$，则称 f 为正定二次型，并称对称阵 $\boldsymbol{A}$ 是正定矩阵；如果对任何 $\boldsymbol{x}\neq 0$，都有 $f(\boldsymbol{x})<0$，则称 f 为负定二次型，并称对称阵 $\boldsymbol{A}$ 是负定矩阵。

例 5－18 二次型 $f(x_1,x_2,\cdots,x_n)=x_1^2+x_2^2+\cdots+x_n^2$ 当 $\boldsymbol{x}=\begin{pmatrix}x_1\\x_2\\\vdots\\x_n\end{pmatrix}\neq\begin{pmatrix}0\\0\\\cdots\\0\end{pmatrix}$ 时，显然 $f(x_1,x_2,\cdots,x_n)>0$，所以这个二次型是正定二次型，其矩阵 $\boldsymbol{E}$ 为正定矩阵。

例 5－19 二次型 $f(x_1,x_2)=x_1^2-2x_2^2$ 既不是正定二次型，也不是负定二次型（因 $f(1,1)=-1<0, f(2,1)=2>0$）。

定理 7 n 元二次型 $f=\boldsymbol{x}^{\mathrm{T}}Ax$ 正定的充分必要条件是：它的标准形的 n 个系数全为正。

证 设可逆变换 $\boldsymbol{x}=\boldsymbol{P}\boldsymbol{y}$

使 $f(\boldsymbol{x})=f(\boldsymbol{C}\boldsymbol{y})=\sum\limits_{i=1}^{n}k_iy_i^2$

充分性：设 $k_i>0(i=1,2,\cdots,n)$。任给 $\boldsymbol{x}\neq 0$，则 $\boldsymbol{y}=C^{-1}\boldsymbol{x}\neq 0$，故 $f(x)=\sum\limits_{i=1}^{n}k_iy_i^2>0$

必要性：用反证法。假设有 $k_S\leqslant 0$，则当 $y=e_S$（单位坐标向量时），$f(Ce_S)=k_S\leqslant 0$。显然 $Ce_S\neq 0$，这与 f 为正定阵矛盾。这就证明了 $k_i>0(i=1,2,\cdots,n)$。

推论 对称阵 $\boldsymbol{A}$ 为正定的充分必要条件是：$\boldsymbol{A}$ 的特征值全是正的。

定理 8 对称阵 $\boldsymbol{A}$ 为正定的充分必要条件是：$\boldsymbol{A}$ 的各阶主子式都是正，即

$$a_{11}>0,\begin{vmatrix}a_{11}&a_{12}\\a_{21}&a_{22}\end{vmatrix}>0,\cdots,\begin{vmatrix}a_{11}&\cdots&a_{1n}\\\vdots&&\vdots\\a_{n1}&\cdots&a_{nn}\end{vmatrix}>0$$

对称阵 $\boldsymbol{A}$ 为负定的充分必要条件是：$\boldsymbol{A}$ 的奇数阶主子式都是负，偶数阶主子式都是正，即

$$(-1)^r\begin{vmatrix}a_{11}&\cdots&a_{1r}\\\vdots&&\vdots\\a_{r1}&\cdots&a_{rr}\end{vmatrix}>0\quad(r=1,2,\cdots n)$$

这个定理为霍尔维茨定理，这里不予证明。

例 5－20 判别 $f(x_1,x_2,x_3)=3x_1^2+6x_1x_3+x_2^2-4x_2x_3+8x_3^2$ 是否为正定二次型。

解 二次型 $f(x_1,x_2,x_3)$ 的矩阵为 $\boldsymbol{A}=\begin{pmatrix}3&0&3\\0&1&-2\\3&-2&8\end{pmatrix}$

$\boldsymbol{A}$ 的各阶顺序主子式

$$|\boldsymbol{A}_1|=3>0,|\boldsymbol{A}_2|=\begin{vmatrix}3&0\\0&1\end{vmatrix}=3>0,|\boldsymbol{A}_3|=|\boldsymbol{A}|=3>0$$

因此，$f(x_1,x_2,x_3)$为正定二次型。

例 5-21 当 λ 取何值时，二次型 $f(x_1,x_2,x_3)$ 为正定二次型，其中

$$f(x_1,x_2,x_3)=x_1^2+2x_1x_2+4x_1x_3+2x_2^2+6x_2x_3+\lambda x_3^2$$

解 二次型 $f(x_1,x_2,x_3)$ 的矩阵为 $\boldsymbol{A}=\begin{pmatrix}1&1&2\\1&2&3\\2&3&\lambda\end{pmatrix}$

$\boldsymbol{A}$ 的各阶顺序主子式为

$$|\boldsymbol{A}_1|=31>0,|\boldsymbol{A}_2|=\begin{vmatrix}1&1\\1&2\end{vmatrix}=1>0,|\boldsymbol{A}_3|=|\boldsymbol{A}|=\lambda-5>0$$

因此，当 $\lambda>5$ 时，$f(x_1,x_2,x_3)$为正定二次型。

例 5-22 证明：如果 $\boldsymbol{A}$ 为正定矩阵，则 $\boldsymbol{A}^{-1}$ 也为正定矩阵。

证 若 $\boldsymbol{A}$ 为正定矩阵，则 $\boldsymbol{A}^{\mathrm{T}}=\boldsymbol{A}$。所以$(\boldsymbol{A}^{-1})^{\mathrm{T}}=(\boldsymbol{A}^{\mathrm{T}})^{-1}=\boldsymbol{A}^{-1}$，即 $\boldsymbol{A}^{-1}$ 为对称阵。

再由 $\boldsymbol{A}$ 为正定矩阵，则它的特征值 $\lambda_i>0(i=1,2,\cdots,n)$。$\boldsymbol{A}^{-1}$ 的所有特征值为$\dfrac{1}{\lambda_i}>0$ $(i=1,2,\cdots,n)$，所以 $\boldsymbol{A}^{-1}$ 也为正定矩阵。

5.7 若干应用问题

5.7.1 离散动态系统模型

要理解并预测由差分方程 $\boldsymbol{x}_{n+1}=\boldsymbol{A}\boldsymbol{x}_n$ 所描述的动态系统的长期行为或演化，关键在于掌握矩阵 $\boldsymbol{A}$ 的特征值和特征向量。在本部分，我们将通过应用实例来介绍矩阵对角化在离散动态系统模型中得应用。

例 5-23 （教师职业转换预测问题）在某城市有 15 万人具有本科以上学历，其中有 1.5 万人是教师，据调查，平均每年有 10% 的人从教师职业转为其他职业，又有 1% 的人从其他职业转为教师职业，试预测 10 年以后这 15 万人中还有多少人在从事教师职业。

解 用 x_n 表示第 n 年后从事教师职业和其他职业的人数，则 $\boldsymbol{x}_0=\begin{pmatrix}1.5\\13.5\end{pmatrix}$，用矩阵 $\boldsymbol{A}=(a_{ij})=\begin{pmatrix}0.90&0.01\\0.10&0.99\end{pmatrix}$表示教师职业和其他职业间的转移情况，其中 $a_{11}=0.90$ 表示每年有 90% 的人原来是教师现在还是教师；$a_{12}=0.10$ 表示每年有 10% 的人从教师职业转为其他职业。显然 $\boldsymbol{x}_1=\boldsymbol{A}x_0=\begin{pmatrix}0.90&0.01\\0.10&0.99\end{pmatrix}\begin{pmatrix}1.5\\13.5\end{pmatrix}=\begin{pmatrix}1.485\\13.515\end{pmatrix}$

即一年后，从事教师职业和其他职业的人数分别为 1.485 万和 13.515 万。又 $\boldsymbol{x}_2=\boldsymbol{A}\boldsymbol{x}_1=\boldsymbol{A}^2\boldsymbol{x}_0,\cdots,\boldsymbol{x}_n=\boldsymbol{A}\boldsymbol{x}_{n-1}=\boldsymbol{A}^n\boldsymbol{x}_0$，所以

$$\boldsymbol{x}^{10}=\boldsymbol{A}^{10}\boldsymbol{x}_0$$

为计算 $\boldsymbol{A}^{10}$需要先把 $\boldsymbol{A}$ 对角化。

$$|\boldsymbol{A}-\lambda\boldsymbol{E}|=\begin{vmatrix}0.9-\lambda & 0.01\\ 0.1 & 0.99-\lambda\end{vmatrix}=(0.9-\lambda)(0.99-\lambda)-0.001$$

$$\lambda^2-1.89\lambda+0.891-0.001=0$$

解得 $\lambda_1=1,\lambda_2=0.89$,由于 $\lambda_1\neq\lambda_2$,故矩阵 $\boldsymbol{A}$ 可对角化。

将 $\lambda_1=1$ 代入 $(\boldsymbol{A}-\lambda\boldsymbol{E})x=0$ 中,得其对应特征向量 $\boldsymbol{p}_1=\begin{pmatrix}1\\10\end{pmatrix}$。

将 0.89 代入 $(\boldsymbol{A}-\lambda\boldsymbol{E})x=0$ 中,得其对应特征向量 $\boldsymbol{p}_2=\begin{pmatrix}1\\-1\end{pmatrix}$。

令 $\boldsymbol{P}=(\boldsymbol{p}_1,\boldsymbol{p}_2)=\begin{pmatrix}1 & 1\\10 & -1\end{pmatrix}$,有 $\boldsymbol{P}^{-1}\boldsymbol{AP}=\boldsymbol{\Lambda}=\begin{pmatrix}1 & 0\\0 & 0.89\end{pmatrix}$,$\boldsymbol{A}=\boldsymbol{P\Lambda P}^{-1}$,$\boldsymbol{A}^{10}=\boldsymbol{P\Lambda}^{10}\boldsymbol{P}^{-1}$

而 $\boldsymbol{P}^{-1}=-\frac{1}{11}\begin{pmatrix}-1 & -1\\-10 & 1\end{pmatrix}=\frac{1}{11}\begin{pmatrix}1 & 1\\10 & -1\end{pmatrix}$

则 $\boldsymbol{x}_{10}=\boldsymbol{P\Lambda}^{10}\boldsymbol{P}^{-1}\boldsymbol{x}_0=\frac{1}{11}\begin{pmatrix}1 & 1\\10 & -1\end{pmatrix}\begin{pmatrix}1 & 0\\0 & 0.89\end{pmatrix}^{10}\begin{pmatrix}1 & 1\\10 & -1\end{pmatrix}\begin{pmatrix}1.5\\13.5\end{pmatrix}$

$$=\frac{1}{11}\begin{pmatrix}1 & 1\\10 & -1\end{pmatrix}\begin{pmatrix}1 & 0\\0 & 0.311817\end{pmatrix}\begin{pmatrix}1 & 1\\10 & -1\end{pmatrix}\begin{pmatrix}1.5\\13.5\end{pmatrix}=\begin{pmatrix}1.4062\\13.5938\end{pmatrix}$$

所以 10 年后,15 万人中仍约有 1.41 万人是教师,约有 13.59 万人从事其他职业。

5.7.2 矩阵对角化在分析中的应用

例 5-24 斐波那契(Fibonacci)数列是 0,1,1,2,3,5,8,13,…

它满足下列递推公式:$a_{n+2}=a_{n+1}+a_n,n=0,1,2,\cdots$

以及初始条件 $a_0=0,a_1=1$。求斐波那契数列的通项公式,并且求 $\lim\limits_{n\to\infty}\frac{a_n}{a_{n+1}}$。

解 令 $x_n=\begin{pmatrix}a_{n+1}\\a_n\end{pmatrix},n=0,1,2,\cdots$

则 $\begin{pmatrix}a_{n+2}\\a_{n+1}\end{pmatrix}=\begin{pmatrix}1 & 1\\1 & 0\end{pmatrix}\begin{pmatrix}a_{n+1}\\a_n\end{pmatrix}$,令 $\boldsymbol{A}=\begin{pmatrix}1 & 1\\1 & 0\end{pmatrix}$,则有 $\boldsymbol{x}_{n+1}=\boldsymbol{Ax}_n$,则 $\boldsymbol{x}_n=\boldsymbol{A}^n\boldsymbol{x}_0$。

下面取计算 $\boldsymbol{A}^n$,需要先把 $\boldsymbol{A}$ 对角化。

$$|\boldsymbol{A}-\lambda\boldsymbol{E}|=\begin{vmatrix}1-\lambda & 1\\1 & -\lambda\end{vmatrix}=\lambda^2-\lambda-1=\left(\lambda-\frac{1+\sqrt{5}}{2}\right)\left(\lambda-\frac{1-\sqrt{5}}{2}\right)$$

于是 $\boldsymbol{A}$ 有两个不同的特征值:$\lambda_1=\frac{1+\sqrt{5}}{2},\lambda_2=\frac{1-\sqrt{5}}{2}$,从而 $\boldsymbol{A}$ 可对角化。

经计算 $\boldsymbol{P}=\begin{pmatrix}\lambda_1 & \lambda_2\\1 & 1\end{pmatrix}$,则 $\boldsymbol{P}^{-1}\boldsymbol{AP}=\begin{pmatrix}\lambda_1 & 0\\0 & \lambda_1\end{pmatrix}$,从而

$$\boldsymbol{A}^n=\boldsymbol{P}\begin{pmatrix}\lambda_1 & 0\\0 & \lambda_2\end{pmatrix}^n\boldsymbol{P}^{-1}=\begin{pmatrix}\lambda_1 & \lambda_2\\1 & 1\end{pmatrix}\begin{pmatrix}\lambda_1^n & 0\\0 & \lambda_2^n\end{pmatrix}\frac{1}{\sqrt{5}}\begin{pmatrix}1 & -\lambda_2\\-1 & \lambda_1\end{pmatrix}$$

$$=\frac{1}{\sqrt{5}}\begin{pmatrix}\lambda_1^{n+1} & \lambda_2^{n+1}\\ \lambda_1^{n} & \lambda_2^{n}\end{pmatrix}\begin{pmatrix}1 & -\lambda_2\\ -1 & \lambda_1\end{pmatrix}$$

由$\begin{pmatrix}a_{n+1}\\ a_n\end{pmatrix}=\boldsymbol{A}^n\begin{pmatrix}1\\0\end{pmatrix}$,于是 $a_n=\frac{1}{\sqrt{5}}(\lambda_1^n-\lambda_2^n)=\frac{1}{\sqrt{5}}\left[\left(\frac{1+\sqrt{5}}{2}\right)^n-\left(\frac{1-\sqrt{5}}{2}\right)^n\right]$

即为斐波那契数列的通项公式。

$$\lim_{n\to\infty}\frac{a_n}{a_{n+1}}=\frac{1}{\lambda_1}=\frac{\sqrt{5}-1}{2}\approx 0.618$$

注:斐波那契数列的第 n 项 a_n 与第 $n+1$ 项 a_{n+1} 的比值,当 $n\to\infty$ 时的极限等于$\frac{\sqrt{5}-1}{2}\approx 0.618$。这个极限值在最优化方法中有重要应用。

5.7.3 正定矩阵的应用

利用正定二次型,可以得到一个判定多元函数极值的充分条件:

设 $\boldsymbol{X}=(x_1,x_2,\cdots,x_n)$,$n$ 元函数 $\boldsymbol{f}(\boldsymbol{X})$ 在 X_0 的某领域内有连续的二阶偏导数,则由 $\boldsymbol{f}(\boldsymbol{X})$ 的二阶偏导数构成的矩阵:

$$\boldsymbol{H}(\boldsymbol{X})=\begin{pmatrix}f_{11}(\boldsymbol{X}) & f_{12}(\boldsymbol{X}) & \cdots & f_{1n}(\boldsymbol{X})\\ f_{21}(\boldsymbol{X}) & f_{22}(\boldsymbol{X}) & \cdots & f_{2n}(\boldsymbol{X})\\ \vdots & \vdots & & \vdots\\ f_{n1}(\boldsymbol{X}) & f_{n2}(\boldsymbol{X}) & \cdots & f_{nn}(\boldsymbol{X})\end{pmatrix}$$

称为海赛(Hesse)矩阵。

设 X_0 为 $\boldsymbol{f}(\boldsymbol{X})$ 的驻点,由多元泰勒公式可知有如下判别法:

(1) 若 $\boldsymbol{H}(X_0)$ 为正定或半正定矩阵,则 $f(X_0)$ 为 $\boldsymbol{f}(\boldsymbol{X})$ 的极小值。

(2) 若 $\boldsymbol{H}(X_0)$ 为负定或半负定矩阵,则 $f(X_0)$ 为 $\boldsymbol{f}(\boldsymbol{X})$ 的极大值。

(3) 若 $\boldsymbol{H}(X_0)$ 为不定矩阵,则 $f(X_0)$ 不是极值。

例 5-25 设某企业用一种原料生产两种产品的产量分别为 x,y 单位,原料消耗量为 $A(x^\alpha+y^\beta)$ 单位($A>0,\alpha>1,\beta>1$),若原料及两种产品的价格分别为 r,P_1,P_2(万元/单位),在只考虑原料成本的情况下,求使企业利润最大的产量。

解 利润函数为 $f(x,y)=xP_1+yP_2-rA(x^\alpha+y^\beta)$

$$由\begin{cases}\frac{\partial f}{\partial x}=P_1-rA\cdot\alpha x^{\alpha-1}=0\\ \frac{\partial f}{\partial y}=P_2-rA\cdot\beta x^{\beta-1}=0\end{cases}$$

解得驻点 $x_0=\left(\frac{P_1}{\alpha Ar}\right)^{\frac{1}{\alpha-1}}$,$y_0=\left(\frac{P_2}{\beta Ar}\right)^{\frac{1}{\beta-1}}$。

因为 $f(x,y)$ 在点 (x_0,y_0) 处的海赛矩阵

$$\boldsymbol{H}(x_0,y_0)=\begin{pmatrix} -rA\alpha(\alpha-1)x_0^{\alpha-2} & 0 \\ 0 & -rA\beta(\beta-1)y_0^{\beta-2} \end{pmatrix}$$

是负定矩阵,又$f(x,y)$得驻点(x_0,y_0)唯一,所以使企业获利最大的两种产品的产量分别是x_0,y_0单位。

习　题

1. 设向量$\boldsymbol{\alpha}=\begin{pmatrix}1\\1\\2\end{pmatrix}$,$\boldsymbol{\beta}=\begin{pmatrix}1\\-1\\1\end{pmatrix}$,求$[\boldsymbol{\alpha}+2\boldsymbol{\beta},\boldsymbol{\beta}]$。

2. 判断下列矩阵是否为对角阵;

(1) $\begin{pmatrix}\frac{\sqrt{3}}{2} & -\frac{1}{2}\\ \frac{1}{2} & \frac{\sqrt{3}}{2}\end{pmatrix}$　　(2) $\begin{pmatrix}\frac{1}{9} & -\frac{8}{9} & -\frac{4}{9}\\ -\frac{8}{9} & \frac{1}{9} & -\frac{4}{9}\\ -\frac{4}{9} & -\frac{4}{9} & \frac{7}{9}\end{pmatrix}$

3. 设$\boldsymbol{A},\boldsymbol{B}$都是正交阵,证明$\boldsymbol{AB}$也是正交阵。

4. 设矩阵$\boldsymbol{H}=\boldsymbol{E}-2\boldsymbol{x}\boldsymbol{x}^{\mathrm{T}}$,其中,$\boldsymbol{E}$是$n$阶单位阵,$\boldsymbol{x}$是$n$维列向量,且$\boldsymbol{x}^{\mathrm{T}}\boldsymbol{x}=1$。证明$\boldsymbol{H}$是对称的正交阵。

5. 求下列矩阵的特征值和特征向量。

(1) $\begin{pmatrix}3 & 4\\5 & 2\end{pmatrix}$　　(2) $\begin{pmatrix}1 & 2 & 3\\2 & 1 & 3\\3 & 3 & 6\end{pmatrix}$　　(3) $\begin{pmatrix}0 & 0 & 1\\0 & 1 & 0\\1 & 0 & 0\end{pmatrix}$

6. 如果n阶矩阵$\boldsymbol{A}$满足$\boldsymbol{A}^2=\boldsymbol{A}$,称$\boldsymbol{A}$为幂等矩阵。试证:幂等矩阵的特征值只能是0或1。

7. 设$\boldsymbol{A}$为正交阵,且$|\boldsymbol{A}|=-1$,证明:$\boldsymbol{A}$的特征值是1或-1。

8. 若$\lambda=2$是可逆矩阵$\boldsymbol{A}$的一个特征值,则$\left(\frac{1}{2}\boldsymbol{A}^2\right)^{-1}$必有什么特征值?

9. 已知3阶方阵$\boldsymbol{A}$的特征值为1,2,3,求$\boldsymbol{A}^3-5\boldsymbol{A}^2+7\boldsymbol{A}$的所有特征值。

10. 已知3阶方阵$\boldsymbol{A}$的特征值为1,2,-3,求$|\boldsymbol{A}^*+3\boldsymbol{A}+2\boldsymbol{E}|$。

11. 设$\boldsymbol{A}$为3阶方阵,已知方阵$\boldsymbol{A}-\boldsymbol{E},\boldsymbol{A}+\boldsymbol{E},\boldsymbol{A}-3\boldsymbol{E}$都不可逆。问$\boldsymbol{A}$能否对角化?

12. 设矩阵$\boldsymbol{A}=\begin{pmatrix}2 & 0 & 1\\3 & 1 & x\\4 & 0 & 5\end{pmatrix}$可相似对角化,求$x$。

13. 下列矩阵$\boldsymbol{A}$可对角化吗?如果可以对角化,那么求出可逆矩阵$\boldsymbol{P}$,使$\boldsymbol{P}^{-1}\boldsymbol{AP}$为对角阵。

(1) $\begin{pmatrix} 3 & 1 \\ 5 & -1 \end{pmatrix}$　　(2) $\begin{pmatrix} 3 & 2 & 4 \\ 2 & 0 & 2 \\ 4 & 2 & 3 \end{pmatrix}$

14. 设3阶方阵$\boldsymbol{A}$的特征值$\lambda_1=1,\lambda_2=0,\lambda_3=-1$,对应的特征向量为$\boldsymbol{p}_1=\begin{pmatrix} 1 \\ 2 \\ 2 \end{pmatrix}$,$\boldsymbol{p}_2=\begin{pmatrix} 2 \\ -2 \\ 1 \end{pmatrix}$,$\boldsymbol{p}_3=\begin{pmatrix} -2 \\ -1 \\ 2 \end{pmatrix}$,求矩阵$\boldsymbol{A}$。

15. 设$\boldsymbol{A},\boldsymbol{B}$都是$n$阶方阵,且$\boldsymbol{A}$可逆,证明$\boldsymbol{AB}$与$\boldsymbol{BA}$相似。

16. 已知矩阵$\boldsymbol{A}=\begin{pmatrix} 2 & 0 & 0 \\ 0 & 0 & 1 \\ 0 & 1 & x \end{pmatrix}$和$\boldsymbol{B}=\begin{pmatrix} 2 & 0 & 0 \\ 0 & 3 & 4 \\ 0 & -2 & y \end{pmatrix}$相似,求$x,y$的值。

17. 设矩阵$\boldsymbol{A}=\begin{pmatrix} 3 & -2 \\ -2 & 3 \end{pmatrix}$,求$\varphi(\boldsymbol{A})=\boldsymbol{A}^{10}-5\boldsymbol{A}^9$。

18. 设3阶实对称阵$\boldsymbol{A}$的特征值是1,2,3,矩阵$\boldsymbol{A}$的对应于1,2的特征向量分别是$\boldsymbol{\alpha}_1=\begin{pmatrix} -1 \\ -1 \\ 1 \end{pmatrix}$, $\boldsymbol{\alpha}_2=\begin{pmatrix} 1 \\ -2 \\ 1 \end{pmatrix}$,求:(1)$\boldsymbol{A}$的对应于特征值3的特征向量;(2)求矩阵$\boldsymbol{A}$。

19. 把二次型表示成矩阵形式。

(1) $f=2x_1^2+3x_2^2+3x_3^2+4x_2x_3$

(2) $f=x_1^2+x_3^2+2x_1x_2-2x_2x_3$

20. 把上题的二次型利用正交变换化成标准形。

21. 判别二次型的正定性

(1) $f(x_1,x_2,x_3)=2x_1^2+5x_2^2+5x_3^2+4x_1x_2-4x_1x_3-8x_2x_3$

(2) $f(x_1,x_2,x_3)=5x_1^2+5x_2^2+5x_3^2+4x_1x_2-4x_1x_3-2x_2x_3$

22. 试用特征值法判别二次型$f(x_1,x_2,x_3)=2x_1^2+x_2^2-4x_1x_2-4x_2x_3$的正定性。

第6章　线性空间与线性变换

2008年9月25日21时10分,最大直径2.8m、总重量达7.79t的"神舟"七号载人飞船在酒泉卫星发射中心腾空而起,它实现了我国载人航天技术的一个重大跨越。航天飞船技术可以说是控制系统工程设计领域历经十多年深入研究和开发的成果,这一领域涉及航天学、计算机科学、通信科学、流体力学、机械学、电子学等众多的科学分支。对于太空飞行而言,航天飞船的控制系统绝对是关键。以飞船飞行的倾角控制为例,要使飞船按照设定的轨迹飞行,系统会在不同的时刻动态输入预定倾角信号,经由运算器处理后通过控制器来调整飞船飞行的倾角,同时,系统会对飞船飞行的倾角进行实时监控,并将监控信息(实际飞行倾角与预定飞行倾角的误差)反馈给运算器处理以进行实时校正,这样就形成一个典型的闭环反馈控制系统。

从数学抽象意义上看,控制系统中向运算器输入的信号和运算器处理后输出的信号都是函数,并且这些函数可以进行普通的加法和数乘运算,这在实际应用中相当重要。函数的这种运算与向量空间 R^n 中向量的加法和数乘运算有完全类似的线性运算性质。鉴于此,把所有可能的输入(函数)的集合称为线性空间。而控制系统工程的数学基础就依赖于这些函数所构成的线性空间。

在第2章和第3章中播下的种子将会在本章中开花结果。一旦认识到向量空间 R^n 仅仅是实际应用中产生的许多线性空间 V_n 之一,而一般的线性空间 V_n 又与向量空间 R^n 同构,就能更清楚地体会到线性代数的力与美。

虽然研究一般的线性空间 V_n 和研究向量空间 R^n 本身没有太大的区别,但在本章内容的叙述中采用了更加抽象的数学思维模式,这有助于我们站在更高的层面去审视本课程的内容。

6.1　线性空间的定义与性质

线性空间是线性代数最基本的概念之一,也是一个抽象的概念,它是向量空间概念的推广。线性空间是为了解决实际问题而引入的,它是某一类事物从量的方面的一个抽象,即把实际问题看作向量空间,进而通过研究向量空间来解决实际问题。

6.1.1　线性空间的定义

定义1　设 V 是一个非空集合,R 为实数域。如果对任意两个元素 $\alpha,\beta\in V$,总有唯一的元素 $\gamma\in V$ 与之对应,称为 α 与 β 的和,记作 $\gamma=\alpha+\beta$;对任一数 $\lambda\in R$ 与任一元素 $\alpha\in V$,总有唯一的元素 $\delta\in V$ 与之对应,称为 λ 与 α 的积,记作 $\delta=\lambda\alpha$;并且这两种运算满足以下八条运算规律(设 $\alpha,\beta,\gamma\in V;\lambda,\mu\in R$)中定义加法和数量乘法(简称数乘),若对 $\forall\alpha$,

$\beta,\gamma\in V$, $\forall k,l\in P$,满足:

(1) $\alpha+\beta=\beta+\alpha$(交换律)

(2) $(\alpha+\beta)+\gamma=\alpha+(\beta+\gamma)$(结合律)

(3) 在 V 中存在零元素 0;对任何 $\alpha\in V$,都有 $\alpha+0=\alpha$(零元)

(4) 对任何 $\alpha\in V$,都有 α 的负元素 $\beta\in V$,使 $\alpha+\beta=0$(负元)

(5) $1\cdot\alpha=\alpha$,

(6) $\lambda(\mu\alpha)=(\lambda\mu)\alpha$

(7) $(\lambda+\mu)\alpha=\lambda\alpha+\mu\alpha$

(8) $\lambda(\alpha+\beta)=\lambda\alpha+\lambda\beta$

那么,V 就称为(实数域 R 上的)向量空间(或线性空间),V 中的元素不论其本来的性质如何,统称为(实)向量。

简言之,凡满足上述八条规律的加法及乘法运算,就称为线性运算;凡定义了线性运算,并对线性运算封闭的集合,就称向量空间。

判别线性空间的方法:一个集合,对于定义的加法和数乘运算不封闭,或者运算不满足八条规律的任一条,则此集合就不能构成线性空间。一个集合,如果定义的加法和乘数运算是通常的实数间的加法和数乘运算,则只需检验对运算的封闭性。

例 6-1 实数域上的全体 $m\times n$ 阶矩阵,对矩阵的加法和数乘运算构成实数域上的线性空间,记作 $R^{m\times n}$。这是因为:矩阵加法和数乘运算显然满足线性运算规律,故只需验证 $R^{m\times n}$ 对运算封闭:

$$\boldsymbol{A}_{m\times n}+\boldsymbol{B}_{m\times n}=\boldsymbol{C}_{m\times n}\qquad \lambda\boldsymbol{A}_{m\times n}=\boldsymbol{D}_{m\times n}$$

所以 $R^{m\times n}$ 是一个向量空间。

例 6-2 次数不超过 n 的多项式的全体,记作 $P[\boldsymbol{x}]_n$,即

$$P[\boldsymbol{x}]_n=\{p=a_nx^n+a_{n-1}x^{n-1}+\cdots+a_1x+a_0\mid a_n,\cdots,a_1,a_0\in R\}$$

对于通常的多项式加法、数乘多项式的乘法构成向量空间。这是因为:通常的多项式加法、数乘多项式的乘法两种运算显然满足线性运算规律,故只要验证 $P[\boldsymbol{x}]_n$ 对运算封闭:

$$\begin{aligned}&(a_nx^n+a_{n-1}x^{n-1}+\cdots+a_1x+a_0)+(b_nx^n+b_{n-1}x^{n-1}+\cdots+b_1x+b_0)\\&=(a_n+b_n)x^n+(a_{n-1}+b_{n-1})x^{n-1}+\cdots+(a_1+b_1)x+(a_0+b_0)\in P[x]_n\\&\lambda(a_nx^n+a_{n-1}x^{n-1}+\cdots+a_1x+a_0)\\&=(\lambda a_n)x^n+(\lambda a_{n-1})x^{n-1}+\cdots+(\lambda a_1)x+(\lambda a_0)\in P[x]_n\end{aligned}$$

所以 $P[\boldsymbol{x}]_n$ 是一个向量空间。

例 6-3 n 次多项式的全体

$$Q[\boldsymbol{x}]_n=\{p=a_nx^n+a_{n-1}x^{n-1}+\cdots+a_1x+a_0\mid a_n,\cdots,a_1,a_0\in R,\text{且 }a_n\neq0\}$$

对于通常的多项式加法和数乘运算不构成向量空间。这是因为:

$$0p=0x^n+0x^{n-1}+\cdots+0x+0\notin Q[\boldsymbol{x}]_n$$

即 $Q[\boldsymbol{x}]_n$ 对运算不封闭。

例 6-4 设 S 是由两端都无限的全体数值序列所构成的空间,通常记作如下:

$$\{\boldsymbol{x}_n\} = (\cdots, x_{-2}, x_{-1}, x_0, x_1, x_2, \cdots)$$

如果 $\{\boldsymbol{y}_n\}$ 是 S 中另一元素, $\{\boldsymbol{x}_n\} + \{\boldsymbol{y}_n\}$ 是 $\{\boldsymbol{x}_n\}$ 和 $\{\boldsymbol{y}_n\}$ 中的对应项相加得到的新序列 $\{\boldsymbol{x}_n + \boldsymbol{y}_n\}$,数量乘积 $\lambda\{\boldsymbol{y}_n\}$ 是序列 $\{\lambda \boldsymbol{y}_n\}$。可以验证在 S 中满足线性空间的运算规律。

S 中的元素经常出现在工程学中,如在离散的时间段上信号的测量或采样。这种信号可以是电子的、机械的、光学的等。为了使用的方便,称 S 为(离散时间)信号空间。

检验一个集合是否构成向量空间,当然不能只检验对运算的封闭性。若所定义的加法和数乘运算不是通常的实数间的加法和数乘运算,则就应仔细检验是否满足八条线性运算规律。

例 6-5 n 个有序实数组成的数组的全体

$$S^n = \{\boldsymbol{x} = (x_1, x_2, \cdots, x_n)^{\mathrm{T}} \mid x_1, x_2, \cdots, x_n \in R\}$$

对于通常的有序数组的加法及如下定义的乘法:

$$\lambda \circ (x_1, x_2, \cdots, x_n)^{\mathrm{T}} = (0, \cdots, 0)^{\mathrm{T}}$$

不构成向量空间。

可以验证 S^n 对运算封闭,当因 $1 \circ x = 0$,不满足运算规律(5),即所定义的运算不是线性运算,所以 S^n 不是向量空间。

比较 S^n 与 n 维向量空间 R^n,作为集合它们是一样的,但由于在其中所定义的运算不同,以致 R^n 构成向量空间而 S^n 不是向量空间。

由此可见,向量空间的概念是集合与运算二者的结合。一般的说,同一个集合,若定义两种不同的线性运算,就构成不同的向量空间;若定义的运算不是线性运算,就不能构成向量空间。所以,所定义的线性运算是向量空间的本质,而其中的元素是什么倒并不重要。线性空间的元素统称为“向量”,但它可以是通常的向量,也可以是矩阵、多项式、函数等。如例 6-1、例 6-2、例 6-4,由此可以说,线性空间是二维、三维几何空间及 n 维向量空间的推广,它在理论上具有高度的概括性。因此把向量空间叫做线性空间更为合适。

为了对线性运算的理解更具有一般性,请看下例。

例 6-6 正实数的全体,记作 R^+,在其中定义加法及乘数运算为

$$a \oplus b = ab, \lambda \circ a = a^{\lambda} \quad (\lambda \in R, a, b \in R^+)$$

验证 R^+ 对上述加法与数乘运算构成线性空间。

证明 实际上要验证十条:

对加法封闭:对任意的 $a, b \in R^+$,有 $a \oplus b = ab \in R^+$;

对数乘封闭:对任意的 $\lambda \in R, a \in R^+$,有 $\lambda \circ a = a^{\lambda} \in R^+$;

(1) $a \oplus b = ab = ba = b \oplus a$

(2) $(a \oplus b) \oplus c = ab \oplus c = (ab)c = a(bc) = a \oplus (b \oplus c)$

(3) R^+ 中存在零元素 1,对任何 $a \in R^+$,有 $a \oplus 1 = a \cdot 1 = a$

(4) 对任何 $a \in R^+$,有负元素 $a^{-1} \in R^+$,使 $a \oplus a^{-1} = a \cdot a^{-1} = 1$

(5) $1 \circ a = a^1 = a$

(6) $\lambda \circ (\mu \circ a) = \lambda \circ a^{\mu} = (a^{\mu})^{\lambda} = a^{\lambda\mu} = (\lambda\mu) \circ a$

(7) $(\lambda+\mu)\circ a = a^{\lambda+\mu} = a^{\lambda}a^{\mu} = a^{\lambda}\oplus a^{\mu} = \lambda\circ a\oplus\mu\circ a$

(8) $\lambda\circ(a\oplus b) = \lambda\circ(ab) = (ab)^{\lambda} = a^{\lambda}b^{\lambda} = a^{\lambda}\oplus b^{\lambda} = \lambda\circ a\oplus\lambda\circ b$

因此,R^{+}对所定义的运算构成线性空间。

上述例子表明,线性空间这一数学模型适用性很广,从现在开始,将从线性空间的定义出发,作逻辑推理,深入揭示线性空间的性质和结构,它们对于所有的具体的线性空间都成立。

6.1.2 线性空间的性质

(1) 零元素唯一。

证明 设$0_1,0_2$是线性空间V中的两个零元素,即对任何$\alpha\in V$,有$\alpha+0_1=\alpha,\alpha+0_2=\alpha$。于是特别有

$$0_2+0_1=0_2,0_1+0_2=0_1$$

所以

$$0_1=0_1+0_2=0_2+0_1=0_2$$

(2) 任一元素的负元素唯一,α的负元素记作$-\alpha$。

证明 设α有两个负元素β与γ,即$\beta=\beta+0$、$\alpha+\gamma=0$,于是有

$$\beta=\beta+0=\beta+(\alpha+\gamma)=(\beta+\alpha)+\gamma=0+\gamma=\gamma$$

(3) $0\cdot\alpha=0,(-1)\alpha=-\alpha,\lambda\cdot 0=0$。

证明 $\alpha+0\alpha=1\alpha+0\alpha=(1+0)\alpha=1\alpha=\alpha$,所以$0\alpha=0$;

$\alpha+(-1)\alpha=1\alpha+(-1)\alpha=[1+(-1)]\alpha=0\alpha=0$,所以$(-1)\alpha=-\alpha$;

$$\lambda 0=\lambda[\alpha+(-1)\alpha]=\lambda\alpha+(-\lambda)\alpha=[\lambda+(-\lambda)]\alpha=0\alpha=0$$

(4) 若$\lambda\alpha=0$,则$\lambda=0$或$\alpha=0$。

证明 若$\lambda\neq 0$,在$\lambda\alpha=0$两边乘$\frac{1}{\lambda}$,得$\frac{1}{\lambda}(\lambda\alpha)=\frac{1}{\lambda}\cdot 0$。

而$\frac{1}{\lambda}(\lambda\alpha)=\frac{1}{\lambda}\cdot\lambda\cdot\alpha=\alpha$,所以$\alpha=0$。

6.2 维数、基与坐标

在第4章中,用线性运算来讨论n维数组向量之间的关系,介绍了一些重要概念,如线性组合、线性相关与线性无关等。这些概念以及有关的性质只涉及线性运算,因此,对于一般的线性空间中的元素仍然适用。以后将直接引入这些概念和性质。

在第4章中已经提出了基与维数的概念,这当然也适用于一般的线性空间,这是线性空间的主要特性,叙述如下。

6.2.1 基与维数定义

定义2 在线性空间V中,如果存在n个元素$\boldsymbol{\alpha}_1,\boldsymbol{\alpha}_2,\cdots,\boldsymbol{\alpha}_n$,满足:

(1) $\boldsymbol{\alpha}_1,\boldsymbol{\alpha}_2,\cdots,\boldsymbol{\alpha}_n$ 线性无关；

(2) V 中任一元素 α 总可由 $\boldsymbol{\alpha}_1,\boldsymbol{\alpha}_2,\cdots,\boldsymbol{\alpha}_n$ 线性表示；

那么，$\boldsymbol{\alpha}_1,\boldsymbol{\alpha}_2,\cdots,\boldsymbol{\alpha}_n$ 就称为线性空间 V 的一个基，n 称为线性空间 V 的维数，记作 $\dim V = n$。维数为 n 的线性空间称为 n 维线性空间，记作 V_n。

只含一个零元素的线性空间没有基，规定它的维数为 0。

若一个线性空间 V 中存在任意多个线性无关的向量，则称 V 是无限维的。

无限维线性空间与有限维线性空间都含有无穷多个向量，但有限维线性空间可以利用有限个向量来张成，但是无限维线性空间不可以；反过来，利用向量可以生成线性空间。

对于 n 维线性空间 V_n，若知 $\boldsymbol{\alpha}_1,\boldsymbol{\alpha}_2,\cdots,\boldsymbol{\alpha}_n$ 为 V_n 的一个基，则 V_n 可表示为

$$V_n = \{\alpha = x_1\boldsymbol{\alpha}_1 + x_2\boldsymbol{\alpha}_2 + \cdots + x_n\boldsymbol{\alpha}_n \mid x_1,x_2,\cdots,x_n \in R\}$$

即 V_n 是基所生成的线性空间，这就较清楚地显示出线性空间 V_n 的构造。

若 $\boldsymbol{\alpha}_1,\boldsymbol{\alpha}_2,\cdots,\boldsymbol{\alpha}_n$ 为 V_n 的一个基，则对任何 $\alpha \in V_n$，都有唯一的一组有序数 $x_1,x_2,\cdots,x_n$，使 $\alpha = x_1\boldsymbol{\alpha}_1 + x_2\boldsymbol{\alpha}_2 + \cdots + x_n\boldsymbol{\alpha}_n$；反之，任给一组有序数 $x_1,x_2,\cdots,x_n$，总有唯一的元素

$$\boldsymbol{\alpha} = x_1\boldsymbol{\alpha}_1 + x_2\boldsymbol{\alpha}_2 + \cdots + x_n\boldsymbol{\alpha}_n \in V_n$$

这样 V_n 的元素 α 与有序数组 $(x_1,x_2,\cdots,x_n)^{\mathrm{T}}$ 之间存在着一种一一对应的关系，因此可以用这组有序数来表示元素 α。

6.2.2 坐标的定义

定义 3 设 $\boldsymbol{\alpha}_1,\boldsymbol{\alpha}_2,\cdots,\boldsymbol{\alpha}_n$ 是线性空间 V_n 的一个基，对任一元素 $\alpha \in V_n$，总有且仅有一组有序数 $x_1,x_2,\cdots,x_n$，使

$$\boldsymbol{\alpha} = x_1\boldsymbol{\alpha}_1 + x_2\boldsymbol{\alpha}_2 + \cdots + x_n\boldsymbol{\alpha}_n$$

$x_1,x_2,\cdots,x_n$ 这组有序数就称为元素 $\boldsymbol{\alpha}$ 在 $\boldsymbol{\alpha}_1,\boldsymbol{\alpha}_2,\cdots,\boldsymbol{\alpha}_n$ 这个基下的坐标，并记作 $\boldsymbol{\alpha} = (x_1,x_2,\cdots,x_n)^{\mathrm{T}}$

例 6-7 所有二阶实矩阵组成的集合 $R^{2\times 2}$ 对于矩阵的加法和数量乘法，构成实数域 R 上的一个线性空间。试证

$$\boldsymbol{\varepsilon}_1 = \begin{pmatrix} 1 & 0 \\ 0 & 0 \end{pmatrix},\boldsymbol{\varepsilon}_2 = \begin{pmatrix} 0 & 1 \\ 0 & 0 \end{pmatrix},\boldsymbol{\varepsilon}_3 = \begin{pmatrix} 0 & 0 \\ 1 & 0 \end{pmatrix},\boldsymbol{\varepsilon}_4 = \begin{pmatrix} 0 & 0 \\ 0 & 1 \end{pmatrix}$$

是 $R^{2\times 2}$ 中的一组基，并求任意的矩阵 $\boldsymbol{A} = \begin{pmatrix} a_{11} & a_{12} \\ a_{21} & a_{22} \end{pmatrix} \in R^{2\times 2}$ 在该基下的坐标。

证明 先证其线性无关，由

$$k_1\boldsymbol{\varepsilon}_1 + k_2\boldsymbol{\varepsilon}_2 + k_3\boldsymbol{\varepsilon}_3 + k_4\boldsymbol{\varepsilon}_4 = \begin{pmatrix} k_1 & k_2 \\ k_3 & k_4 \end{pmatrix}$$

则

$$k_1\boldsymbol{\varepsilon}_1 + k_2\boldsymbol{\varepsilon}_2 + k_3\boldsymbol{\varepsilon}_3 + k_4\boldsymbol{\varepsilon}_4 = \begin{pmatrix} 0 & 0 \\ 0 & 0 \end{pmatrix}$$

当且仅当 $k_1=k_2=k_3=k_4=0$，即 $\boldsymbol{\varepsilon}_1,\boldsymbol{\varepsilon}_2,\boldsymbol{\varepsilon}_3,\boldsymbol{\varepsilon}_4$ 线性无关。

对于任意的矩阵 $\boldsymbol{A}=\begin{pmatrix} a_{11} & a_{12} \\ a_{21} & a_{22} \end{pmatrix}\in R^{2\times 2}$，有

$$\boldsymbol{A}=a_{11}\boldsymbol{\varepsilon}_1+a_{12}\boldsymbol{\varepsilon}_2+a_{21}\boldsymbol{\varepsilon}_3+a_{22}\boldsymbol{\varepsilon}_4=\begin{pmatrix} a_{11} & a_{12} \\ a_{21} & a_{22} \end{pmatrix}$$

因此 $\boldsymbol{\varepsilon}_1,\boldsymbol{\varepsilon}_2,\boldsymbol{\varepsilon}_3,\boldsymbol{\varepsilon}_4$ 为 $R^{2\times 2}$ 的一组基，而矩阵 $\boldsymbol{A}$ 在这组基下的坐标是 $(a_{11},a_{12},a_{21},a_{22})^{\mathrm{T}}$。

例 6-8 证明：在线性空间 $P[\boldsymbol{x}]_4$ 中，

$$\boldsymbol{P}_1=1,\boldsymbol{P}_2=x,\boldsymbol{P}_3=x^2,\boldsymbol{P}_4=x^3,\boldsymbol{P}_5=x^4 \text{ 是它的一个基。}$$

证明 因为(1) $\boldsymbol{P}_1=1,\boldsymbol{P}_2=x,\boldsymbol{P}_3=x^2,\boldsymbol{P}_4=x^3,\boldsymbol{P}_5=x^4$ 是线性无关的；

(2) 任一不超过 4 次的多项式 $\boldsymbol{P}=a_4x^4+a_3x^3+a_2x^2+a_1x+a_0$，可以表示为

$$\boldsymbol{P}=a_0\boldsymbol{P}_1+a_1\boldsymbol{P}_2+a_2\boldsymbol{P}_3+a_3\boldsymbol{P}_4+a_4\boldsymbol{P}_5$$

因此 $\boldsymbol{P}_1=1,\boldsymbol{P}_2=x,\boldsymbol{P}_3=x^2,\boldsymbol{P}_4=x^3,\boldsymbol{P}_5=x^4$ 是 $\boldsymbol{P}[\boldsymbol{x}]_4$ 的一个基。

且 $\boldsymbol{P}$ 在这个基下的坐标为 $(a_0,a_1,a_2,a_3,a_4)^{\mathrm{T}}$。

若取另一基 $\boldsymbol{q}_1=1,\boldsymbol{q}_2=1+x,\boldsymbol{q}_3=2x^2,\boldsymbol{q}_4=x^3,\boldsymbol{q}_5=x^4$，则

$$\boldsymbol{P}=(a_0-a_1)\boldsymbol{q}_1+a_1\boldsymbol{q}_2+\frac{1}{2}a_2\boldsymbol{q}_3+a_3\boldsymbol{q}_4+a_4\boldsymbol{q}_5$$

因此 $\boldsymbol{P}$ 在这个基下的坐标为 $(a_0-a_1,a_1,\frac{1}{2}a_2,a_3,a_4)^{\mathrm{T}}$。

由此可以看出线性空间 V 的任一元素在不同基下的所对应的坐标一般不同，但一个元素在一个确定基下对应的坐标是唯一的。

例 6-9 求 R^3 中向量 $\boldsymbol{\xi}=(1,2,1)$ 在基 $\boldsymbol{\alpha}_1=(1,1,1),\boldsymbol{\alpha}_2=(1,1,-1),\boldsymbol{\alpha}_3=(1,-1,-1)$ 下的坐标。

解 设所求的坐标为 (x_1,x_2,x_3)，则有

$$\boldsymbol{\xi}=x_1\boldsymbol{\alpha}_1+x_2\boldsymbol{\alpha}_2+x_3\boldsymbol{\alpha}_3$$

即

$$(1,2,1)=(x_1+x_2+x_3,x_1+x_2-x_3,x_1-x_2-x_3)$$

故

$$\begin{cases} x_1+x_2+x_3=1 \\ x_1+x_2-x_3=2 \\ x_1-x_2-x_3=1 \end{cases}$$

解这一线性方程组，得 $\boldsymbol{\xi}$ 在 $\boldsymbol{\alpha}_1,\boldsymbol{\alpha}_2,\boldsymbol{\alpha}_3$ 下坐标为

$$x_1=1,x_2=\frac{1}{2},x_3=-\frac{1}{2}$$

6.2.3 线性空间的同构

建立了坐标以后,就把抽象的向量$\boldsymbol{\alpha}$与具体的数组向量$(x_1,x_2,\cdots,x_n)^{\mathrm{T}}$联系起来,并且还可以把$V_n$中抽象的线性运算与数组向量的线性运算联系起来。

设$\boldsymbol{\alpha},\boldsymbol{\beta}\in V_n$,有

$$\boldsymbol{\alpha}=x_1\boldsymbol{\alpha}_1+x_2\boldsymbol{\alpha}_2+\cdots+x_n\boldsymbol{\alpha}_n,\boldsymbol{\beta}=y_1\boldsymbol{\alpha}_1+y_2\boldsymbol{\alpha}_2+\cdots+y_n\boldsymbol{\alpha}_n$$

于是

$$\boldsymbol{\alpha}+\boldsymbol{\beta}=(x_1+y_1)\boldsymbol{\alpha}_1+(x_2+y_2)\boldsymbol{\alpha}_2+\cdots+(x_n+y_n)\boldsymbol{\alpha}_n$$
$$\lambda\boldsymbol{\alpha}=(\lambda x_1)\boldsymbol{\alpha}_1+(\lambda x_2)\boldsymbol{\alpha}_2+\cdots+(\lambda x_n)\boldsymbol{\alpha}_n$$

即$\boldsymbol{\alpha}+\boldsymbol{\beta}$的坐标为

$$(x_1+y_1,x_2+y_2,\cdots,x_n+y_n)^{\mathrm{T}}=(x_1,x_2,\cdots,x_n)^{\mathrm{T}}+(y_1,y_2,\cdots,y_n)^{\mathrm{T}}$$

$\lambda\alpha$的坐标为

$$(\lambda x_1,\lambda x_2,\cdots,\lambda x_n)=\lambda(x_1,x_2,\cdots,x_n)^{\mathrm{T}}$$

总之,设在n维线性空间V_n中取定一个基$\boldsymbol{\alpha}_1,\boldsymbol{\alpha}_2,\cdots,\boldsymbol{\alpha}_n$,则$V_n$中的向量$\boldsymbol{\alpha}$与$n$维数组向量空间$R^n$中的向量$(x_1,x_2,\cdots,x_n)^{\mathrm{T}}$之间就有一个一一对应的关系,且这个对应关系具有下述性质:

设$\boldsymbol{\alpha}\leftrightarrow(x_1,x_2,\cdots,x_n)^{\mathrm{T}}$,$\boldsymbol{\beta}\leftrightarrow(y_1,y_2,\cdots,y_n)^{\mathrm{T}}$,则

(1) $\boldsymbol{\alpha}+\boldsymbol{\beta}\leftrightarrow(x_1,x_2,\cdots,x_n)^{\mathrm{T}}+(y_1,y_2,\cdots,y_n)^{\mathrm{T}}$;

(2) $\lambda\boldsymbol{\alpha}\leftrightarrow\lambda(x_1,x_2,\cdots,x_n)^{\mathrm{T}}$。

也就是说,这个对应关系保持线性组合的对应。因此,可以说V_n与R^n有相同的结构,称V_n与R^n同构。

定义4 设U,V是R上的两个线性空间,如果它们的元素之间有一一对应关系(常用↔表示),且这个对应关系保持线性组合的对应,则称线性空间U与V同构。

显然,任何n维线性空间都与R^n同构,即维数相等的线性空间都同构。也就是说在线性空间的抽象讨论中,无论构成线性空间的元素是什么,其中具体的线性运算是如何定义的,所关心的只是这些运算的代数性质,从而可知同构的线性空间是不加区分的,线性空间的结构完全被它的维数所决定。

同构的概念除元素一一对应外,主要是保持线性运算的对应关系。因此,V_n中的抽象的线性运算就可转化为R^n中的线性运算,并且R^n中凡是涉及线性运算的性质就都适用于V_n。但R^n中超出线性运算的性质,在V_n中就不一定具备,例如R^n中的内积概念在V_n中就不一定有意义。

进一步还可以证明,同构的线性空间之间具有自反性、对称性与传递性。

6.3 基变换与坐标变换

在6.2节中看到,同一元素在不同的基下有不同的坐标,在某些应用中,问题最初可能用基$\boldsymbol{\alpha}_1,\boldsymbol{\alpha}_2,\cdots,\boldsymbol{\alpha}_n$来描述,但解答它却需要将$\boldsymbol{\alpha}_1,\boldsymbol{\alpha}_2,\cdots,\boldsymbol{\alpha}_n$转化成新的基$\boldsymbol{\beta}_1,\boldsymbol{\beta}_2,\cdots,$

$\boldsymbol{\beta}_n$。这样每个向量就指派了一个在基 $\boldsymbol{\beta}_1,\boldsymbol{\beta}_2,\cdots,\boldsymbol{\beta}_n$ 下的新的坐标向量。本节中,将探讨 V_n 中的两个非自然基之间的变换公式与向量 $\boldsymbol{x}$ 在不同基下的坐标变换关系。

6.3.1 基变换公式与过渡矩阵

设 $\boldsymbol{\alpha}_1,\boldsymbol{\alpha}_2,\cdots,\boldsymbol{\alpha}_n$ 和 $\boldsymbol{\beta}_1,\boldsymbol{\beta}_2,\cdots,\boldsymbol{\beta}_n$ 是线性空间 V_n 中的两个基,并且

$$\begin{cases}\boldsymbol{\beta}_1 = a_{11}\boldsymbol{\alpha}_1 + a_{21}\boldsymbol{\alpha}_2 + \cdots + a_{n1}\boldsymbol{\alpha}_n \\ \boldsymbol{\beta}_2 = a_{12}\boldsymbol{\alpha}_1 + a_{22}\boldsymbol{\alpha}_2 + \cdots + a_{n2}\boldsymbol{\alpha}_n \\ \quad\vdots \\ \boldsymbol{\beta}_n = a_{1n}\boldsymbol{\alpha}_1 + a_{2n}\boldsymbol{\alpha}_2 + \cdots + a_{nn}\boldsymbol{\alpha}_n\end{cases} \tag{6-1}$$

式(6-1)可表示为

$$\begin{pmatrix}\boldsymbol{\beta}_1 \\ \boldsymbol{\beta}_2 \\ \vdots \\ \boldsymbol{\beta}_n\end{pmatrix} = \begin{pmatrix}a_{11} & a_{21} & \cdots & a_{n1} \\ a_{12} & a_{22} & \cdots & a_{n2} \\ \vdots & \vdots & & \vdots \\ a_{1n} & a_{2n} & \cdots & a_{nn}\end{pmatrix}\begin{pmatrix}\boldsymbol{\alpha}_1 \\ \boldsymbol{\alpha}_2 \\ \vdots \\ \boldsymbol{\alpha}_n\end{pmatrix}$$

即

$$(\boldsymbol{\beta}_1,\boldsymbol{\beta}_2,\cdots,\boldsymbol{\beta}_n) = (\boldsymbol{\alpha}_1,\boldsymbol{\alpha}_2,\cdots,\boldsymbol{\alpha}_n)\boldsymbol{A} \tag{6-2}$$

其中

$$\boldsymbol{A} = \begin{pmatrix}a_{11} & a_{12} & \cdots & a_{1n} \\ a_{21} & a_{22} & \cdots & a_{2n} \\ \vdots & \vdots & \ddots & \vdots \\ a_{n1} & a_{n2} & \cdots & a_{nn}\end{pmatrix}$$

式(6-1)或式(6-2)称为基变换公式,矩阵 $\boldsymbol{A}$ 称为由基 $\boldsymbol{\alpha}_1,\boldsymbol{\alpha}_2,\cdots,\boldsymbol{\alpha}_n$ 到基 $\boldsymbol{\beta}_1,\boldsymbol{\beta}_2,\cdots,\boldsymbol{\beta}_n$ 的过渡矩阵。

注意:式(6-1)中各式的系数 $(a_{1j},a_{2j},\cdots,a_{nj})$ $(j=1,2,\cdots,n)$ 实际上是基向量 $\boldsymbol{\beta}_1,\boldsymbol{\beta}_2,\cdots,\boldsymbol{\beta}_n$ 在基 $\boldsymbol{\alpha}_1,\boldsymbol{\alpha}_2,\cdots,\boldsymbol{\alpha}_n$ 下的坐标。

因为 $\boldsymbol{\beta}_1,\boldsymbol{\beta}_2,\cdots,\boldsymbol{\beta}_n$ 线性无关,故若存在 $l_1,l_2,\cdots,l_n$ 使 $l_1\beta_1 + l_2\beta_2 + \cdots + l_n\beta_n = 0$,则必有 $l_1 = l_2 = \cdots = l_n = 0$。展开即为

$$\begin{cases}a_{11}l_1 + a_{12}l_2 + \cdots + a_{1n}l_n = 0 \\ a_{21}l_1 + a_{22}l_2 + \cdots + a_{2n}l_n = 0 \\ \quad\vdots \\ a_{n1}l_1 + a_{n2}l_2 + \cdots + a_{nn}l_n = 0\end{cases} \tag{6-3}$$

只有零解。

注意:式(6-1)与式(6-3)中系数的变化。

故系数矩阵的行列式 $|(A_{ij})_{n\times n}| \neq 0$。因此式(6-1)中系数矩阵的行列式 $|A'_{ij}| \neq 0$,即 $\boldsymbol{A}$ 为

可逆矩阵。

6.3.2 坐标变换公式

定理1 设 V_n 中一向量 $\boldsymbol{\xi}$ 在两个基 $\boldsymbol{\alpha}_1,\boldsymbol{\alpha}_2,\cdots,\boldsymbol{\alpha}_n$ 和 $\boldsymbol{\beta}_1,\boldsymbol{\beta}_2,\cdots,\boldsymbol{\beta}_n$ 下的坐标分别是 $(x_1,x_2,\cdots,x_n)$ 和 $(x_1',x_2',\cdots,x_n')$，若两个基满足关系式(6-2)，则有坐标变换公式

$$\begin{pmatrix} x_1 \\ x_2 \\ \vdots \\ x_n \end{pmatrix} = A \begin{pmatrix} x_1' \\ x_2' \\ \vdots \\ x_n' \end{pmatrix} \quad \text{或} \quad \begin{pmatrix} x_1' \\ x_2' \\ \vdots \\ x_n' \end{pmatrix} = A^{-1} \begin{pmatrix} x_1 \\ x_2 \\ \vdots \\ x_n \end{pmatrix} \tag{6-4}$$

证明 因为 $\boldsymbol{\xi} = x_1\boldsymbol{\alpha}_1 + x_2\boldsymbol{\alpha}_2 + \cdots + x_n\boldsymbol{\alpha}_n = (\boldsymbol{\alpha}_1,\boldsymbol{\alpha}_2,\cdots,\boldsymbol{\alpha}_n)\begin{pmatrix} x_1 \\ x_2 \\ \vdots \\ x_n \end{pmatrix}$

$$\boldsymbol{\xi} = x_1'\boldsymbol{\beta}_1 + x_2'\boldsymbol{\beta}_2 + \cdots + x_n'\boldsymbol{\beta}_n = (\boldsymbol{\beta}_1,\boldsymbol{\beta}_2,\cdots,\boldsymbol{\beta}_n)\begin{pmatrix} x_1' \\ x_2' \\ \vdots \\ x_n' \end{pmatrix}$$

故

$$(\boldsymbol{\alpha}_1,\boldsymbol{\alpha}_2,\cdots,\boldsymbol{\alpha}_n)\begin{pmatrix} x_1 \\ x_2 \\ \vdots \\ x_n \end{pmatrix} = (\boldsymbol{\beta}_1,\boldsymbol{\beta}_2,\cdots,\boldsymbol{\beta}_n)\begin{pmatrix} x_1' \\ x_2' \\ \vdots \\ x_n' \end{pmatrix} = (\boldsymbol{\alpha}_1,\boldsymbol{\alpha}_2,\cdots,\boldsymbol{\alpha}_n)\boldsymbol{A}\begin{pmatrix} x_1' \\ x_2' \\ \vdots \\ x_n' \end{pmatrix}$$

故由坐标的唯一性，得

$$\begin{pmatrix} x_1 \\ x_2 \\ \vdots \\ x_n \end{pmatrix} = \boldsymbol{A} \begin{pmatrix} x_1' \\ x_2' \\ \vdots \\ x_n' \end{pmatrix} \quad \text{或} \quad \begin{pmatrix} x_1' \\ x_2' \\ \vdots \\ x_n' \end{pmatrix} = \boldsymbol{A}^{-1} \begin{pmatrix} x_1 \\ x_2 \\ \vdots \\ x_n \end{pmatrix}$$

反之，设 $\boldsymbol{\alpha}_1,\boldsymbol{\alpha}_2,\cdots,\boldsymbol{\alpha}_n$ 是线性空间 V_n 的一个基，$\boldsymbol{A}$ 是 n 阶可逆矩阵，使得

$$(\boldsymbol{\beta}_1,\boldsymbol{\beta}_2,\cdots,\boldsymbol{\beta}_n) = (\boldsymbol{\alpha}_1,\boldsymbol{\alpha}_2,\cdots,\boldsymbol{\alpha}_n)\boldsymbol{A}$$

成立，可以证明：$\boldsymbol{\beta}_1,\boldsymbol{\beta}_2,\cdots,\boldsymbol{\beta}_n$ 是 V_n 的 n 个线性无关的向量，从而也是 V_n 的一个基。

证明 若数 $k_1,k_2,\cdots,k_n$ 使 $k_1\boldsymbol{\beta}_1 + k_2\boldsymbol{\beta}_2 + \cdots + k_n\boldsymbol{\beta}_n = \theta$

即

$$(\boldsymbol{\beta}_1,\boldsymbol{\beta}_2,\cdots,\boldsymbol{\beta}_n)\begin{pmatrix}k_1\\k_2\\\vdots\\k_n\end{pmatrix}=(\boldsymbol{\alpha}_1,\boldsymbol{\alpha}_2,\cdots,\boldsymbol{\alpha}_n)\boldsymbol{A}\begin{pmatrix}k_1\\k_2\\\vdots\\k_n\end{pmatrix}=0$$

因为 $\boldsymbol{\alpha}_1,\boldsymbol{\alpha}_2,\cdots,\boldsymbol{\alpha}_n$ 线性无关,故必有

$$\boldsymbol{A}\begin{pmatrix}k_1\\k_2\\\vdots\\k_n\end{pmatrix}=0$$

但 $\boldsymbol{A}$ 可逆,即 $|\boldsymbol{A}|\neq 0$,齐次线性方程组 $\boldsymbol{AX}=\mathbf{0}$ 只有零解,必有 $k_1=k_2=\cdots=k_n=0$,$\boldsymbol{\beta}_1$,$\boldsymbol{\beta}_2,\cdots,\boldsymbol{\beta}_n$ 线性无关。

例 6-10 设 $\boldsymbol{\alpha}_1,\boldsymbol{\alpha}_2,\cdots,\boldsymbol{\alpha}_n$ 是线性空间 V_n 的一个基。

(1) 证明 $\boldsymbol{\alpha}_1,\boldsymbol{\alpha}_1+\boldsymbol{\alpha}_2,\cdots,\boldsymbol{\alpha}_1+\boldsymbol{\alpha}_2+\cdots+\boldsymbol{\alpha}_n$ 是线性空 V_n 的一个基;

(2) 求从基 $\boldsymbol{\alpha}_1,\boldsymbol{\alpha}_2,\cdots,\boldsymbol{\alpha}_n$ 到基 $\boldsymbol{\alpha}_1,\boldsymbol{\alpha}_1+\boldsymbol{\alpha}_2,\cdots,\boldsymbol{\alpha}_1+\boldsymbol{\alpha}_2+\cdots+\boldsymbol{\alpha}_n$ 的过渡矩阵;

(3) 已知向量 $\boldsymbol{\xi}$ 在基 $\boldsymbol{\alpha}_1,\boldsymbol{\alpha}_2,\cdots,\boldsymbol{\alpha}_n$ 下的坐标为 $(x_1,x_2,\cdots,x_n)$,求 $\boldsymbol{\xi}$ 在基 $\boldsymbol{\alpha}_1,\boldsymbol{\alpha}_1+\boldsymbol{\alpha}_2,\cdots,\boldsymbol{\alpha}_1+\boldsymbol{\alpha}_2+\cdots+\boldsymbol{\alpha}_n$ 下的坐标 $(x_1',x_2',\cdots,x_n')$。

解 由

$$(\boldsymbol{\alpha}_1,\boldsymbol{\alpha}_1+\boldsymbol{\alpha}_2,\cdots,\boldsymbol{\alpha}_1+\boldsymbol{\alpha}_2+\cdots+\boldsymbol{\alpha}_n)=(\boldsymbol{\alpha}_1,\boldsymbol{\alpha}_2,\cdots,\boldsymbol{\alpha}_n)\begin{pmatrix}1&1&\cdots&1\\&1&\cdots&1\\&&\ddots&\vdots\\0&&&1\end{pmatrix}$$

并且

$$\begin{vmatrix}1&1&\cdots&1\\&1&\cdots&1\\&&\ddots&\vdots\\0&&&1\end{vmatrix}=1$$

所以向量组 $\boldsymbol{\alpha}_1,\boldsymbol{\alpha}_1+\boldsymbol{\alpha}_2,\cdots,\boldsymbol{\alpha}_1+\boldsymbol{\alpha}_2+\cdots+\boldsymbol{\alpha}_n$ 也是 V 的一个基。

由基变换式(6-2)知,从基 $\boldsymbol{\alpha}_1,\boldsymbol{\alpha}_2,\cdots,\boldsymbol{\alpha}_n$ 到基 $\boldsymbol{\alpha}_1,\boldsymbol{\alpha}_1+\boldsymbol{\alpha}_2,\cdots,\boldsymbol{\alpha}_1+\boldsymbol{\alpha}_2+\cdots+\boldsymbol{\alpha}_n$ 的过渡矩阵

$$\boldsymbol{A}=\begin{pmatrix}1&1&\cdots&1\\&1&\cdots&1\\&&\ddots&\vdots\\0&&&1\end{pmatrix}$$

由坐标变换式(6-4)知

$$\begin{pmatrix} x_1' \\ x_2' \\ \vdots \\ x_n' \end{pmatrix} = \begin{pmatrix} 1 & 1 & \cdots & 1 \\ & 1 & \cdots & 1 \\ & & \ddots & \vdots \\ 0 & & & 1 \end{pmatrix}^{-1} \begin{pmatrix} x_1 \\ x_2 \\ \vdots \\ x_n \end{pmatrix} = \begin{pmatrix} 1 & -1 & \cdots & 0 & 0 \\ 0 & 1 & \cdots & 0 & 0 \\ \vdots & \vdots & & \vdots & \vdots \\ 0 & 0 & \cdots & 1 & -1 \\ 0 & 0 & \cdots & 0 & 0 \end{pmatrix} \begin{pmatrix} x_1 \\ x_2 \\ \vdots \\ x_n \end{pmatrix}$$

即

$$x_1' = x_1 - x_2, x_2' = x_2 - x_3, \cdots, x_{n-1}' = x_{n-1} - x_n, x_n' = x_n$$

例 6-11 在线空间空间 $\boldsymbol{P}^{2\times2}$ 中,证明

$$\boldsymbol{\alpha}_1 = \begin{pmatrix} 1 & 1 \\ 1 & 1 \end{pmatrix}, \boldsymbol{\alpha}_2 = \begin{pmatrix} 1 & 1 \\ -1 & -1 \end{pmatrix}, \boldsymbol{\alpha}_3 = \begin{pmatrix} 1 & -1 \\ 1 & -1 \end{pmatrix}, \boldsymbol{\alpha}_4 = \begin{pmatrix} -1 & 1 \\ 1 & -1 \end{pmatrix}$$

是一个基,并求 $\boldsymbol{\beta} = \begin{pmatrix} 1 & 2 \\ 3 & 4 \end{pmatrix}$ 在基 $\boldsymbol{\alpha}_1, \boldsymbol{\alpha}_2, \boldsymbol{\alpha}_3, \boldsymbol{\alpha}_4$ 下的坐标。

解 $\boldsymbol{P}^{2\times2}$ 中取基 $\boldsymbol{\varepsilon}_1 = \begin{pmatrix} 1 & 0 \\ 0 & 0 \end{pmatrix}, \boldsymbol{\varepsilon}_2 = \begin{pmatrix} 0 & 1 \\ 0 & 0 \end{pmatrix}, \boldsymbol{\varepsilon}_3 = \begin{pmatrix} 0 & 0 \\ 1 & 0 \end{pmatrix}, \boldsymbol{\varepsilon}_4 = \begin{pmatrix} 0 & 0 \\ 0 & 1 \end{pmatrix}$

则有

$$(\boldsymbol{\alpha}_1, \boldsymbol{\alpha}_2, \boldsymbol{\alpha}_3, \boldsymbol{\alpha}_4) = (\boldsymbol{\varepsilon}_1, \boldsymbol{\varepsilon}_2, \boldsymbol{\varepsilon}_3, \boldsymbol{\varepsilon}_4)\boldsymbol{A}$$

$$\boldsymbol{A} = \begin{pmatrix} 1 & 1 & 1 & -1 \\ 1 & 1 & -1 & 1 \\ 1 & -1 & 1 & 1 \\ 1 & -1 & -1 & -1 \end{pmatrix}$$

因为 $|\boldsymbol{A}| = 16 \neq 0$,所以 $\boldsymbol{\alpha}_1, \boldsymbol{\alpha}_2, \boldsymbol{\alpha}_3, \boldsymbol{\alpha}_4$ 是 $\boldsymbol{P}^{2\times2}$ 的一个基。

由 β 在基 $\boldsymbol{\alpha}_1, \boldsymbol{\alpha}_2, \boldsymbol{\alpha}_3, \boldsymbol{\alpha}_4$ 下的坐标为

$$\begin{pmatrix} x_1 \\ x_2 \\ \vdots \\ x_4 \end{pmatrix} = \begin{pmatrix} 1 \\ 2 \\ 3 \\ 4 \end{pmatrix}$$

故根据坐标变换式(6-4),知 $\boldsymbol{\beta}$ 在基 $\boldsymbol{\alpha}_1, \boldsymbol{\alpha}_2, \boldsymbol{\alpha}_3, \boldsymbol{\alpha}_4$ 下的坐标为

$$\begin{pmatrix} x_1' \\ x_2' \\ \vdots \\ x_4' \end{pmatrix} = \begin{pmatrix} 1 & 1 & 1 & -1 \\ 1 & 1 & -1 & 1 \\ 1 & -1 & 1 & 1 \\ 1 & -1 & -1 & -1 \end{pmatrix}^{-1} \begin{pmatrix} 1 \\ 2 \\ 3 \\ 4 \end{pmatrix} = \frac{1}{4} \begin{pmatrix} 1 & 1 & 1 & -1 \\ 1 & 1 & -1 & 1 \\ 1 & -1 & 1 & 1 \\ 1 & -1 & -1 & -1 \end{pmatrix} \begin{pmatrix} 1 \\ 2 \\ 3 \\ 4 \end{pmatrix} = \begin{pmatrix} \frac{5}{2} \\ -1 \\ -\frac{1}{2} \\ 0 \end{pmatrix}$$

例 6-12 在 R^4 中取两组向量

$$\boldsymbol{\alpha}_1=(1,2,-1,0),\boldsymbol{\alpha}_2=(1,-1,1,1),\boldsymbol{\alpha}_3=(-1,2,1,1)$$

$$\boldsymbol{\alpha}_4=(-1,-1,-1,0)\text{和}\boldsymbol{\beta}_1=(2,1,0,1),\boldsymbol{\beta}_3=(0,1,2,2)$$

$$\boldsymbol{\beta}_3=(-2,1,1,2),\boldsymbol{\beta}_4=(1,3,1,2)$$

证明 这两组向量是 R^4 的两个基,并求 R^4 中任一向量 $\boldsymbol{\zeta}$ 在这两个基下的坐标关系。

证 在 R^4 中取基 $\boldsymbol{\varepsilon}_1=(1,0,0,0),\boldsymbol{\varepsilon}_2=(0,1,0,0),\boldsymbol{\varepsilon}_3=(0,0,1,0),\boldsymbol{\varepsilon}_4=(0,0,0,1)$,则有 $(\boldsymbol{\alpha}_1,\boldsymbol{\alpha}_2,\boldsymbol{\alpha}_3,\boldsymbol{\alpha}_4)=(\boldsymbol{\varepsilon}_1,\boldsymbol{\varepsilon}_2,\boldsymbol{\varepsilon}_3,\boldsymbol{\varepsilon}_4)\boldsymbol{A}$

$$\boldsymbol{A}=\begin{pmatrix}1 & 1 & -1 & -1\\ 2 & -1 & 2 & -1\\ -1 & 1 & 1 & 0\\ 0 & 1 & 1 & 1\end{pmatrix}$$

$$(\boldsymbol{\beta}_1,\boldsymbol{\beta}_2,\boldsymbol{\beta}_3,\boldsymbol{\beta}_4)=(\boldsymbol{\varepsilon}_1,\boldsymbol{\varepsilon}_2,\boldsymbol{\varepsilon}_3,\boldsymbol{\varepsilon}_3)B$$

$$\boldsymbol{B}=\begin{pmatrix}2 & 0 & -2 & 1\\ 1 & 1 & 1 & 3\\ 0 & 2 & 1 & 1\\ 1 & 2 & 2 & 2\end{pmatrix}$$

因为 $|\boldsymbol{A}|=-13\neq0,|B|=-13\neq0$,所以 $\boldsymbol{\alpha}_1,\boldsymbol{\alpha}_2,\boldsymbol{\alpha}_3,\boldsymbol{\alpha}_4$ 和 $\boldsymbol{\beta}_1,\boldsymbol{\beta}_2,\boldsymbol{\beta}_3,\boldsymbol{\beta}_4$ 是 R^4 的两个基。

设 $\boldsymbol{\xi}$ 在基 $\boldsymbol{\alpha}_1,\boldsymbol{\alpha}_2,\boldsymbol{\alpha}_3,\boldsymbol{\alpha}_4$ 和 $\boldsymbol{\beta}_1,\boldsymbol{\beta}_2,\boldsymbol{\beta}_3,\boldsymbol{\beta}_4$ 下的坐标分别为 (x_1,x_2,x_3,x_4) 和 (x_1',x_2',x_3',x_4'),则

$$(\boldsymbol{\beta}_1,\boldsymbol{\beta}_2,\boldsymbol{\beta}_3,\boldsymbol{\beta}_4)=(\boldsymbol{\alpha}_1,\boldsymbol{\alpha}_2,\boldsymbol{\alpha}_3,\boldsymbol{\alpha}_4)\boldsymbol{A}^{-1}\boldsymbol{B}$$

表明 $\boldsymbol{A}^{-1}\boldsymbol{B}$ 是由基 $\boldsymbol{\alpha}_1,\boldsymbol{\alpha}_2,\boldsymbol{\alpha}_3,\boldsymbol{\alpha}_4$ 到基 $\boldsymbol{\beta}_1,\boldsymbol{\beta}_2,\boldsymbol{\beta}_3,\boldsymbol{\beta}_4$ 的过渡矩阵,由坐标变换式(6-4),有

$$\begin{pmatrix}x_1'\\ x_2'\\ x_3'\\ x_4'\end{pmatrix}=(\boldsymbol{A}^{-1}\boldsymbol{B})^{-1}\begin{pmatrix}x_1\\ x_2\\ x_3\\ x_4\end{pmatrix}=\boldsymbol{B}^{-1}\boldsymbol{A}\begin{pmatrix}x_1\\ x_2\\ x_3\\ x_4\end{pmatrix}$$

不难求得

$$\boldsymbol{B}^{-1}\boldsymbol{A}=\begin{pmatrix}0 & 1 & -1 & 1\\ -1 & 1 & 0 & 0\\ 0 & 0 & 0 & 1\\ 1 & -1 & 1 & -1\end{pmatrix}$$

故得 $\boldsymbol{\zeta}$ 在基 $\boldsymbol{\alpha}_1,\boldsymbol{\alpha}_2,\boldsymbol{\alpha}_3,\boldsymbol{\alpha}_4$ 和 $\boldsymbol{\beta}_1,\boldsymbol{\beta}_2,\boldsymbol{\beta}_3,\boldsymbol{\beta}_4$ 下的坐标关系为

$$\begin{pmatrix} x_1' \\ x_2' \\ x_3' \\ x_4' \end{pmatrix} = \begin{pmatrix} 0 & 1 & -1 & 1 \\ -1 & 1 & 0 & 0 \\ 0 & 0 & 0 & 1 \\ 1 & -1 & 1 & -1 \end{pmatrix} \begin{pmatrix} x_1 \\ x_2 \\ x_3 \\ x_4 \end{pmatrix}$$

即

$$x_1' = x_2 - x_3 + x_4, \ x_2' = -x_1 + x_2, x_3' = x_4, \ x_4' = x_1 - x_2 + x_3$$

6.4 线性变换

线性空间中向量之间的联系，是通过线性空间到线性空间的映射来实现的。

6.4.1 映射

设有两个非空集合A,B，如果对于A中任意元素α按照一定规则，总有B中一个确定的元素β和它对应，那么，这个对应规则称为从集合A到集合B的映射。常用字母表示一个映射，譬如把上述映射记作T，并记

$$\beta = T(\alpha)\beta = T\alpha, (\alpha \in A)$$

设$\alpha \in A, T(\alpha) = \beta$，就说映射$T$把元素$\alpha$变为元素$\beta$，$\beta$称为$\alpha$在映射$T$下的像，$\alpha$称为$\beta$在映射$T$下的源。$A$称为映射$T$的源集。像的全体所构成的集合称为像集，记作$T(A)$，即$T(A) = \{\beta = T(\alpha) \mid \alpha \in A\}$，显然$T(A) \subset B$。

映射的概念是函数概念的推广。例如，设二元函数$Z = f(x,y)$的定义域为平面区域G，函数值域为Z，那么，函数关系f就是一个从定义域G到实数域R的映射；函数值$f(x_0, y_0) = z_0$就是元素(x_0, y_0)的像，(x_0, y_0)就是z_0的源；G就是源集，Z就是像集。

6.4.2 从线性空间 V_n 到 U_m 的线性变换

设V_n, U_m分别是n维和m维线性空间，T是一个从V_n到U_m的映射，如果映射T满足：

(1) 任给$\alpha_1, \alpha_2 \in V_n$（从而$\alpha_1 + \alpha_2 \in V_n$），有$T(\alpha_1 + \alpha_2) = T(\alpha_1) + T(\alpha_2)$；

(2) 任给$\alpha \in V_n$（从而$\lambda\alpha \in V_n$），有$T(\lambda\alpha) = \lambda T(\alpha)$，

那么，T就称为从V_n到U_m的线性映射，或称为线性变换。

简言之，线性映射就是保持线性组合的对应规则。

例如，关系式

$$\begin{pmatrix} y_1 \\ y_2 \\ \vdots \\ y_n \end{pmatrix} = \begin{pmatrix} a_{11} & a_{12} & \cdots & a_{1n} \\ a_{21} & a_{22} & \cdots & a_{2n} \\ \vdots & & & \vdots \\ a_{m1} & a_{m2} & \cdots & a_{mn} \end{pmatrix} \begin{pmatrix} x_1 \\ x_2 \\ \vdots \\ x_n \end{pmatrix}$$

就确定了一个从R^n到R^n的映射，并且是个线性映射。

特别，在定义中如果$U_m = V_n$，那么T是一个从线性空间V_n到其自身的线性映射，称

为线性空间 V_n 中的线性变换。

下面主要讨论线性空间 V_n 中的线性变换。

例 6－13 在线性空间 $P[x]_3$ 中,任取 $p=a_3x^3+a_2x^2+a_1x+a_0 \in P[x]_3$,$q=b_3x^3+b_2x^2+b_1x+b_0 \in P[x]_3$。

证明 (1) 微分运算 D 是一个线性变换;

(2) 如果 $T(p)=a_0$,那么 T 也是一个线性变换;

(3) 如果 $T_1(p)=1$,那么 T_1 是个变换,但不是线性变换。

证明 (1) 因为

$$Dp=3a_3x^2+2a_2x+a_1 \in P[x]_3$$
$$Dq=3b_3x^2+2b_2x+b_1 \in P[x]_3$$

所以
$$\begin{aligned}D(p+q)&=D[(a_3+b_3)x^3+(a_2+b_2)x^2+(a_1+b_1)x+(a_0+b_0)]\\&=3(a_3+b_3)x^2+2(a_2+b_2)x+(a_1+b_1)\\&=(3a_3x^2+2a_2x+a_1)+(3b_3x^2+2b_2x+b_1)\\&=Dp+Dq\end{aligned}$$

$$\begin{aligned}D(\lambda p)&=D(\lambda a_3x^3+\lambda a_2x^2+\lambda a_1x+\lambda a_0)\\&=\lambda(3a_3x^2+2a_2x+a_1)\\&=\lambda Dp \qquad \lambda \in R\end{aligned}$$

故 D 是 $P[x]_3$ 中的线性变换。

(2) $T(p+q)=a_0+b_0=T(p)+T(q)$,$T(\lambda p)=\lambda a_0=\lambda T(p)$,故 T 是 $P[x]_3$ 中的线性变换。

(3) $T_1(p+q)=1$,但 $T_1(p)+T_1(q)=1+1=2$,所以 $T_1(p+q)\neq T_1(p)+T_1(q)$,故 T_1 不是 $P[x]_3$ 中的线性变换。

例 6－14 由关系式

$$T\begin{pmatrix}x\\y\end{pmatrix}=\begin{pmatrix}\cos\varphi & -\sin\varphi\\ \sin\varphi & \cos\varphi\end{pmatrix}\begin{pmatrix}x\\y\end{pmatrix}$$

确定 xoy 平面上一个变换 T,说明变换 T 的几何意义。

记 $\begin{cases}x=r\cos\theta\\y=r\sin\theta\end{cases}$,于是有

$$T\begin{pmatrix}x\\y\end{pmatrix}=\begin{pmatrix}x\cos\varphi-y\sin\varphi\\x\sin\varphi+y\cos\varphi\end{pmatrix}=\begin{pmatrix}r\cos\theta\cos\varphi-r\sin\theta\sin\varphi\\r\cos\theta\sin\varphi+r\sin\theta\cos\varphi\end{pmatrix}$$

$$=\begin{pmatrix}r\cos(\theta+\varphi)\\r\sin(\theta+\varphi)\end{pmatrix}$$

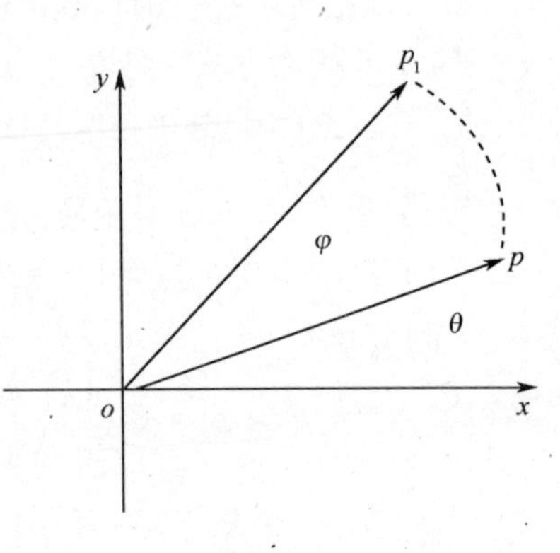

图 6－1

这表示变换 T 把任一向量按逆时针方向旋转 φ 角(图 6－1)。

例 6-15 定义在闭区间上的全体连续函数组成实数域上的一个线性空间 V,在这个空间中变换 $T(f(x)) = \int_a^x f(t)\mathrm{d}t$ 是一个线性变换。

证明 设 $f(x) \in V, g(x) \in V$,则有

$$T[f(x) + g(x)] = \int_a^x f(t) + g(t)\mathrm{d}t = \int_a^x f(t)\mathrm{d}t + \int_a^x g(t)\mathrm{d}t$$

$$= T[f(x)] + T[g(x)]$$

$$T(\lambda f(x)) = \int_a^x \lambda f(t)\mathrm{d}t = \lambda \int_a^x f(t)\mathrm{d}t = \lambda T[f(x)]$$

故 T 是线性空间 V 中的线性变换。

例 6-16 线性空间 V 中的恒等变换(或称单位变换)E:$E(\alpha) = \alpha, \alpha \in V$ 是线性变换。

证明 设 $\alpha, \beta \in V$,则有

$$E(\alpha + \beta) = \alpha + \beta = E(\alpha) + E(\beta)$$

$$E(\lambda\alpha) = \lambda\alpha = \lambda E(\alpha)$$

所以恒等变换 E 是线性变换。

例 6-17 线性空间 V 中的零变换 $0(\alpha) = 0$ 是线性变换。

证明 设 $\alpha, \beta \in V$,则有

$$0(\alpha + \beta) = 0 = 0 + 0 = 0(\alpha) + 0(\beta)$$

$$0(\lambda\alpha) = 0 = \lambda 0 = \lambda 0(\alpha)$$

所以零变换是线性变换。

例 6-18 在 R^3 中定义变换 $T(x_1, x_2, x_3) = (x_1^2, x_2 + x_3, 0)$ 则 T 不是 R^3 的一个线性变换。

证明 任意的 $\alpha = (a_1, a_2, a_3), \beta = (b_1, b_2, b_3) \in R^3$

$$T(\alpha + \beta) = T(a_1 + b_1, a_2 + b_2, a_3 + b_3) = ((a_1 + b_1)^2, a_2 + a_3 + b_2 + b_3, 0)$$

$$\neq (a_1^2, a_2 + a_3, 0) + (b_1^2, b_2 + b_3, 0) = T(\alpha) + T(\beta)$$

所以 T 不是 R^3 的一个线性变换。

6.4.3 线性变换的性质

线性变换具有下述基本性质:

设 T 是 V_n 中的线性变换,则

(1) $T(0) = 0, T(-\alpha) = -T(\alpha)$。

(2) 若 $\beta = k_1\alpha_1 + k_2\alpha_2 + \cdots + k_m\alpha_m$,则 $T\beta = k_1 T\alpha_1 + k_2 T\alpha_2 + \cdots + k_m T\alpha_m$。

(3) 若 $\alpha_1, \alpha_2, \cdots, \alpha_m$ 线性无关,则 $T\alpha_1, T\alpha_2, \cdots, T\alpha_m$ 不一定线性无关。

(4) 线性变换 T 的像集 $T(V_n)$ 是一个线性空间,称为线性变换 T 的像空间。

证 设 $\beta_1, \beta_2 \in T(V_n)$,则有 $\alpha_1, \alpha_2 \in V_n$,使 $T\alpha_1 = \beta_1, T\alpha_2 = \beta_2$,从而

$$\beta_1 + \beta_2 = T\alpha_1 + T\alpha_2 = T(\alpha_1 + \alpha_2) \in T(V_n) \quad (\text{因 } \alpha_1 + \alpha_2 \in V_n)$$

$$\lambda\beta_1=\lambda T\alpha_1=T(\lambda\alpha_1)\in T(V_n)\quad(因\ \lambda\alpha_1\in V_n)$$

由上述证明知它对 V_n 中的线性运算封闭,故它是一个线性空间。

(5) 使 $T\alpha=0$ 的 α 的全体

$$S_T=\{\alpha\mid\alpha\in V_n,T\alpha=0\}$$

也是一个线性空间。S_T 称为线性变换 T 的核。

证 若 $\alpha_1,\alpha_2\in S_T$,即 $T\alpha_1=0,T\alpha_2=0$,则 $T(\alpha_1+\alpha_2)=T\alpha_1+T\alpha_2=0$,所以 $\alpha_1+\alpha_2\in S_T$;若 $\alpha_1\in S_T,\lambda\in R$,则 $T(\lambda\alpha_1)=\lambda T\alpha_1=\lambda 0=0$,所以 $\lambda\alpha_1\in S_T$。

以上表明 S_T 对线性运算封闭,所以 S_T 是一个线性空间。

例 6-19 设有 n 阶矩阵

$$\boldsymbol{A}=\begin{pmatrix}a_{11}&a_{12}&\cdots&a_{1n}\\a_{21}&a_{22}&\cdots&a_{2n}\\\vdots&\vdots&&\vdots\\a_{n1}&a_{n2}&\cdots&a_{nn}\end{pmatrix}=(\alpha_1,\alpha_2,\cdots,\alpha_n)$$

其中 $\boldsymbol{\alpha}_i=\begin{pmatrix}\alpha_{1i}\\\alpha_{2i}\\\vdots\\\alpha_{ni}\end{pmatrix}$定义 R^n 中的线性变换 $y=T(x)$ 为 $T(x)=Ax(x\in R^n)$,则 T 为线性变换。

证 设 $a,b\in R^n$,则

$$T(a+b)=A(a+b)=Aa+Ab=T(a)+T(b)$$

$$T(\lambda a)=A(\lambda a)=\lambda Aa=\lambda T(a)$$

又 T 的像空间就是由 $\alpha_1,\alpha_2,\cdots,\alpha_n$ 所生成的向量空间,即

$$T(R^n)=\{y=x_1\alpha_1+x_2\alpha_2+\cdots+x_n\alpha_n\mid x_1,x_2,\cdots,x_n\in R\}$$

T 的核 S_T 就是齐次线性方程组 $Ax=0$ 的解空间。

6.5 线性变换的矩阵表示式

6.5.1 线性变换的标准矩阵

根据 6.4 节中的例子知,若定义 R^n 中的变换 $y=T(\boldsymbol{x})$ 为 $T(\boldsymbol{x})=Ax(x\in R^n)$,那么,$T$ 为一个线性变换。设 $\boldsymbol{e}_1,\boldsymbol{e}_2,\cdots,\boldsymbol{e}_n$ 为单位坐标向量,则有

$$\boldsymbol{\alpha}_i=A\boldsymbol{e}_i=T(\boldsymbol{e}_i)\quad(i=1,2,\cdots,n)$$

因此,如果一个线性变换 T 有关系式 $T(\boldsymbol{x})=Ax$,那么矩阵 $\boldsymbol{A}$ 应以 $T(\boldsymbol{e}_i)$ 为列向量。反之,如果一个线性变换 T 使 $T(\boldsymbol{e}_i)=\boldsymbol{\alpha}_i(i=1,2,\cdots,n)$,则有

$$\begin{aligned}T(\boldsymbol{x})&=T[(\boldsymbol{e}_1,\boldsymbol{e}_2,\cdots,\boldsymbol{e}_n)]=T(x_1\boldsymbol{e}_1+x_2\boldsymbol{e}_2+\cdots+x_n\boldsymbol{e}_n)\\&=x_1T(\boldsymbol{e}_1)+x_2T(\boldsymbol{e}_2)+\cdots+x_nT(\boldsymbol{e}_n)\end{aligned}$$

$$= (T(\boldsymbol{e}_1), T(\boldsymbol{e}_2), \cdots, T(\boldsymbol{e}_n))x$$
$$= (\boldsymbol{\alpha}_1, \boldsymbol{\alpha}_2, \cdots, \boldsymbol{\alpha}_n)x = Ax$$

综上所述知,R^n 中任何线性变换 T 都可用关系式 $T(\boldsymbol{x}) = Ax(x \in R^n)$ 表示,其中 $\boldsymbol{A} = (T(\boldsymbol{e}_1), T(\boldsymbol{e}_2), \cdots, T(\boldsymbol{e}_n))$ 称为线性变换 T 的标准矩阵。

一个线性变换 T,总希望得到 $T(\boldsymbol{x})$ 的"计算式"。下面的讨论表明,从 R^n 到 R^n 的每个线性变换实际上都是一个矩阵变换 $\boldsymbol{x} \to \boldsymbol{Ax}$,并且 T 的主要性质与矩阵 $\boldsymbol{A}$ 的性质密切相关。求 $\boldsymbol{A}$ 的关键,要注意 T 完全由它在单位矩阵 $\boldsymbol{E}_n$ 列上的作用所确定。

例 6-20 设 $\boldsymbol{E}_2 = \begin{pmatrix} 1 & 0 \\ 0 & 1 \end{pmatrix}$,$\boldsymbol{E}_2$ 中的列向量为 $\boldsymbol{e}_1 = \begin{pmatrix} 1 \\ 0 \end{pmatrix}$,$\boldsymbol{e}_2 = \begin{pmatrix} 0 \\ 1 \end{pmatrix}$。如果 T 是从 R^2 到 R^3 线性变换:$T(\boldsymbol{e}_1) = \begin{pmatrix} 2 \\ -6 \\ 7 \end{pmatrix}$,$T(\boldsymbol{e}_2) = \begin{pmatrix} -3 \\ 0 \\ 8 \end{pmatrix}$,求任意的 $X \in R^2$ 像的公式。

解 $x = \begin{pmatrix} x_1 \\ x_2 \end{pmatrix} = x_1 \begin{pmatrix} 1 \\ 0 \end{pmatrix} + x_2 \begin{pmatrix} 0 \\ 1 \end{pmatrix} = x_1 \boldsymbol{e}_1 + x_2 \boldsymbol{e}_2$

因为 T 是从 R^2 到 R^3 线性变换,所以

$$T(x) = x_1 T(\boldsymbol{e}_1) + x_2 T(\boldsymbol{e}_2) = x_1 \begin{pmatrix} 2 \\ -6 \\ 7 \end{pmatrix} + x_2 \begin{pmatrix} -3 \\ 0 \\ 8 \end{pmatrix} = \begin{pmatrix} 2x_1 - 3x_2 \\ -6x_1 \\ 7x_1 + 8x_2 \end{pmatrix}$$

6.5.2 线性变换在给定基下的矩阵

定义 5 设 T 是线性空间 V_n 中的线性变换,在 V_n 中取定一个基 $\boldsymbol{\alpha}_1, \boldsymbol{\alpha}_2, \cdots, \boldsymbol{\alpha}_n$,如果这个基在变换 T 下的像为

$$\begin{cases} T(\boldsymbol{\alpha}_1) = a_{11}\boldsymbol{\alpha}_1 + a_{21}\boldsymbol{\alpha}_2 + \cdots + a_{n1}\boldsymbol{\alpha}_n \\ T(\boldsymbol{\alpha}_2) = a_{12}\boldsymbol{\alpha}_1 + a_{22}\boldsymbol{\alpha}_2 + \cdots + a_{n2}\boldsymbol{\alpha}_n \\ \qquad \vdots \\ T(\boldsymbol{\alpha}_n) = a_{1n}\boldsymbol{\alpha}_1 + a_{2n}\boldsymbol{\alpha}_2 + \cdots + a_{nn}\boldsymbol{\alpha}_n \end{cases}$$

记 $T(\boldsymbol{\alpha}_1, \boldsymbol{\alpha}_2, \cdots, \boldsymbol{\alpha}_n) = (T(\boldsymbol{\alpha}_1), T(\boldsymbol{\alpha}_2), \cdots, T(\boldsymbol{\alpha}_n))$,则上式可表示为 $T(\boldsymbol{\alpha}_1, \boldsymbol{\alpha}_2, \cdots, \boldsymbol{\alpha}_n) = (\boldsymbol{\alpha}_1, \boldsymbol{\alpha}_2, \cdots, \boldsymbol{\alpha}_n)\boldsymbol{A}$
其中

$$\boldsymbol{A} = \begin{pmatrix} a_{11} & a_{12} & \cdots & a_{1n} \\ a_{21} & a_{22} & \cdots & a_{2n} \\ \vdots & \vdots & & \vdots \\ a_{n1} & a_{n2} & \cdots & a_{nn} \end{pmatrix}$$

那么,则 $\boldsymbol{A}$ 称为线性变换 T 在基 $\boldsymbol{\alpha}_1, \boldsymbol{\alpha}_2, \cdots, \boldsymbol{\alpha}_n$ 下的矩阵。

显然,矩阵 $\boldsymbol{A}$ 由基的像 $T(\boldsymbol{\alpha}_1),\cdots,T(\boldsymbol{\alpha}_n)$ 唯一确定。

6.5.3 线性变换与其矩阵的关系

设 $\boldsymbol{A}$ 为线性变换 T 在基 $\boldsymbol{\alpha}_1,\boldsymbol{\alpha}_2,\cdots,\boldsymbol{\alpha}_n$ 下的矩阵,即 $\boldsymbol{\alpha}_1,\boldsymbol{\alpha}_2,\cdots,\boldsymbol{\alpha}_n$ 在变换 T 下的像为

$$T(\boldsymbol{\alpha}_1,\boldsymbol{\alpha}_2,\cdots,\boldsymbol{\alpha}_n)=(\boldsymbol{\alpha}_1,\boldsymbol{\alpha}_2,\cdots,\boldsymbol{\alpha}_n)\boldsymbol{A}$$

现推导线性变换 T 必须满足的关系式。

V_n 中任意的元素记为 $\boldsymbol{\alpha}=\sum_{i=1}^{n}\boldsymbol{x}_i\boldsymbol{\alpha}_i$,有

$$T(\boldsymbol{\alpha})=T\left(\sum_{i=1}^{n}x_i\boldsymbol{\alpha}_i\right)=\sum_{i=1}^{n}x_iT(\boldsymbol{\alpha}_i)$$

$$=(T(\boldsymbol{\alpha}_1),T(\boldsymbol{\alpha}_2),\cdots,T(\boldsymbol{\alpha}_n))\begin{pmatrix}x_1\\x_2\\\vdots\\x_n\end{pmatrix}=(\boldsymbol{\alpha}_1,\boldsymbol{\alpha}_2,\cdots,\boldsymbol{\alpha}_n)A\begin{pmatrix}x_1\\x_2\\\vdots\\x_n\end{pmatrix}$$

即

$$T\left[(\boldsymbol{\alpha}_1,\boldsymbol{\alpha}_2,\cdots,\boldsymbol{\alpha}_n)\begin{pmatrix}x_1\\x_2\\\vdots\\x_n\end{pmatrix}\right]=(\boldsymbol{\alpha}_1,\boldsymbol{\alpha}_2,\cdots,\boldsymbol{\alpha}_n)A\begin{pmatrix}x_1\\x_2\\\vdots\\x_n\end{pmatrix}\tag{6-5}$$

这个关系式唯一地确定了一个以 $\boldsymbol{A}$ 为矩阵的线性变换变换 T。

在 V_n 中取定一个基后,由线性变换 T 可以唯一地确定一个矩阵 $\boldsymbol{A}$,由一个矩阵 $\boldsymbol{A}$ 也可唯一地确定一个线性变换 T。故在给定基的条件下,线性变换与矩阵是一一对应的。

由式(6-5)可知,在基 $\boldsymbol{\alpha}_1,\boldsymbol{\alpha}_2,\cdots,\boldsymbol{\alpha}_n$ 下,$\boldsymbol{\alpha}$ 与 $T(\boldsymbol{\alpha})$ 的坐标分别为

$$\boldsymbol{\alpha}=\begin{pmatrix}x_1\\x_2\\\vdots\\x_n\end{pmatrix}\quad 与\quad T(\boldsymbol{\alpha})=\boldsymbol{A}\begin{pmatrix}x_1\\x_2\\\vdots\\x_n\end{pmatrix}$$

因此按坐标表示,有

$$T(\boldsymbol{\alpha})=\boldsymbol{A}\boldsymbol{\alpha}$$

即

$$\begin{pmatrix}x_1'\\x_2'\\\vdots\\x_n'\end{pmatrix}=\boldsymbol{A}\begin{pmatrix}x_1\\x_2\\\vdots\\x_n\end{pmatrix}$$

例 6-21 在 $P[\boldsymbol{x}]_3$ 中,取基 $\boldsymbol{p}_1=x^3,\boldsymbol{p}_2=x^2,\boldsymbol{p}_3=x,\boldsymbol{p}_4=1$,求微分运算 D 的矩阵。

解 因为 $\begin{cases}D\boldsymbol{p}_1=3x^2=0\boldsymbol{p}_1+3\boldsymbol{p}_2+0\boldsymbol{p}_3+0\boldsymbol{p}_4\\D\boldsymbol{p}_2=2x=0\boldsymbol{p}_1+0\boldsymbol{p}_2+2\boldsymbol{p}_3+0\boldsymbol{p}_4\\D\boldsymbol{p}_3=1=0\boldsymbol{p}_1+0\boldsymbol{p}_2+0\boldsymbol{p}_3+1\boldsymbol{p}_4\\D\boldsymbol{p}_4=0=0\boldsymbol{p}_1+0\boldsymbol{p}_2+0\boldsymbol{p}_3+0\boldsymbol{p}_4\end{cases}$,所以 D 在这组基下的矩阵为 $\boldsymbol{A}=\begin{pmatrix}0&0&0&0\\3&0&0&0\\0&2&0&0\\0&0&1&0\end{pmatrix}$。

例 6-22 实数域 R 上所有一元多项式的集合,记作 $p[x]$,$p[x]$ 中次数小于 n 的所有一元多项式(包括零多项式)组成的集合记作 $p[x]_n$,它对于多项式的加法和数与多项式的乘法,构成 R 上的一个线性空间。在线性空间 $p[x]_n$ 中,定义变换 $\boldsymbol{\sigma}(f(x))=\frac{\mathrm{d}}{\mathrm{d}x}f(x)$,$f(x)\in p[x]_n$ 则由导数性质可以证明:$\boldsymbol{\sigma}$ 是 $p[x]_n$ 上的一个线性变换,这个变换也称为微分变换。

现取 $p[x]_n$ 的基为 $1,x,x^2,\cdots,x^{n-1}$,则有

$$\boldsymbol{\sigma}(1)=0,\boldsymbol{\sigma}(x)=1,\boldsymbol{\sigma}(x^2)=2x,\cdots,\boldsymbol{\sigma}(x^{n-1})=(n-1)x^{n-2}$$

因此,$\boldsymbol{\sigma}$ 在基 $1,x,x^2,\cdots,x^{n-1}$ 下的矩阵为 $\boldsymbol{A}=\begin{pmatrix}0&1&0&\cdots&0\\0&0&2&\cdots&0\\\vdots&\vdots&\vdots&&\vdots\\0&0&0&\cdots&n-1\\0&0&0&\cdots&0\end{pmatrix}$。

例 6-23 在 R^3 中,T 表示将向量投影到 xOy 平面的线性变换,即 $T(x\boldsymbol{i}+y\boldsymbol{j}+z\boldsymbol{k})=x\boldsymbol{i}+y\boldsymbol{j}$

(1) 取基为 $\boldsymbol{i},\boldsymbol{j},\boldsymbol{k}$,求 T 的矩阵;

(2) 取基为 $\alpha=\boldsymbol{i},\beta=\boldsymbol{j},\gamma=\boldsymbol{i}+\boldsymbol{j}+\boldsymbol{k}$,,求 T 的矩阵。

解 (1) $\begin{cases}T\boldsymbol{i}=\boldsymbol{i},\\T\boldsymbol{j}=\boldsymbol{j},\\T\boldsymbol{k}=\boldsymbol{0},\end{cases}$ 即 $T(\boldsymbol{i},\boldsymbol{j},\boldsymbol{k})=(\boldsymbol{i},\boldsymbol{j},\boldsymbol{k})\begin{pmatrix}1&0&0\\0&1&0\\0&0&0\end{pmatrix}$,故所求 T 的矩阵为

$$\boldsymbol{A}=\begin{pmatrix}1&0&0\\0&1&0\\0&0&0\end{pmatrix}$$

(2) $\begin{cases}T\boldsymbol{\alpha}=\boldsymbol{i}=\boldsymbol{\alpha}\\T\boldsymbol{\beta}=\boldsymbol{j}=\beta\\T\gamma=\boldsymbol{i}+\boldsymbol{j}=\alpha+\beta\end{cases}$,即 $T(\alpha,\beta,\gamma)=(\alpha,\beta,\gamma)\begin{pmatrix}1&0&1\\0&1&1\\0&0&0\end{pmatrix}$,故所求矩阵为

$$\boldsymbol{A}=\begin{pmatrix}1&0&1\\0&1&1\\0&0&0\end{pmatrix}$$

由此可见:同一个线性变换在不同的基下一般有不同的矩阵。

6.5.4 线性变换在不同基下的矩阵

已知同一个线性变换在不同的基下一般有不同的矩阵。那么这些矩阵之间有什么关系呢?

定理2 设线性空间 V_n 中取定两个基 $\boldsymbol{\alpha}_1,\boldsymbol{\alpha}_2,\cdots,\boldsymbol{\alpha}_n;\boldsymbol{\beta}_1,\boldsymbol{\beta}_2,\cdots,\boldsymbol{\beta}_n$,由基 $\boldsymbol{\alpha}_1,\boldsymbol{\alpha}_2,\cdots,\boldsymbol{\alpha}_n$ 到基 $\boldsymbol{\beta}_1,\boldsymbol{\beta}_2,\cdots,\boldsymbol{\beta}_n$ 的过渡矩阵为 $\boldsymbol{P}$,V_n 中的线性变换 T 在这两个基下的矩阵依次为 $\boldsymbol{A}$ 和 $\boldsymbol{B}$,则 $\boldsymbol{B}=\boldsymbol{P}^{-1}\boldsymbol{AP}$。

证 依题设,有$(\boldsymbol{\beta}_1,\boldsymbol{\beta}_2,\cdots,\boldsymbol{\beta}_n)=(\boldsymbol{\alpha}_1,\boldsymbol{\alpha}_2,\cdots,\boldsymbol{\alpha}_n)\boldsymbol{P}$

$$T(\boldsymbol{\alpha}_1,\boldsymbol{\alpha}_2,\cdots,\boldsymbol{\alpha}_n)=(\boldsymbol{\alpha}_1,\boldsymbol{\alpha}_2,\cdots,\boldsymbol{\alpha}_n)\boldsymbol{A}$$

$$T(\boldsymbol{\beta}_1,\boldsymbol{\beta}_2,\cdots,\boldsymbol{\beta}_n)=(\boldsymbol{\beta}_1,\boldsymbol{\beta}_2,\cdots,\boldsymbol{\beta}_n)\boldsymbol{B}$$

则
$$\begin{aligned}(\boldsymbol{\beta}_1,\boldsymbol{\beta}_2,\cdots,\boldsymbol{\beta}_n)\boldsymbol{B}&=T(\boldsymbol{\beta}_1,\boldsymbol{\beta}_2,\cdots,\boldsymbol{\beta}_n)=T[(\boldsymbol{\alpha}_1,\boldsymbol{\alpha}_2,\cdots,\boldsymbol{\alpha}_n)\boldsymbol{P}]\\&=T[(\boldsymbol{\alpha}_1,\boldsymbol{\alpha}_2,\cdots,\boldsymbol{\alpha}_n)]\boldsymbol{P}(\boldsymbol{\alpha}_1,\boldsymbol{\alpha}_2,\cdots,\boldsymbol{\alpha}_n)\boldsymbol{AP}\\&=(\boldsymbol{\beta}_1,\boldsymbol{\beta}_2,\cdots,\boldsymbol{\beta}_n)\boldsymbol{P}^{-1}\boldsymbol{AP}\end{aligned}$$

注意到 $\boldsymbol{\beta}_1,\boldsymbol{\beta}_2,\cdots,\boldsymbol{\beta}_n$ 线性无关,从而 $\boldsymbol{B}=\boldsymbol{P}^{-1}\boldsymbol{AP}$。

注:该定理表明:$\boldsymbol{B}$ 与 $\boldsymbol{A}$ 相似,且两个矩阵之间的过渡矩阵 $\boldsymbol{P}$ 就是相似变换矩阵。

定义6 线性变换 T 的像空间 $T(V_n)$ 的维数,称为线性变换 T 的秩。

结论:(1)若 $\boldsymbol{A}$ 是 T 的矩阵,则 T 的秩就是 $R(\boldsymbol{A})$。

(2)若 T 的秩为 r,则 T 的核 S_T 的维数为 $n-r$。

例6-24 设 V_2 中的线性变换 T 在基 $\boldsymbol{\alpha}_1,\boldsymbol{\alpha}_2$ 下的矩阵为 $\boldsymbol{A}=\begin{pmatrix}a_{11}&a_{12}\\a_{21}&a_{22}\end{pmatrix}$,求 T 在基 $\boldsymbol{\alpha}_2,\boldsymbol{\alpha}_1$ 下的矩阵。

解 $(\boldsymbol{\alpha}_2,\boldsymbol{\alpha}_1)=(\boldsymbol{\alpha}_1,\boldsymbol{\alpha}_2)\begin{pmatrix}0&1\\1&0\end{pmatrix}$,即 $\boldsymbol{P}=\begin{pmatrix}0&1\\1&0\end{pmatrix}$,易求得 $\boldsymbol{P}^{-1}=\begin{pmatrix}0&1\\1&0\end{pmatrix}$,于是 T 在基$(\boldsymbol{\alpha}_2,\boldsymbol{\alpha}_1)$下的矩阵为

$$\boldsymbol{B}=\begin{pmatrix}0&1\\1&0\end{pmatrix}\begin{pmatrix}a_{11}&a_{12}\\a_{21}&a_{22}\end{pmatrix}\begin{pmatrix}0&1\\1&0\end{pmatrix}=\begin{pmatrix}a_{21}&a_{22}\\a_{11}&a_{12}\end{pmatrix}\begin{pmatrix}0&1\\1&0\end{pmatrix}=\begin{pmatrix}a_{22}&a_{21}\\a_{12}&a_{11}\end{pmatrix}$$

习 题

1. 设 R^+ 是全体正实数集合,R 是实数集合,在 R^+ 上定义了两种运算:

加法:对任意 $a,b\in R^+$,$a\oplus b=ab$。

数量乘法:对任意 $a\in R^+$,$k\in R$,$k\circ a=a^k$。

判断 R^+ 对这两种运算是否构成数域 R 上的线性空间?

2. 证明:实数域 R 上的 n 元非齐次线性方程组 $\boldsymbol{AX}=\boldsymbol{B}$ 的所有解向量,对于通常的向量加法和数量乘法,不构成 R 上的线性空间。

证:设 $\boldsymbol{X}_1,\boldsymbol{X}_2$ 都是 n 元非齐次线性方程组 $\boldsymbol{AX}=\boldsymbol{B}$ 的解向量,则 $\boldsymbol{AX}_1=\boldsymbol{B},\boldsymbol{AX}_2=\boldsymbol{B}$,但

$$\boldsymbol{A}(\boldsymbol{X}_1+\boldsymbol{X}_2)=\boldsymbol{AX}_1+\boldsymbol{AX}_2=\boldsymbol{B}+\boldsymbol{B}=2\boldsymbol{B}\neq\boldsymbol{B}$$

即 $\boldsymbol{X}_1+\boldsymbol{X}_2$ 不是 $\boldsymbol{AX}=\boldsymbol{B}$ 的解向量,也就是说所有解向量的集合对加法运算不封闭。因此不能构成一个线性空间。

3. 证明:$1,x-1,(x-2)(x-1)$ 是 $R[\boldsymbol{x}]_2$ 的一组基,并求向量 $1+x+x^2$ 在这组基下的坐标。

4. 在 $R[\boldsymbol{x}]_3$ 中取两个基

$$\boldsymbol{\alpha}_1=x^3+2x^2-x,\quad \boldsymbol{\alpha}_2=x^3-x^2+x+1,\quad \boldsymbol{\alpha}_3=-x^3+2x^2+x+1,\quad \boldsymbol{\alpha}_4=-x^3-x^2+1$$

和

$$\boldsymbol{\beta}_1=2x^3+x^2+1,\quad \boldsymbol{\beta}_2=x^2+2x+2,\quad \boldsymbol{\beta}_3=-2x^3+x^2+x+2,\quad \boldsymbol{\beta}_4=x^3+3x^2+x+2$$

求坐标变换公式。

5. 在 R^3 中,求由基 $\boldsymbol{\alpha}_1=(1,0,0)^{\mathrm{T}},\boldsymbol{\alpha}_2=(1,1,0)^{\mathrm{T}},\boldsymbol{\alpha}_3=(1,1,1)^{\mathrm{T}}$ 通过过渡矩阵 $\boldsymbol{A}=\begin{pmatrix}1&-1&0\\0&1&-1\\0&0&1\end{pmatrix}$ 所得到的新基 $\boldsymbol{\beta}_1,\boldsymbol{\beta}_2,\boldsymbol{\beta}_3$,并求 $\boldsymbol{\alpha}=-\boldsymbol{\alpha}_1-2\boldsymbol{\alpha}_2+5\boldsymbol{\alpha}_3$ 在基 $\boldsymbol{\beta}_1,\boldsymbol{\beta}_2,\boldsymbol{\beta}_3$ 下的表达式。

6. 设 R^4 的两组基

$$\begin{cases}\boldsymbol{\alpha}_1=(1,2,-1,0)^{\mathrm{T}}\\ \boldsymbol{\alpha}_2=(1,1,0,0)^{\mathrm{T}}\\ \boldsymbol{\alpha}_3=(1,-1,2,1)^{\mathrm{T}}\\ \boldsymbol{\alpha}_4=(0,1,1,-1)^{\mathrm{T}}\end{cases} \text{和} \quad \begin{cases}\boldsymbol{\beta}_1=(1,2,3,4)^{\mathrm{T}}\\ \boldsymbol{\beta}_2=(-2,1,-4,3)^{\mathrm{T}}\\ \boldsymbol{\beta}_3=(3,-4,-1,2)^{\mathrm{T}}\\ \boldsymbol{\beta}_4=(4,3,-2,-1)^{\mathrm{T}}\end{cases}$$

求由基 $\boldsymbol{\alpha}_1,\boldsymbol{\alpha}_2,\boldsymbol{\alpha}_3,\boldsymbol{\alpha}_4$ 到基 $\boldsymbol{\beta}_1,\boldsymbol{\beta}_2,\boldsymbol{\beta}_3,\boldsymbol{\beta}_4$ 的过渡矩阵,并写出相应的坐标变换公式。

7. 全体二阶实矩阵构成实数域 R 上的线性空间,取固定实数矩阵 $\boldsymbol{A}=\begin{pmatrix}a&b\\c&d\end{pmatrix}$,在 V 中定义一个变换:$\sigma(X)=\boldsymbol{AX}-\boldsymbol{XA}$,其中 $\boldsymbol{X}$ 是 V 中任意向量。

(1) 证明 $\boldsymbol{\sigma}$ 是一个线性变换;

(2) 证明对任意的 $X,Y\in V$ 恒有 $\sigma(XY)=\sigma(X)Y+X\sigma(Y)$;

(3) 在 V 中取一组基 $\boldsymbol{E}_1=\begin{pmatrix}1&0\\0&0\end{pmatrix},\boldsymbol{E}_2=\begin{pmatrix}0&1\\0&0\end{pmatrix},\boldsymbol{E}_3=\begin{pmatrix}0&0\\1&0\end{pmatrix},\boldsymbol{E}_4=\begin{pmatrix}0&0\\0&1\end{pmatrix}$,写出 σ 在该基下的矩阵。

8. 在线性空间 R^3 中取基 $\boldsymbol{\alpha}_1=(-1,0,2)^{\mathrm{T}},\boldsymbol{\alpha}_2=(0,1,2)^{\mathrm{T}},\boldsymbol{\alpha}_3=(1,2,5)^{\mathrm{T}}$,线性变换 $\boldsymbol{\sigma}$ 使得

$\sigma(\boldsymbol{\alpha}_1)=(2,0,-1),\sigma(\boldsymbol{\alpha}_2)=(0,0,1),\sigma(\boldsymbol{\alpha}_3)=(0,1,2)$,求 σ 在基 $\boldsymbol{\alpha}_1,\boldsymbol{\alpha}_2,\boldsymbol{\alpha}_3$ 下的矩阵。

9. 在 R^3 中取两组基

$$\begin{cases}\boldsymbol{\alpha}_1=(-1,0,-2)^{\mathrm{T}}\\ \boldsymbol{\alpha}_2=(0,1,2)^{\mathrm{T}}\\ \boldsymbol{\alpha}_3=(1,2,5)^{\mathrm{T}}\end{cases}\qquad \begin{cases}\boldsymbol{\beta}_1=(-1,1,0)^{\mathrm{T}}\\ \boldsymbol{\beta}_2=(1,0,1)^{\mathrm{T}}\\ \boldsymbol{\beta}_3=(0,1,2)^{\mathrm{T}}\end{cases}$$

定义线性变换 $\boldsymbol{\sigma}:\boldsymbol{\sigma}(\boldsymbol{\alpha}_1)=(2,0,-1),\boldsymbol{\sigma}(\boldsymbol{\alpha}_2)=(0,0,1),\boldsymbol{\sigma}(\boldsymbol{\alpha}_3)=(0,1,2)$，求 $\boldsymbol{\sigma}$ 在基 $\boldsymbol{\beta}_1,\boldsymbol{\beta}_2,\boldsymbol{\beta}_3$ 下的矩阵。

参 考 文 献

[1] 北京大学数学力学系几何与代数教研室代数小组. 高等代数[M]. 北京:人民教育出版社,1978.
[2] 同济大学数学系. 线性代数[M]. 上海:同济大学出版社,2011.
[3] 同济大学数学系. 线性代数及其应用[M]. 第2版. 北京:高等教育出版社,2004.
[4] 吴江. 线性代数[M]. 北京:人民邮电出版社,2010.
[5] 同济大学数学系. 线性代数[M]. 第5版. 北京:高等教育出版社,2007.